# 思维地图

## 可视化工具的学校应用

【原著第二版】

(美) 大卫·海勒 (David N. Hyerle)
(美) 拉里·阿尔帕 (Larry Alper) 编
刘海静 / 主译

Student Successes With
THINKING MAPS®

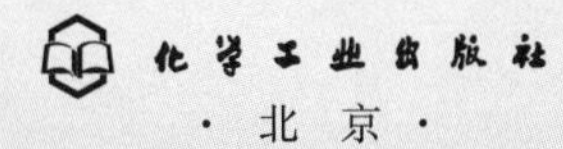


·北京·

## 内容简介

本书是哈佛教育学院大卫·海勒博士等18位专家对思维地图在学校应用的研究及成果分析。

全书19章。第1章对思维地图做了简要综述。接下来的四个部分（共17章），编者将各位专家所写的关于思维地图在学校应用的文章分为四个专题。第一部分结合思维地图对学习者思维方式、学习方式以及元认知行为的影响，探讨了心智习惯、多元智能和学习风格模型；第二部分介绍了思维地图在阅读理解、写作、数学、自然科学等具体课程中的应用案例；第三部分介绍了美国各地从学前教育到大学，以及新加坡、新西兰的学校用思维地图提升教学质量的案例；第四部分介绍了思维地图提升学生学习能力和教师教学能力的案例。最后一章总结了思维地图的双焦特性：能同时有效呈现学习者掌握的具体知识和思考过程。

适合从学前教育到大学的老师、管理人员使用，也适合从事思维研究、培训的研究者以及对提升孩子思维感兴趣的家长阅读。

Student Successes With Thinking Maps®, by David N. Hyerle, Larry Alper

ISBN 978-1-4129-9089-9



北京市版权局著作权登记号：01-2018-7412

**图书在版编目（CIP）数据**

思维地图：可视化工具的学校应用 /（美）大卫·海勒（David N. Hyerle），（美）拉里·阿尔帕（Larry Alper）编；刘海静主译. -- 北京：化学工业出版社，2021.7

书名原文：Student Successes With Thinking Maps

ISBN 978-7-122-38993-0

Ⅰ. ①思… Ⅱ. ①大… ②拉… ③刘… Ⅲ. ①思维方法 Ⅳ. ① B804

中国版本图书馆CIP数据核字（2021）第125095号

---

责任编辑：史文晖　　装帧设计：王　婧

责任校对：边　涛

---

出版发行：化学工业出版社（北京市东城区青年湖南街13号　邮政编码100011）

印　　装：三河市双峰印刷装订有限公司

787mm×1092mm　1/16　印张19　字数380千字　2021年10月北京第1版第1次印刷

---

购书咨询：010-64518888　　售后服务：010-64518899

网　　址：http://www.cip.com.cn

凡购买本书，如有缺损质量问题，本社销售中心负责调换。

---

**定　　价：79.90元**

# 序一

我们的大脑会记住看到过的东西，是因为人天生就是视觉型生物。我们的眼睛集中了人体 70% 的感受器。这些感受器每秒钟把数百万信号通过视神经传输给大脑中的视觉处理中枢。因此，视觉元素我们记得最牢！这意味着，教师如果借助可视化形式（即视觉形式）在课堂上演示概念，学生就会记得更久。

可视化形式不仅能让你记得牢，也能让你理解得更透彻。设想一下，如果不借助相应的图表，理解政府构架或内燃机的工作原理，该有多费劲！如果一个人能把脑子里的想法用图像呈现出来，那往往说明他是真的理解了。

可视化形式有助于我们更有效地学习和记忆，这一点已被大量科学研究证实。研究人员布尔和维特洛克（Bull and Wittrock，1973）在研究中用两种不同方式测试六年级学生理解和记忆单词的能力。他们将受测学生分为两组，第一组靠背诵去记忆词典中的单词含义，第二组则把单词的意思画出来。结果，第二组学生对单词的理解和记忆都远好于第一组。而在另一项学西班牙语单词的研究中，研究者引导学生在读西班牙语单词时，在脑中把这些词的发音跟英语中具体名词代表的形象联系起来。结果，学生对单词的记忆率从 28% 提升到了 88%（Atkinson & Raugh，1975）。

思维地图（Thinking Maps®）项目充分利用了大脑可视化思考的天然偏好。本书的作者们将思维地图描述为“一种由基于思维过程的可视化工具构成的语言”，这一表述是客观而贴切的。神经科学家告诉我们，大脑组织信息的方式呈网络状和路线图状。在教学生思考、组织和表达自己的想法时，还有什么方法能比教他们用大脑本身的方法去处理信息更好呢？

本书提供了一种很好的方法，帮助学生满怀热情、积极主动地去真正理解并牢记事实背后的概念。

帕特丽夏·沃尔夫（Patricia Wolfe）

《培养阅读型大脑》[1] 的作者之一

参考文献


Atkinson, R., & Raugh, M. R. (1975). An application of the mnemonic keyword method to the acquisition of a Russian vocabulary. *Journal of Experimental Psychology: Human Learning and Memory*, 104, 126-133.

Bull, B. L., & Wittrock, M. C. (1973). Imagery in the learning of verbal definitions. *British Journal of Educational Psychology*, 43, 289-293.

Wolfe, P., & Nevills, P. (2004). *Building the reading brain*. Thousand Oaks, CA: Corwin.


[1] 《培养阅读型大脑》，英文书名是 *Building the reading brain*。——编者注

# 序二

## 正在进行的变革

还清晰地记得那一年，我和妻子改造位于新罕布什尔州的林中小屋，因为当时我们觉得这个家需要更多的空间。我们增建了两个房间，一间家庭办公室和一间车库。这种改造比较困难，因为我们要在原有的基础上改造——这远比造一座新房困难。但最后，我们重新找回了家庭的意义和感觉，也逐渐适应了新的生活。这件事也很适合用来类比本书第二版的修订工作。我们放弃了“略作改动”的想法，很多作者在本书原有的框架上为自己撰写的章节增加了很多重要的理念、数据和故事。为了帮助读者继续成长，我们也为本书增加了三章全新的内容：一章以大脑研究与认知的密切联系为主题，另一章集中探讨了科学视野下的探究式学习，最后一章的主题是借助思维地图对认知发展的形成和内容学习过程同时进行“双焦评价[1]”。

书籍为人类探索新领域提供了众多起点，我们也在本版的修订之外为读者提供了进一步探索的空间。2004 年推出本书第一版后，思维地图的应用扩展到了世界各地，这促使我创立了一个非营利性的基金会——思维基金会，以继续支持与思维地图相关的研究和社交，并将获得的成果在教育界内外传播。为本书撰稿的很多作者，都将更新的内容、视频，甚至完整的个案研究，发布到了我们的网站（www.thinkingfoundation.org）上。在第二版（英文版）出版前夕，我们及时将来自埃塞俄比亚、巴西和英格兰的新研究补充了进去。最让我们激动的项目之一是我们推出的一系列纪录片。我们的首部纪录片《密西西比的智慧》（*Minds of Mississippi*，2011 年播出）讲述了坐落于美国墨西哥湾地区的帕斯克里斯廷学校的故事。墨西哥湾地区是 2005 年

[1] 双焦评价，指对内容知识和认知过程同时进行评价。——编者注

卡特里娜飓风的登陆地。卡特里娜摧毁了居民的房屋、商铺、学校，夺走了许多生命。这部纪录片呈现了当地的人们如何以思维地图为共同的学习指南，一步步从零开始重建学校的事迹。教师们的辛勤工作加上学生们的优异表现，使这所学校达到了州内一流标准，并获得了联邦蓝丝带的荣誉。这个动人的故事，连同思维地图在全国各地成功应用的案例，在本书第14章有相关介绍。该章的撰稿人是马杰恩·保尔（Marjann Ball）。在实际工作中，我们有时需要改进原有的工作方式，有时则需要采取全新的方式。苏姗妮·伊思（Suzanne Ishee）记录了帕斯克里斯廷学校的转型过程。作为该校的教师，她讲述了该校那些超棒的教师们迅速重新投入教学的事迹。

显然，当任何一种变革或变化悄然酝酿时，我们都需要重新审视我们周围的世界，我们对各种可能性的洞察也要随之变化。本书所包含的结论和研究也正随着教育界对时代需求的回应而变得更有现实意义：自2004年本书首版出版以来，教育界在审视我们面对的某些严峻问题时，总爱强调这些问题是发生在“21世纪”。但教育工作者至今也未能完全摆脱以填鸭式教学、封闭的标准化测试、不公平的课堂情境为主导的属于20世纪早期的陈旧教育模式。教育中的不公平现象妨碍了有色儿童、以非英语为母语的儿童以及来自及贫困社区的儿童在教育和未来的职场中取得成功。

过去10年来，我们的世界经历了深刻的变化。事实上，自21世纪开始以来，得益于科技的力量，在多数家庭中，孩子们已经从被动的电视观看者转变为手持移动设备从全世界接收信息的人。“扁平化世界”这一比喻生动地描述了这一现实。正如托马斯·弗里德曼（Thomas Frideman，2005）所阐释的那样，科学技术把世界各地的所有人，与全球化的观念和产品所带来的种种机遇紧密地联系到了一起。琳达·达令-哈德蒙（Linda Darling-Hammond）是一位公共政策专家，也是一位致力于以新标准为基础，通过提升教师素质来实现教育公平的行业领袖。在一份对教育数据进行综合分析的报告《扁平化的世界与教育》（*The Flat World and Education*，2010）中，她在标题里套用了弗里德曼的比喻。科技并不是达令-哈德蒙关注的重点，相对而言，她对一些来自全球的、显示“思考能力和解决问题的能力亟待成为学习活动的重点”的数据更为重视。国际学生测评项目（Program for International Student Assessment，PISA）发表于2006年的一份报告成为了哈德蒙的关键论据：

更重要的是，国际学生测评项目对学生分析问题和运用知识的高级能力的要求，高于多数美国学术测试采用的标准。它提出的问题不止于“学生是否掌握了特定的知识点？”而是更进一步地问“学生利用自己掌握的知识能做到什么？”国际学生测评项目将学生在数学、科学和阅读上的“素质”定义为“运用已有知识解决新问题的能力”，将学习迁移能力视为重点。这种能力在其他国家的课程设定和评价系统中日益受到重视，但美国采用的教科书和学术测验对此却往往持抵制态度。事实也的确如此：在国际学生评测项目布置的旨在考察综合问题解决能力的任务中，美国学生处于垫底位置。

如果我们能将大数据决策应用于单个学生、班级、学校、学校体制和整个国家，我们便能注重培养认知能力和关键技能并持续培训学生将这些技能转化为基于内容的、跨学科的问题解决能力。这也正是《教育数字一代》（*Teaching the Digital Generation*，Kelly，McCain，& Jukes，2009）一书的作者们所要阐释的：“学习必须强调 21 世纪的思考技能”“评价必须包括获取知识的技能和更高级的逻辑思维技能……对高级逻辑思维技能的评价必须成为教学的一部分。”“以 21 世纪的方式学习”运动的领军人物们也呼吁人们重视批判性思维、表达能力、创新能力、问题解决能力和商业思维的重要意义。

本版包含十九章。在这些内容中，你会发现，思维地图是一种变革性的语言。它以八种基本认知过程为基础，将八种可视化工具直接交到学生手中，并引导学生、教师和管理者以深度协作的方式展开思考。这种语言业已成为一种纽带，让整个学校在激励并提升教学质量、获得优质职业发展、促进领导力的目标下融为一体。不仅如此，思维地图还能加强学生在具体学科中的深度思维能力和跨学科深度思维能力，提高他们在关键测试中的表现。

琳达·达令-哈蒙德（2010）指出，对教育者来说，目前最大的挑战莫过于将合适的工具交到迫切需要它们的人手中。美国人已经在国际教育评价体系中落后了。我们如果审视自己的国家，就会发现，我们正将自己的一部分同胞关进没有门窗的暗室，因为在监狱服役的年轻非裔美国人和西班牙裔美国人正在增加。是时候转变教育和学习观念了，是时候对培养学生以21世纪的方式思考的工具做出变革了。

## 本书流程图：全景综述

本书十九章包含的一系列故事共同构成了一个贯穿全书的全景综述，即思维地图是一种旨在促进学习能力的变革性语言。这些故事是如何共同传达这一主题的？以下就是一个概览。从本书的作者那里，你将读到这些激动人心的故事：在加州长滩地区一所贫民区小学中，85%的学生入学时母语是西班牙语，教师们的工作效率和学生们的表现发生了巨大变化；北加州一所中学里，有学习障碍的学生在短短三年中数学能力便取得了很大的进步；新西兰一所K12的独立女子学校，仅用四年时间便成为国内一流的教育机构；密西西比州的大专学生的阅读理解分数大幅提高，护理专业学生的表现远超往届学生。你也将在本书中读到帕斯克里斯廷学校的故事。这所位于卡特里娜飓风登陆地的学校，只用了两年时间，便跃升为当地最好的学校之一。

本书的作者们将把他们的深刻见解带到你面前。这些见解来自实际案例和他们革新教学方式的切身经验。他们的描述共同构成了有力的例证，说明了当思维地图作为一种语言，被不同文化和种族的学生运用于学习时，被教师们运用于课堂实践、提升职业素养和教育体制内部的改革时，会带来何等重大的变化。这些作者也在本书中分享了思维地图带来的众多成果，既包括学生成绩的显著变化，也包括学校教育质量的显著变化。这些案例的发生地，有城市也有新开发的郊区，还有乡村，当然还有的来自其他国家。这些章节分为四个主要部分，详见“本书内容流程图”（图0.1）和文字描述。

本书第1章对思维地图做了简要综述，之后的第一部分综述了大脑研究和一系列其他模型，如心智习惯、多元智能、学习风格等，并结合思维地图对学生思维方式、学习方式以及元认知行为的实际影响对这些模型进行了探讨。基于第一部分中对思维地图的背景介绍，第二部分介绍了思维地图在具体学科中的运用，如阅读理解、写作、数学、探究式学习和自然科学等领域，使我们领略到思维技能的传授是如何使学生在达到各州教育标准的同时，也能自主利用这些技能做跨学科迁移的。探讨了基于具体学科的

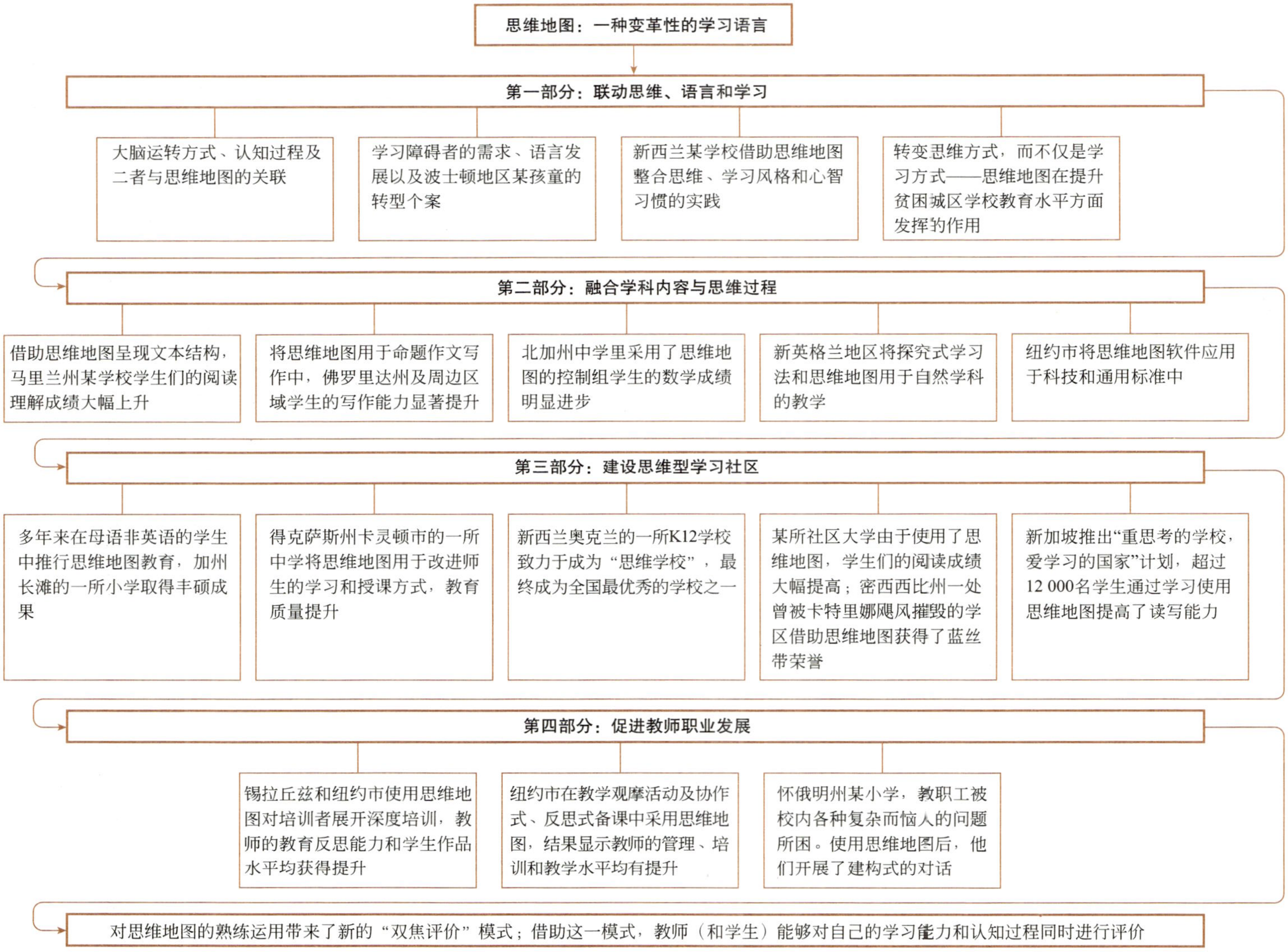

**思维地图：一种变革性的学习语言**

**第一部分：联动思维、语言和学习**

- 大脑运转方式、认知过程及二者与思维地图的关联
- 学习障碍者的需求、语言发展以及波士顿地区某孩童的转型个案
- 新西兰某学校借助思维地图整合思维、学习风格和心智习惯的实践
- 转变思维方式，而不仅是学习方式——思维地图在提升贫困城区学校教育水平方面发挥的作用

**第二部分：融合学科内容与思维过程**

- 借助思维地图呈现文本结构，马里兰州某学校学生们的阅读理解成绩大幅上升
- 将思维地图用于命题作文写作中，佛罗里达州及周边区域学生的写作能力显著提升
- 北加州中学里采用了思维地图的控制组学生的数学成绩明显进步
- 新英格兰地区将探究式学习法和思维地图用于自然学科的教学
- 纽约市将思维地图软件应用于科技和通用标准中

**第三部分：建设思维型学习社区**

- 多年来在母语非英语的学生中推行思维地图教育，加州长滩的一所小学取得丰硕成果
- 得克萨斯州卡灵顿市的一所中学将思维地图用于改进师生的学习和授课方式，教育质量提升
- 新西兰奥克兰的一所K12学校致力于成为“思维学校”，最终成为全国最优秀的学校之一
- 某所社区大学由于使用了思维地图，学生们的阅读成绩大幅提高；密西西比州一处曾被卡特里娜飓风摧毁的学区借助思维地图获得了蓝丝带荣誉
- 新加坡推出“重思考的学校，爱学习的国家”计划，超过12 000名学生通过学习使用思维地图提高了读写能力

**第四部分：促进教师职业发展**

- 锡拉丘兹和纽约市使用思维地图对培训者展开深度培训，教师的教育反思能力和学生作品水平均获得提升
- 纽约市在教学观摩活动及协作式、反思式备课中采用思维地图，结果显示教师的管理、培训和教学水平均有提升
- 怀俄明州某小学，教职工被校内各种复杂而恼人的问题所困。使用思维地图后，他们开展了建构式的对话

对思维地图的熟练运用带来了新的“双焦评价”模式；借助这一模式，教师（和学生）能够对自己的学习能力和认知过程同时进行评价

图 0.1　本书内容流程图

运用方式之后，我们将进入第三部分。这一部分介绍了不同学校中思维地图对提升教学质量的贡献，包括多年来在教学中采用思维地图的小学、中学，以及 K12 学校；一所借助思维地图取得显著成就的专科院校；以及新加坡对学生开展的思维地图实训。最后一部分以更为辽阔的视野审视了思维地图对学生学习和教师学习的促进作用。通过在培训和管理中鼓励教师“培养外显式思维[1]”，动员全校教职工借助通用可视化语言展开“建构式对话”，思维地图帮助校内的教育工作者获得更好的职业发展。最后一章总结了本书作者们以各自的方式阐释的同一主题：思维地图能有效地呈现学生们掌握的具体知识和思考过程，因此已成为一种新的形成性评价手段。

## 树状图：关于变革

从整体上看，本书所探讨的成功案例揭示了大量学科知识积累的过程，更重要的是，它们也揭示了校园中的每个学习者（学生、教师和管理者）的认知发展过程。

如本书所述，很多教育者最初之所以会将思维地图引入自己的学校，是因为他们相信，思维地图会对教学和学生成绩产生积极影响。实践证明他们是对的。出乎很多人意料的是，思维地图居然也改变了学校的整体学习氛围。

不用说，在你阅读本书的过程中，书里提到的观念、实践和成果定会一股脑地在你脑海中涌现。阅读不同的篇章时，因你对内容理解的不同，你头脑中的景象也会有所不同。我自己阅读、重读、着手编辑这些章节时就是这样。这些形形色色的主题在我脑中浮现。我自己无法一一记住这些内容和概念，于是就创建了一幅树状图来展现本书作者们提供的复杂而互有重叠的探索成果（见图 0.2）。

在一张空白的纸上，从页面最底部开始，我把树叶般散布于全书各章的细节内容关联起来。这种非正式的内容归类逐渐把我引向位置相对较低的“树枝”，若干个基本分类开始在纸张的中部显形。终于，我抵达了新的“主干层”，即本书的四项主题。对我来说，这四项主题显然体现了更广阔的视野。这一结构启发我总结出了整本书的关键概

[1] 外显式思维，能清晰表达和有效迁移的思维，也被称为显性思维，可以通过明确的方式（比如文字、图表）表达，也容易被人们学习。——编者注

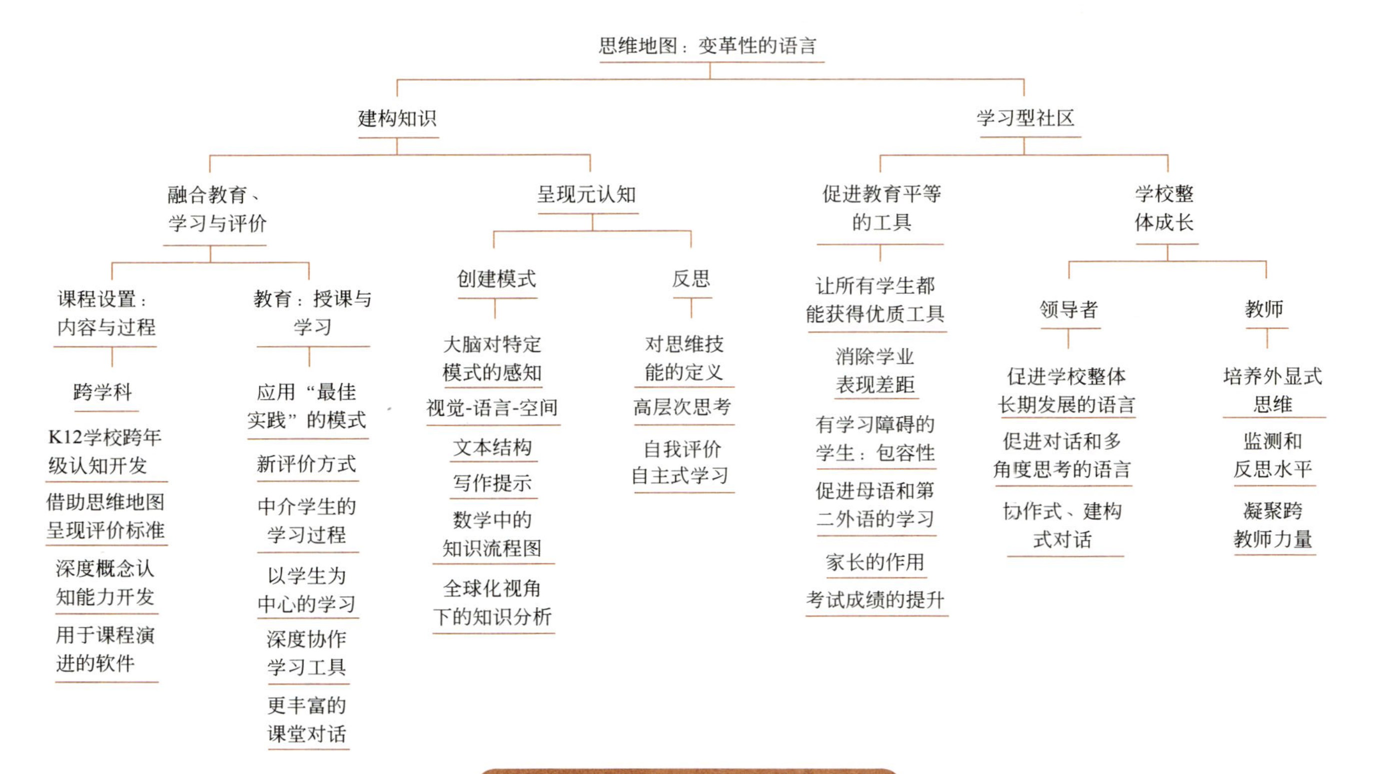


图 0.2 思维地图：变革性的语言

念：教育、学习和评价系统的融合；呈现元认知；实现公平的策略；学校的整体进步。

融合教育、学习与评价　当代学校最关心的一个问题便是，教师们该如何在保证学生们知识达标、考试合格的同时，以真正有意义的方式将课程规划与教学活动结合起来。几乎所有为本书撰文的作者都不同程度地提到了这一课题。他们对如何借助思维地图融合不同的技能进行了探讨——特别是那些与学习关系最为密切的技能：阅读、跨学科写作、数学以及探究式学习（请参考第 6 ～ 9 章相关内容）。举例来说，在本书第 7 章里，珍妮 · 巴克尔（Jane Buckner）描述了思维地图对学生形成写作能力的促进作用，这种促进是不受学科和年级限制的，从写作初学者到高年级学生都可从思维地图中受益，因为思维地图能为他们提供清晰的“结构和条理”。她指出，教师们应当在命题作文写作训练中常态化地应用思维地图；她也强调，应将思维地图的应用与本州的评价标准相结合。在本书第 9 章中，洛 - 安妮 · 康罗伊（Lou-Anne Conroy）详细阐释了探究式学习对学生自主学习能力和协作能力的促进作用；这种学习方式有利于促使学生形成自我反思的思维模式。在第 19 章对“双焦评价”的探讨中，我和金伯利 · 威廉姆斯（Kimberly Williams）共同详细描述了一系列有助于学生熟练掌握高阶思维地图技巧的实用方法。这些方法转而又将促进学生初步获得对自己的学习和认知活动进行评价的能力。

呈现元认知　这一术语是首先由亚瑟 · 科斯塔（Arthur Costa）博士提出的。他创造这一术语是为了强调可视化工具的效果。因为这些工具为学习者展现了丰富的思维模式，因而能有效提升他们的反思能力。这一术语传达的核心理念也被本书的其他作者所认可：思维地图为学生、教师、管理者提供了自我反思的机会；通过反思自己的思维方式，他们有望成为自主学习者。正如金伯利 · 威廉姆斯在本书第 2 章所指出的那样，这些模式是大脑运转方式的外在延伸。大脑通过神经系统和信息处理网络在其接收到的信息之间建立关联，并根据需要对这些信息进行编辑和归类。大脑借助工作记忆对信息的细节进行分析，并随后将这些信息储存到长期记忆中。在一篇富有启迪性的文章中，金伯利更进一步指出，思维地图所依据的认知过程与大脑复杂的神经系统的天然工作模式直接相关。在接下来的章节里，伯尼 · 辛格（Bonnie Singer）为我们讲述了大卫的故事。大卫是一个有严重学习障碍的男孩。通过运用本书所提供的策略，他只用了短短两年便从学习不佳者转变成了自主学习者。

**促进教育平等的工具** 过去 50 年来，促进学生认知和元认知能力的发展一直是教育心理学和神经科学的中心课题。但“教会学生如何思考”的承诺往往只是空谈，并未真正向迫切需要它们的人兑现。本书的另一主题是，思维地图能支持教师直接对学生的思考方式进行中介[1]。在本书第 5 章中，耶维特·杰克逊（Yvette Jackson）探讨了思维地图在提升学生的思考能力和读写能力方面所发挥的作用，特别是思维地图为就读于教育水准较低的贫民窟学校的有色学生提供的支持。正如耶维特·杰克逊指出的那样，针对这类学生，教师们只是让他们在机械重复的怪圈中学习内容，而不是对他们的思维方式进行深度中介。

最重要的一个课题是，如何跨越语言和文化的藩篱，使所有学生都能平等地获得优质的思维和教学工具以促进他们高阶思维能力的发展。对追求教育公平的回应贯穿于全书。这种回应在本书第 11 章中史蒂芬妮·霍兹曼（Stefanie R. Holzman）讲述的北加州某校的故事和马杰恩·保尔在第 14 章中讲述的密西西比州某专科学校的故事里均有生动体现。在这两章中，我们都能读到在消除学业差距方面取得的某些重要的理论和实践成果。

**学校整体成长** 目前教育界面临着一个棘手的问题：一方面教育要面向“每个学生”；另一方面又要尝试改变“学校的整体面貌”。我们已经不再像过去那样，只看到坐在课桌旁的一个个学生，而是看到一种基于学习圈子的学习模型。很多学校目前在教学中会切实考虑全体学生的社交和情感需要。他们懂得，这类需要虽然不是学习知识的直接手段，但对学习有重要意义。这要求教育者有意识地把培养学生的冲突解决能力、团队协作能力和社交能力融入课堂情境。

类似的转变同样可见于学校的整个组织层面，因为教育者越来越认识到学习和教育管理的密切关系。本书各章还有一个隐含主题：在全校层面的工作情境中，学生、教师和管理者获得了深度的自学能力。在本书第 11 ～ 13 章中，透过生动的细节，我们将了解到三所不同的 K12 学校是如何将思维地图当作一种通用手段，在全校范围加以推广的。这清楚地表明，借助某些通用策略，学习、授课和教育管理三者是可以有

---

[1] 中介，这里指在各种认识形式或在同一认识过程的不同阶段之间帮助建立联系。——编者注

机结合的。本书第 16 ～ 18 章的作者们在这三章中着重呈现了教育者借助视觉手段展开交流与协作的尝试。萨拉・库缇斯（Sarah Curtis）回顾了教师们从思维地图新手成长为思维地图能手的经历，呈现了将思维地图作为通用手段在全校范围落实的过程。

在新修订的第 17 章中，凯西・恩斯特（Kathy Ernst）以生动明晰的笔触展现了思维地图在观摩课前、课中及课后的应用，以及这种应用是如何提升教师的教育反思能力，进而促进学校的教师培训和管理水平发展的。她撰写的这部分内容为萨拉・库缇斯的阐释提供了有益的补充。

当前，学校中的对话往往只是一种程序，而不是真正的反思；往往只是无益的争辩，而不具有建设性。拉里・阿尔帕（Larry Alper）在本书经过修订的第 18 章中提出了一份报告，将思维地图视为一种旨在激发领导力的新语言。在这份新报告中，他使用了"建构式对话"这一术语来阐释新的思维地图语言是如何促进深层次对话的。图表将大家联系到一起，每个人在陈述自己想法的同时，也能考虑到他人的想法，为解决问题"释放新的空间"，并使全校层面的思考和学习水平发生根本改变。

结合上述四项核心观念，我发现了贯穿其中的两大主题：作为学习框架的"知识结构"和体现整体教育水平的"学习型社区"。最终，我在树状图的顶端，写下了全书的总主题。正是借助这一主题，我才能关注并理解本书中的细节内容。本书的作者们告诉我们，思维地图不仅是一种能促进学习能力、个人成长、个人评价的变革性语言，也有助于提升我们在一个复杂且日益"虚拟"化的社会中的协作能力。同时，它也是一种跨语言、跨文化交际手段。在阅读本书的过程中，你也许会认识到，这些思维地图入门起来很简单，但它们会像种子一样逐渐成长、繁茂。借助它，每个孩子都能创造出无限复杂的知识模式，我们也可以利用它建构不同的参照框架[1]，描绘自己丰富多彩的生命风景。

大卫・海勒（David Hyerle）

[1] 参照框架，指影响人们将外界信息符号化、意义化的那些标准、信仰或假设。比如同一个民族的人使用该民族的语言交流时，共同的文化背景就是一种参照框架。——编者注

## 参考文献


Darling-Hammond, L. (2010). *The flat world and education*. New York: Teachers College Press.

Friedman, T. L. (2005). *The world is flat: A brief history of the 21st century*. New York: Farrar, Strauss & Giroux.

Kelly, F. S., McCain, T., & Jukes, I. (2009). *Teaching the digital generation*. Thousand Oaks, CA: Corwin.

National Center for Education Statistics. (n.d.). *A summary of findings from PISA 2006*. Retrieved November 8, 2010, from http://nces.ed.gov/surveys/pisa/pisa2006highlights.asp

# 致谢

感谢化学工业出版社在疫情期间、在中美关系变化的大背景下，对推动中文版出版所做的全部努力，感谢山西大学的高培霞老师及编辑史文晖如对本书译稿的修改、编辑工作。

感谢对英文原版出版付出辛勤劳动的萨拉·库缇斯，她是英文版第一版的编辑，第二版也凝结了她的汗水，还有洛-安妮·康罗伊，第二版的出版得益于她重新整理了本书的章节、图表和主题结构，使其成为一本完整的书。

向所有多年来为本书撰稿的作者以及一直以来以实际思维地图使用经验启发我们的教师、教学管理者和学生致以最深的谢意。而本书的许多作者、教师和研究者最初将思维地图用于教学中，则是受到了思维地图有限公司敬业的顾问和代表的鼓舞。他们凭着一腔热情，将思维地图传播到了不同国家和几乎整个美国。他们每天都在以自己广博的知识使教育者和学生受益，我们感谢他们在这一过程中所付出的热情和不懈努力。

我们同样感谢那些对思维地图不吝赞美，并提出深刻而有趣的洞见的学生。本书引用了他们的一些话，例如：

“思维地图犹如大脑。”

“思维地图就是我大脑的草稿纸。”

“我在阅读时，大脑会把信息自动加入思维地图中。突然之间，我懂得了更多！”

大卫·海勒

# 主编介绍

大卫·海勒（David Hyerle），教育学博士，他是一位独立研究者，作家和咨询顾问，专注于培养读写能力、思维过程，提升学校的整体思维水平等。他是“思维地图”的开发者，目前是“思维设计”的负责人之一。这是一个咨询和研究组织，总部位于新英格兰。他也是思维基金会（www.thinkingfoundation.org）的创始理事之一。思维基金会是一个非营利组织，旨在为与思维地图相关的研究开发提供资助；它的资助对象也包括那些能以思维为基础提升最有需要的学生学习能力的项目。

拉里·阿尔帕（Larry Alper），教育学硕士，他担任过小学校长，是教育咨询组织“思维设计”的负责人之一。拉里致力于通过研讨会的形式在美国东北部地区促进思维地图在专业领域的应用。他写的《思维地图：培养领导力》一书，是一本供相关研讨会使用的指南。拉里目前的主要工作是针对思维地图对学校和学校系统中领导力的促进作用，展开相关研究和开发。

与主编交流：

David Hyerle, Ed.D., www.mapthemind.com

# 作者介绍

马杰恩·卡乐霍夫·保尔（Marjann Kalehoff Ball），教育学博士，她是一位独立咨询师，在密西西比州和路易斯安那州从事从学前到大学水平的教育咨询工作。她曾经在密西西比州琼斯县专科学校担任教授，主讲英语和批判性思维开发研究策略。目前她与思维地图公司合作，致力于将思维地图落实到学校的日常教学当中。她相信学习是一个持续不断的过程，在任何层级的教学中都能得到促进，因此她认为，对不同年龄、不同能力的学习者而言，思维地图都是必备工具。

珍妮·巴克尔（Jane Buckner），教育学专家，她是一位教育咨询师，工作范围遍及全美。她也是一位作者，她的著作主旨是培养从幼儿园儿童到高中生的写作能力。她目前是思维地图有限公司的资深咨询师，致力于将她的著作《写作：从写作启蒙到书写未来》一书中的理念贯彻到学校的整体活动中。珍妮最近完成了一本给从事第二语言习得工作的教师和教育者的综合指导手册，名叫《语言精通之道》（思维地图有限公司，2009）。这本手册借助思维地图将“思维和语言”融为一体，为学习语言的学生提供有力的支撑。

丹尼尔·切尔利（Daniel Cherry），教育学硕士，他目前致力于将他对思维地图及其他思维工具的深刻了解以最优的方式传授给自己在陶乐小学的六年级学生们。这所小学位于新罕布什尔州纽朴特镇。在回归课堂之前，他是新罕布什尔州教育管理者科技进步项目（NHSALT）的负责人。这个项目是盖茨基金会对新罕布什尔州教育部资助的一部分。此前他还曾担任过新罕布什尔州黎巴嫩学区的技术协调员。

爱德华·切瓦利尔（Edward V. Chevallier），教育学硕士，目前担任西北独立校区的课程和教学副主任。该校区位于福特沃斯以北地区。此前他曾担任过校长、教师、教育顾问和思维地图培训师。在他担任中学校长期间，切瓦利尔先生帮助学生们将思维地图用作学习、思维和评价工具，从而使自己的学校取得了不凡的成就。卸任校长职务后，他转而致力于校区内的课程开发和教职工能力培养。在这一职位上，他同样将思维地图应用于组织规划和开发。他担任教师和校长时，便已开始了公众教育事业。他在包括学校管理、教学策略和大脑潜能学习等诸多领域都是一个有经验的培训者。

何宝春（Ho Pochun），教育学硕士，曾在新加坡的学校中担任教师和小学校长等职务。目前她是创新性的思维地图“学习环”方案在新加坡的推广者，致力于培养全新加坡学生的思维能力。

洛－安妮·康罗伊（Lou-Anne Conroy），文学硕士，曾担任高中自然科学教师超过 25 年。目前她在探究式科学学习项目中担任教师。这一项目由马萨诸塞州科学和工程贸易有限公司及马萨诸塞州校园盖尔芳德计划联合资助。她致力于培养实习教师的探究式教学能力和学习能力，并与一线教师直接合作，为所有低龄学生获得可持续的科学、技术、工程和数学教育提供支持。根据自己在思维设计公司和思维基金会担任顾问的经验，她相信思维地图对帮助低龄学生学习自然科学非常有效，不论这些学生的学习能力如何。她也认为思维地图在培训实习教师教学和课程规划方面非常有用。除了在自然科学教育方面的成就，她也活跃于当代的科学研究机构。

艾伦·库伯（Alan Cooper），艺术学士，教育学学士，持有职业教师文凭，新西兰管理研究院会员。他是一名新西兰籍独立咨询师，专业领域包括思维技能和学习机制研究。他曾担任圣乔治学校（该校现已成为大学学院的一部分）校长达十七年之久。他因自己在教育创新方面的大胆作风而闻名，包括首次将思维地图、心智习惯、多元智能和邓恩式学习法等模型引入新西兰的学校中。

萨拉·库缇斯（Sarah Curtis），教育学硕士，目前担任本尼斯·A. 雷小学的校长助理。该校位于新罕布什尔州汉诺威，是校际管理联盟（SAU 70）的下属学校之一。她对于基于教师反思的教育对话充满热情。萨拉是《思维地图：让孩子学习更好》一书（柯文出版社，2004）第一版的编辑之一。她攻读硕士学位时，曾以思维地图和教师反思为对象进行过相关研究。

凯西·恩斯特（Kathy Ernst），教育学硕士，是一位教育咨询师，工作范围遍及全国。她有30多年的儿童教育和教师培训经验。任职于斑克街教育学院期间，她担任过线上数学教师，是数学教学组主任之一。目前她致力于借助思维地图促进培训、督导和职业发展程序的可视化工作。

史蒂芬妮·霍兹曼（Stefanie R. Holzman），教育学博士，是“特许自治学校领导力学院”的副主任和内部评估员，该学院隶属于位于南加州多米奎兹山的加利福尼亚州立大学，受联邦财政拨款资助。她也是南加州州立大学多米奎兹山校区教育管理系的客座教授。此前她担任过加州科斯塔梅萨奥约治县教育部负责课程、教育标准和教学指导的主任。她还担任过加州长滩洛斯维特小学的校长。该校是加州优秀学校、加州一级学业成就奖获奖学校，该校全部学生都可获得免费早餐，就读的学生中，85%的学生英语非母语，99%的学生是少数民族。正是在洛斯维特小学工作期间，史蒂芬妮首次将思维地图融入了所有年级的全部课程。她相信尽管有地域上的差异，但洛斯维特的学生同样能在个人能力和学业上有出色表现。在她所有的职业成就中，她觉得最有意义的莫过于在日常生活中培养了罗斯威尔小学的学生们的终身学习能力！

吉尔·胡博（Gill Hubble），艺术硕士，持有非英语语言职业教师文凭。她是一名独立的国际教育咨询师，职业领域包括思考策略培训、学校整体思考及学习策略设计、系统性变革等。她担任圣库斯伯特学院的副校长长达16年，并在该校的高等学习研究中心和校级卓越发展研究中心担任研究员和顾问。目前吉尔致力于进行国际教育咨询，并时常就如何将传统的知识型学校转变为“思维学校”发表主旨演讲。

耶维特·杰克逊（Yvette Jackson），教育学博士，是国家优质城市教育促进联盟的理事长。在担任这一职务期间，她与校区负责人及县内各教育机构的教师们通力合作，采取了一系列旨在提升学生智力表现的有针对性的系统方式。她是《信心教学法》一书的作者，她主导的认知策略定制课程和以认知及提升城市中学学生的智力潜能为重点的教育实践便是以此书为依据。

简尼·马克林泰（Janie B. MacIntyre），教育学硕士，是一名中学教师、研究者和教育咨询师。她曾获今日美国教师团队成员和克里斯纳·麦克奥利菲学者提名。作为创新学习团队的培训师之一，她利用思维地图培训了美国各州超过三千名教师。

托马斯娜·德品图·皮尔斯（Thomasina DePinto Piercy），哲学博士，曾担任校长，有超过 18 年的五年制小学授课经验。她与人合作撰写文章，主题是基于数据的全校学生表现变革策略。她推动自己担任校长的艾瑞尔山小学进行了重大而效果持久的变革，也为寻求类似变革的大学提供相应支持。她目前是马里兰州克罗尔乡村教育办的小学教导部主任。她也是《有效对话：融合领导力和成就》一书（领导与学习出版社，2010）的作者。

伯尼·辛格（Bonnie Singer），哲学博士，“学习建筑师”公司的主席 / 首席执行官。她致力于为全美的学校提供写作教育及读写能力培养方面的专业指导。她也指导手下的员工进行学术评估和学习中介服务。她与安东尼·巴士尔博士合作开发了一款公文写作教育工具“EmPOWER ™”。辛格博士在埃莫森学院获得博士学位，并长年担任该校讲师和传播科学及传播障碍系的临床主任。目前她在艾迪考特学院下属的研究生院和职业研究院担任助教。

金伯利·威廉姆斯（Kimberly M.Williams），哲学博士。目前他是一名专注于学校职业开发和评估的咨询师。她也是新罕布什尔州普利茅斯州立大学研究生院的职工。此前她还曾在纽约日内瓦的霍伯特与威廉姆·史密斯学院、新罕布什尔州汉诺威的达特茅斯学院和普利茅斯州立大学等高校教书。威廉姆斯博士致力于开发旨在提升教室情境下学生思维水平的认知策略和工具。她撰写了两本以思维和学习评价策略为主题的书。她也以教育政策（特别是与校园安全、学生权益和教育基金等课题相关的政策）为主题进行写作和教育活动。她与马塞尔·林伯伦博士合著的《培养安全、健康、聪明的小孩》于 2009 年年初由罗安·利特菲尔德出版社出版。

# 目　录

CONTENTS

| 第一部分 |

# 联动思考、语言和学习

## 第 2 章　思维地图为什么有效?



## 第 3 章　大卫的转变：促进语言和思维发展



## 第 4 章　融合多种学习理论的差异化学习工具

## 第 7 章 从思考到写作



## 第 8 章 应对数学大考的挑战



## 第 9 章 科学探究：像科学家一样思考

## 第 12 章　巴拉克中学及其附属学校的教学变革



## 第 13 章　建设思维型学校（新西兰）



## 第 14 章　密西西比的故事：从幼儿园到大学的成果



## 第 15 章　新加坡的经验：以学生为中心的培训

|第四部分|

## 促进教师职业发展

# 第 1 章
# 什么是思维地图？

大卫·海勒　教育学博士

## ○ 思维地图是一种模式语言

思维地图[1]这种语言，过去我曾用“模型”“方法”“工具”等词来描述它，但这些空洞的字眼，无法充分传达出这种新语言在促进思考和沟通方面的作用。首先，思维地图语言的基础是八种常见又彼此关联的认知模式。我们人类正是借助了这些认知模式，才得以认识世界、维持生存。其次，思维地图的关键组成部分是 8 种可视化的起始图形（基本图形），包含了 8 种独特的思维类型，分别与 8 种认知模式一一对应。比如，在以可视化形式呈现较为复杂的故事时，一幅简单的流程图（Flow Map）就可以作为起始图形。众所周知，人类具有“元认知”的独特能力，也就是说，我们不仅能

---

[1] 思维地图，大卫·海勒博士创建的一种思维可视化工具，用于呈现思维过程和结果。它包含八种基本图形：圆圈图、气泡图、双泡图、括号图、树状图、流程图、复流程图和桥型图。这种工具在英美等国的学校系统内被师生们广泛使用。——编者注

有意识地认知“思考的内容”，也能认知“思考的方式”。利用思维地图，学习者将拥有一整套“视觉 - 文字”认知语言，从而调动自己更深层次的观察、迁移、反思能力，并提升自己的思维水平。

简单说来，思维地图是一种模式语言。几乎所有的语言（除了那些只有口语而没有文字的语言）都包含基本图形：数学语言中的 0 ～ 9（还有诸如“+”“−”“=”等运算符号）；字母系统，如英语中的 26 个字母（此外还有标点符号）以及音符。独一无二的基本图形构成了上述每种语言的基础，这些图形的简单组合就能呈现复杂的思想和感情、缜密的论点、新发现和艺术作品。而这些符号带有随意性，它们的形式本身并不具有任何意义，是我们自己使用的语言体系赋予了它们意义。

思维地图（见图 1.1）与其他在各种文化中建立的语言并无不同：这些语言就其本质而言是人造的，因而带有随意性和不完整性；这些语言有表达不清的灰色地带和模棱两可的“语法规则”，按照这些语法规则遣词造句有时会显得相当奇怪。但我们作为特定语言社群的成员，依然会使用这些不完美的语言，因为它们在日常交流中很有用。但据我所知，到目前为止我们还缺乏一种认知型语言，尤其是一种基于人类的认知结构、能呈现人类思维模式的语言。我们所用的口头和书面语言以及数学语言，都是基于它们能呈现我们的推论、想法和观念这一事实。但无法显性地呈现我们的思维模式。很难说你现在看到的这一页以线性方式排列的文字，具体呈现了什么思维模式，例如比较、归类、譬喻，或复杂、随意的联系等。所有认知模式都内嵌于我们的书面文字中，你阅读时，这些模式并不会活生生地呈现在你眼前。作者的思维模式隐藏在线性的文本中，你需要自己花点力气把它们挖出来。举例来说，在本书“卷首语”部分，你能看到我通过树状图呈现的对本书主题的解析，但单纯以线性文本呈现这些主题却不太容易。再举一个显而易见的例子：当我们用谷歌搜索某一目的地时，我们会得到以一行行用文字呈现的路线描述，同时还有一份以可视化形式呈现的地图。这份地图上有由小道和主要公路组成的道路网络，为我们提供不同的出行选择。思维地图的作用类似于后者，将我们头脑中的思维方式用图形呈现，其中包含着理解事物的新路径。

思维地图对我们在学校、家庭或工作场所使用的语言，能起到补充、增强的作用。你将会在本书中看到，它能直接促进我们的语言习得、阅读理解、写作、数学解题能

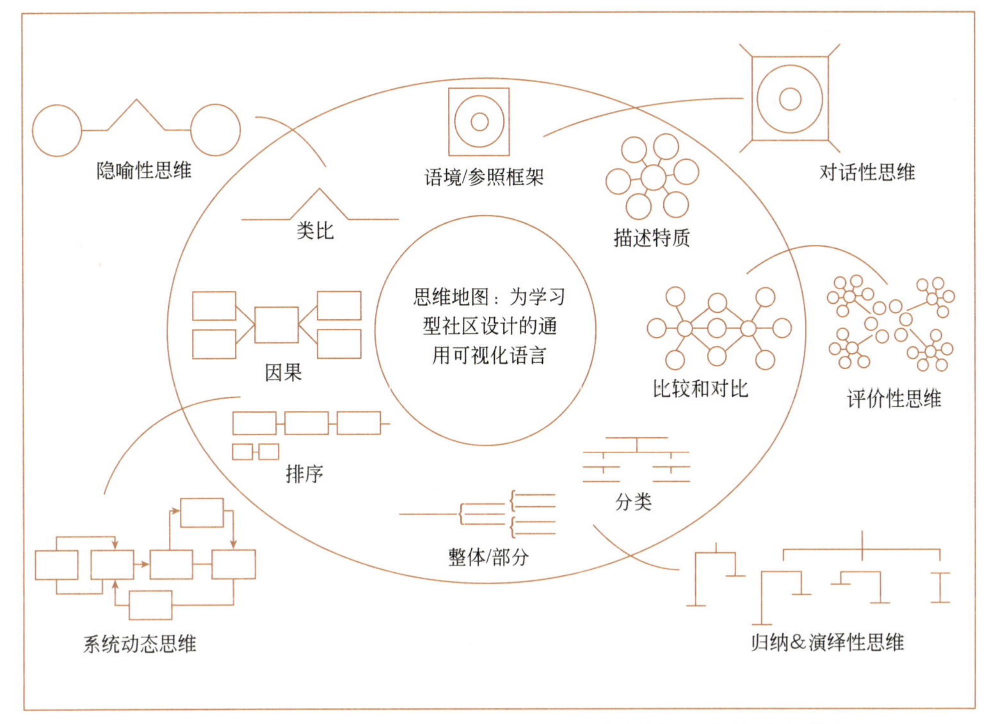


"Thinking Maps"一词，不论是与八种思维图形共同出现，还是单独使用，都是已注册的商标。

图 1.1　圆圈图：介绍思维地图语言

力和科学探究能力。它也是一种包罗万象的语言：一切符号和图画元素都可以用到不同类型的思维地图中。思维地图与其他语言最显著的联系或许体现在它的具体运用上。无论是在纸上还是在电脑屏幕上，我们都可以从简单的图形开始，用思维地图呈现基本的认知模式。在图 1.2 中，你将看到，最左侧是思维地图的基本图形，中间部分是与之对应的描述，左侧是这些基本图形的扩展形式。

心理学家、认知科学家和教育者，从现代教育之初，就对人类基本的八种认知模式做了大量研究，在后续内容中，我们会对这八种认知模式做更详细的阐述。让·皮亚杰[1]将这八种模式称为基本的"心理操作（mental operation）"：在我们吸收和内化

[1] 让·皮亚杰（Jean Piaget，1896.8 ～ 1980.9），瑞士儿童心理学家、认知心理学家，创立认知发展理论。皮亚杰把儿童的认知发展分成四个阶段：感觉运动阶段（0 ～ 2 岁）、前运算阶段（2 ～ 7 岁）、具体运算阶段（7 ～ 11 岁）和形式运算阶段（11 岁以后）。——编者注

基本图形和说明

**基本图形**　**思维地图和框**　**扩展形式**

圆圈图用于归纳主题。学生可以将中心议题置于中央的圆圈里，并围绕中心议题归纳与中心议题相关的信息。这种类型的思维地图常被用于头脑风暴。

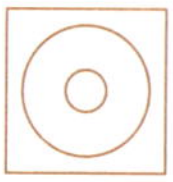

气泡图用于描述事物的特性，可用于描述人物特点（语言艺术）、文化特点（社会学）、物质特点（自然科学）或算术特性（数学）。

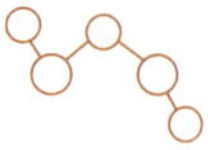

双泡图用于比较和对比两种事物，例如故事中的角色、两个历史人物或两种社会制度。它也可被用于对比两条信息，并从中选出一个更重要的信息。

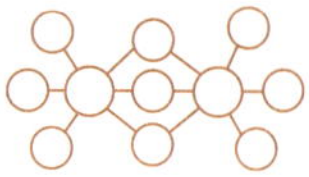

树状图用于归纳和推理。在使用时，先将基本概念、（主要）观点或主分类置于树干顶部，再将辅助观点和细节以分支形式展开。

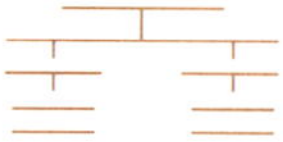

括号图用于区分一件事物整体和部分之间的物理关系。通过呈现整体与部分的关系，括号图有助于培养学生的空间意识及增强他们对物理界限的理解。

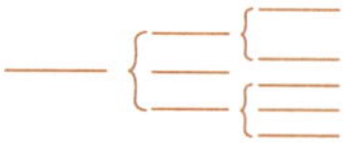

流程图以对流程框的运用为基础。学生可以借助流程图呈现序列、层次、时间线、循环、行为、步骤和方向。流程图同样能引导学生理清特定阶段与后续事件之间的关系。

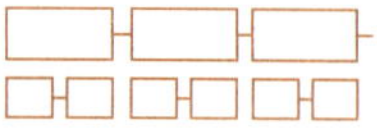

复流程图用于归纳事件的因果关系。扩展后的复流程图可用来展示历史原因和预测未来事件及其结果。较为复杂的复流程图可以用来说明一个动态系统中各要素的互动关系。

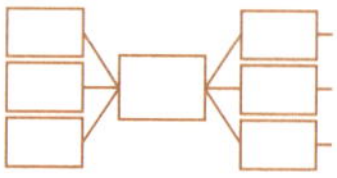

桥型图为建构和解释类比提供了一种可视化形式。桥型图除了可被用在标准测试中解决类比问题外，还能被用来培养类比思维和在深度内容学习中更好地理解隐喻性概念。

正如　　正如　正如

**框架**

“元认知”框架不属于八种思维地图。作为一种“元工具”，当使用者想标注或分享自己思维地图中的特定信息时，随时可以用它来框住任何一种类型的思维地图。框中的内容可以是个人的历史、文化、信仰体系和特定事物产生的影响，例如同龄群体或媒体的影响。

图 1.2　思维地图的基本图形和认知过程定义

新知识、新概念时，总会用到这些模式中的一种或几种。无论是进行具象思考还是抽象思考，我们都离不开它们。对比、分类、排序、归因和整体思考等心理操作会伴随我们一生，还会随着我们“学科知识”和抽象理解力的复杂化获得进一步发展。现在，你不用上述任何一种思维模式思考试试！

作为一种基于认知过程的模式语言，思维地图能使学习者对自己的心理操作模式更为敏感，借助思维地图，他们可以将这些模式迁移到（从幼年时期到职场之间的）任何学习环境中。随着学生们对思维地图的运用逐渐熟练，教师们可以利用它们来呈现、提升和中介学生的思考和学习。

思维地图中的某些基本图形，长期以来一直被用于呈现和传达思维过程，例如用来呈现序列和循环的流程图，用来组织结构和分类的树状图，用来分解人体各个大小部位的括号图等。思维地图的新颖之处并不在于动态的基本图形（因为一切语言都以此为基础），而在于它融合了一系列连贯而互为依存的、可作为通用可视化语言被师生们用于学习的思维模式。

从 20 世纪 90 年代开始，我们一直致力于让所有教师迅速教会全体学生熟练使用这些工具。自我于 20 世纪 80 年代中期首次开发出思维地图，多年来数以千计的在校教师采用了思维地图，这意味着，根据乘数效应（multiplier effect），已有数量庞大的学生能够娴熟地运用思维地图。从最开始接触思维地图到经过一段时间后能娴熟运用，很多学生、教师和教育管理者逐渐从新手成长为思维地图能手。他们当中，有的独立使用思维地图，有的与他人协同使用思维地图，还有的作为集体参与者在全校层面用思维地图分享观点、创建作品。为了提升学习者自身独特的认知能力，并鼓励他们将这些思维方式深入地应用于学习中，为促进学习型社区更好地思考、学习而设计的思维地图，已经被传授给无数在校学生。思维地图同样也是一种可视化的跨领域问题解决和决策工具——它被应用于实践中已经不止一两年了，也不限于少数几所学校。它是一种覆盖整个学校体系和不同学区，在大学和职场中都得到应用并引发变革的系统性语言。从终极意义上说，在认知过程的网络中，我们反思、改进思维、自我提升并支持他人提升，进而改善了我们周围的世界。

## ○ 思维地图与最佳实践、大脑研究

在对思维地图做进一步阐释之前，让我们提一个关于其工作原理的核心问题：思考与学习之间究竟有何关联？这个问题回答起来没那么简单。事实上，我认为，我们在20世纪70年代晚期和20世纪80年代找到的答案，能解决今日的课堂所面临的许多困境。那时曾有过一场“思维技能”运动，不过由于各种原因，运动最终销声匿迹。其中最主要的原因在于，这场运动的许多领军人物醉心于钻研认知、对思维方式的中介、批判性反思和元认知等课题，探讨这么做所能带来的新机会及终极效应。他们那时涉足的是一个全新的领域，不会很快获得“成果”，因为条件还不成熟，也因为当时还是以内容学习为主，系统转向思维模式研究显得过于突然。但现在，大脑研究的新成果（参阅第2章）和对学习有重要影响的因素的综合研究又让我们重回未来。首先让我们来简单了解一些思维领域的新成果，之后，我们将走近罗伯特·马扎诺关于有效课堂策略的研究（Marzano, Pickering & Pollock，2001）。

最近，有一本关于“什么驱动高质量的学生成就”的书出版了，它是迄今为止最全面的综述，包含了800份元分析研究。这本书就是新西兰奥克兰大学的教育学教授约翰·哈迪（John Hattie）的《可视化学习》（*Visible Learning*）。提高学生学习能力的魔法钥匙究竟是什么呢？哈迪在该书的结论部分写道：

> 这是个与授课及学习的可视化有关的故事：那些热情而称职的教师很关心学生对所学内容的认知方式，他们凭一己之力……在向学生讲授他们希望学生学习的内容时，开发出了新的思考和推理方式，强调解决问题的能力和策略的重要性。

我们会说，我们也是这样做的，但很明显：几十年来，一直是内容为王。全世界的教育者关注的重心，并没有清晰地落在思维和认知发展上，即便我们已经知道，认知发展贯穿从幼儿园到大学的全过程，且每时每刻都体现在每个孩子身上。我们现在用的评估工具如同镜子，反映了我们在21世纪对孩子的期待。为什么我们不直接运用认知模式，可视化它们，中介、评价、改进它们，把它们交到学生手上，让学生们有意识地将这些思维工具迁移到课堂之外的领域？

约翰·哈迪（2009）给出了一系列有助于学习的因素，他对这些数据的深入分析清晰地揭示了对学习影响最大的一些关键因素：认知投入、元认知、学生与教师之间的动态互动。然而哈迪发出的警告也同样清晰——他的研究结果是以大量学生为研究对象得来的——他并未夸口说他的研究能产生直接效果。基本上，这意味着他的研究结果不应被解释为一份行动指南，被每个教师写在白板上跟着照做。他的研究只是一种导向。在另一份美国人更为熟悉的元分析研究中，中陆教育和学习研究中心（Mid-continent Research for Education and Learn）以罗伯特·马扎诺博士为主导的研究人员归纳了九个关键要点，若能有系统地关注这些要点，学生的成绩便能得到提升，这已经是被证实了的（详见图 1.3）。

1.区分异同
2.概括及记笔记
3.强调努力并给予认可
4.家庭作业和练习
5.非语言表征[1]
6.合作学习
7.建立目标并提供反馈
8.生成及验证假设
9.提示、问题和先行组织者[2]

图 1.3　马扎诺博士的九项教学策略

为了理解这些研究成果，也为了弄清楚约翰·哈迪（2009）新发表的元分析如何能被迅速、有效、切实地用于教学之中，我们不妨先对一间课堂做一番考察。得益于思维地图的应用，马扎诺博士提出的九项关键要点和思维地图的优势得到了发展和融合。这一课堂经验是我多年前在密西西比州的杰克逊市获得的。在我使用思维地图和合作学习策略对课程设计和评价手段进行了一些改进后，诺姆·舒曼（Norm Schuman）

---

[1] 表征，这一术语常见于信息和认知心理学领域，指的是信息在头脑中，在纸张、电子文档等媒介中的呈现方式，或者说是信息被记载或被表达的方式。——编者注

[2] 先行组织者，呈现在学习任务本身之前的一种引导性材料。——编者注

邀请我到他的课堂上，这样当他尝试将思维工具融入课堂教学时，我便能够给他提出反馈。

在诺姆·舒曼位于密西西比州杰克逊市的六年级社会课课堂上，你会看到分为不同小组的学生，正俯身于课本，一块儿忙碌而专注地制作着一张信息地图，把教科书上的知识要点，呈现在纸上。每个小组都使用同一种通用可视化工具（一种被称为树状图的系统结构图），对书上的相关内容加以收集、分析和归纳，并将其转变为图 1.4 所示的关于印第安某部落的思维地图。

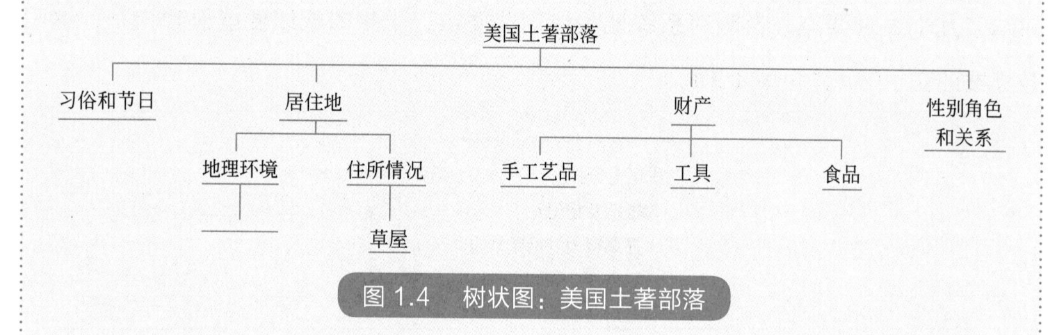


图 1.4　树状图：美国土著部落

每个小组都要对自己小组的思维地图进行口头阐述，并用思维地图在悬挂式幻灯机上做视觉导引。全班共有六个学习小组，每个学习小组都要读一段关于不同美国印第安土著部落的介绍。这段介绍包括各个部落的习俗和节日、居住地、食物、性别角色和部族成员内部关系以及他们的精神信仰。

诺姆向学生强调要关注这些主题中的细节，并告诉学生他最后会以每个小组呈现的信息为基础出考题。他在教室中来回转悠，时不时地低头看看学生们绘制的思维地图，这边指点几句，那边扫上两眼，又或者默默地点头以示赞同。通过两次正式的指导，学生们通常会对这些思维地图进行数次修改，直至教科书最精华的部分被提炼出来并形成条理。

第二天，口头阐述开始了。当小组成员们轮流说明思维地图中的某项关键要点时，其他组员也没闲着。他们坐在自己的座位上，一边听，一边在自已的思维地图上勾勾画画，做着笔记，将别人的思维地图与自己的对照。

口头阐述结束后的第二天，诺姆会对学生们进行测试。测试中的问题有的以学生们呈现的资料为基础，有的需要学生综合分析不同的思维地图中的信息。此外他也会提出别的问题，这些问题涉及使用思维地图需具备的其他思维技能，例如怎样用双泡图比较各个部落、怎样使用流程图说明某种文化的演进、怎样使用流程图解释外来干预的影响等。学生们对此早有准备，因为这些思维地图工具已经成为一种通用的交流手段。

当被问到这一教学模式的成效，特别是他在测试中所提问题的难度时（答题的学生刚进入他的班级时是学困生，他们来自社会经济水平较低的社区），诺曼回答说："若是以前，我绝对不会向我的学生提这些问题，他们刚到我的班级时，阅读能力跟平均水平还差一大截呢。那会儿我没教他们使用思维地图进行推理，因为他们还没有应付大量资料所需的组织能力。"

如你所见，诺姆和他的学生们并没有将马扎诺博士提出的高效教学策略视为"规范"，而是选择了在实际操作中融会贯通、灵活运用。从最开始的分配任务到口头阐述，再到最后的测验，诺曼和他的学生们只是将思维地图作为一种可视化工具，借助它来改进信息处理、分享、理解、提炼和反思等环节。其最终目的是将这些信息转化为自己的知识。在学生通过阅读获取知识的过程中，树状图的清晰分类功能和这一可视化工具所包含的其他思维模式为学生提供了明确的目标、反馈、提示、问题和先行组织者，起到了引导思路、搭建基本知识架构的作用。利用思维地图得到提示和问题，通过合作学习，诺曼的学生不但辨别出了所学内容中包含的主要异同，还在做笔记的过程中对内容模块加以整合，将它们转化成了有意义的知识。在口头阐述和评价环节，思维地图使学生们能不断地发现线索和问题，这让他们能扩展已有的知识，并鼓舞着他们在倾听别人的发言、发现不同部落之间联系的同时，去生成自己的假设，并论证它们是否站得住脚。这节以美国土著部落为学习内容的课，用到了马扎诺的九项高效教学策略，这些策略可以被看作是各自独立的，但在实践中，诺曼和他的学生们将它们清晰、巧妙地融合在一起，获得了连贯而多层次的学习体验。

结合前面提到的约翰·哈迪（2009）在《可视化学习》一书中的报告，我们可以发现，思维贯穿诺曼的课堂：学生们的认知活动十分活跃，他们对自己的思维模式进行了反思（即元认知），他们不仅从他们的老师诺曼那里获得反馈，也从他们的同学那里获得反馈。这是因为他们的思维变得具体可见，因而能更轻松地与他人交流集体思维过程中的想法和思考方式。

思维地图与上述教学的“最佳实践”的联系相当明显，而思维地图与大脑研究成果的联系则更明显。思维地图之所以有效，正是因为它与大脑本身的思维和学习模式密切相关。恰如大脑探寻信息模式、建构网络的特性，思维地图为学生们探寻学习材料中的模式，建构知识体系，提供了一套外显式的可视化语言。

很久之前，多数研究与大脑相关的课题和学习模式的专家们，就对大脑理论的两个方面达成了一致：第一，大脑喜欢探寻模式；第二，大脑以高度可视化的方式运转。艾瑞克·杰森（Eric Jensen, 1998）在他所著的《基于大脑的教学》（*Brain-Based Teaching and Learning*）一书中指出：“进入我们大脑的信息，90% 都是视觉信息。”

作为抽象概念的具象化呈现方式，思维地图的重要意义在于，它们与我们的可视化学习能力紧密相关，且图与大脑视觉皮层复杂的结构和处理方式高度契合。思维地图是思维的可视化模式，因此很适合用于教学活动。由于每张思维地图都是特定思维过程的模式化呈现，教师可以选择一种最符合大脑本身学习模式的思维地图策略加以运用。在本书第 2 章中我们将了解到，大脑处理的信息是通过感觉器官接收的，并且更容易记住具有意义和感情价值的信息。学生们借助思维地图变得更为“专注”，这意味着他们也同时在强化自己原有的知识网络及创建新的知识网络。克里斯·易格（Chris Yeager）是思维地图公司的顾问主管，对我们对大脑的认知及思维地图适合被学生和教师采用的原因这两者之间的联系，她做过大量研究。她借鉴帕特·沃尔夫（Wolfe & Nevils，2002）、罗伯特·塞韦斯特（Robert Sylwester, 1995）和大卫·苏沙（David Sousa, 2006）等人的著作，创建了一张体现这些基本功能的流程图（见图 1.5）。思维地图是一种“建模语言”，对有意义的神经网络的建构有促进作用。这是因为这些认知过程对大脑神经网络的序列、层次和因果关系等运转方式有重要影响。

在下一章中，金伯利·威廉姆斯对这一问题会进行详细阐述。

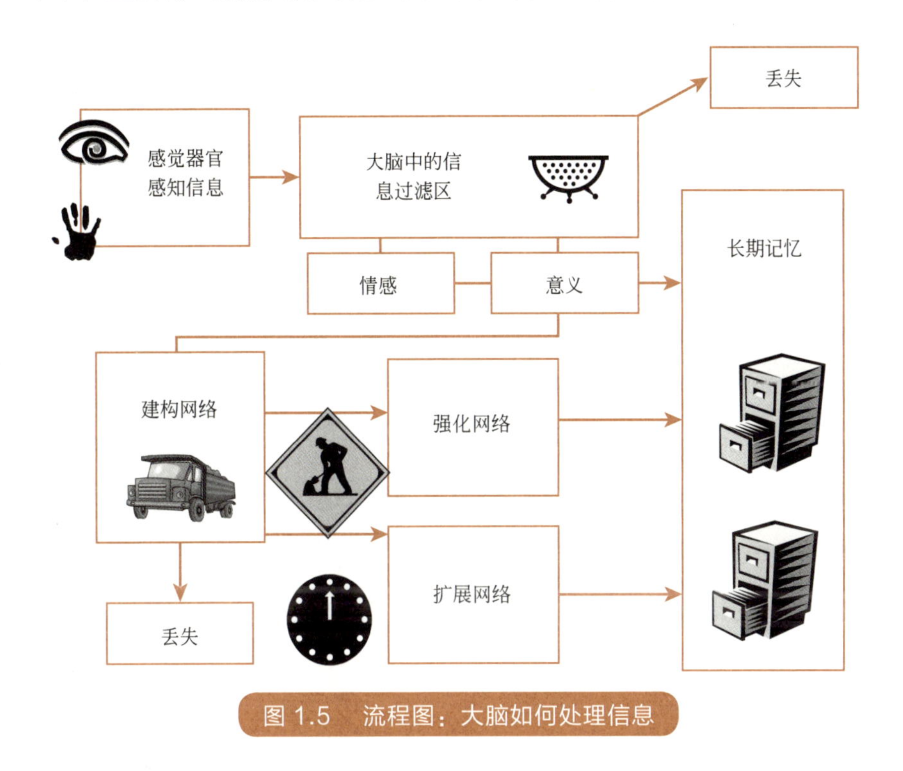


图 1.5　流程图：大脑如何处理信息

资料来源：Adapted by Chris Yeager from Wolfe & Nevills, 2002; Sylwester, 1995; and Sousa, 2006.

为了更深入地理解，让我们再次回到课堂上。学生们在诺姆的课堂上研究土著分布情况，得益于思维地图这种可视化工具，他们能发掘出文本中隐藏的规律。他们的想法与思维地图结合在一起，这样的方式让他们直观地看到了自己的思维过程，不需要将头脑中的所有信息都储存在短期记忆中，也不需要在纸上一再重复记录。在从记笔记到最终口头阐述的各阶段，借助思维地图，学生和老师始终能理解彼此的意图。最终，学生和老师得到了一幅图景，清晰地呈现出了他们理解所学内容的思维过程，还可以用于评价。

随着学生们一次次地把直观的可视化模型与抽象的思维过程结合在一起，他们对思维模式越发熟悉。未来，当他们做研究需要分析资料，在研讨会上阐述观点，评论报告或各种媒体内容时，这些思维模式将自动向他们的大脑发送信号，帮助他们辨认甚至搜寻出材料中的规律性内容。学生们大脑中的神经元最终将组成一个导向元认知的网络。就像诺姆班上的孩子那样，学生们会逐渐掌握这些思维模式，没有教师指导也能独立认出它们，进而形成更高水平的思维和学习模式。

## ○ 思维地图简史

本书的每个作者，在过去多年中都以不同方式，对思维地图的持续改进做出了自己的贡献。本书的主题可以追溯到 1986 年春天（我初次思索思维地图的概念）。我依然记得当时那种顿悟，以及随后体验到的深深的谦卑之感。那时我正在构思一本辅导书，书的目标读者是那些教学水平较低的中学的学生。该书的重点是采取直接有效的方式提升他们的思维水平。我本以为知道自己在做什么——后来我意识到，其实我并不知道自己在做什么。当时，有两个问题跃入我的脑海，一个是理论性的，另一个是实践性的。

有哪些基本思维技能？

如何让所有学习者把这些技能迁移到不同学科中？

这些问题来自我的直接体验：我曾经在加州奥克兰地区的城市贫民区教书，与此同时一直把低收入社区中贫民学校（这些学校的多数学生是非裔美国人）一直无法改善的教学水平作为研究对象。优质教育资源分配不均（这一现象至今依然存在）和系统性的教育水平差距，同样日益令我的关切。我了解了过去已有的涉及认知、认知风格、思考和学习中介的报告，并试着去理解那些与培养思维技能有关的新理论和新实践。这一时期，建构派模式开始兴起，其领军人物不断挑战死板的行为主义大脑观。

这些不同的观念体系在我脑中融汇，衍生出了一个新想法，我立刻把这个想法在餐巾纸上匆匆记下来。我想到的并不是一个宏大的理论或模式，也不是一个包含复杂思维评价策略的渐进式培训课程。正如前面介绍过的，这是一种被称为“思维地图”

的语言。思维地图包含八种可视化工具，它们都有各自的视觉框架。对这些工具的综合运用，能使所有学习者将自己思考的内容和过程传达出来。将思维地图定义为“语言”再清晰不过地传递了这些视觉工作的运转原理——所有的学习者都可以借助可视化的思维模式，以他人或自己为对象，传达、交流并阐释意义。这一点已经被我们所证实。

从全球范围来看，思维地图也可以被定义为三种不同类型的可视化工具的结合。数代教育者和商业人士都在使用这些工具：头脑风暴网络图（或称为思维导图、脑图）、组织图及思维过程工具（如概念图）。

随着对思维地图研究的深入，我对不同类型的可视化工具越来越着迷。终于，我写了两本书详细探讨这些工具的理论、实践和效用。后来，我又将这些书与当时最新的实践研究相结合，撰写了一本全面阐释 21 世纪的学习之道的书就是《思维地图：化信息为知识的可视化工具》(Hyerle，2009)。我自己的研究、教学和经验告诉我，每种可视化工具都能成为我们以可视化方式获取知识的途径。

我也发现，这些工具又各有不可忽视的缺陷。20 世纪 70 年代早期开始出现的头脑风暴网络图，有利于培养发散性思维，但缺乏缜密的结构，缺乏与当今课堂相匹配的深度和复杂性。组织图已为我们所熟悉，它们诞生于 20 世纪 80 年代，这类工具能帮助学生们分类大量知识，整理思维。不过当它们沦为静态的、强化老师选择的孤立学科任务的黑线大师（黑线条图为主的练习册），而不是以学习者为先时，就注定失效了。这些工具属于特定内容组织图，因为它们通常仅适用于特定的任务，且仅限于当前的任务，不能被有效地迁移到其他领域。

第三类可视化工具，即“思维过程”图，以促进清晰的思维过程为要旨。概念图和系统图就属于这类工具。它们分别能呈现复杂而有依存关系的概念和系统。这类工具很强大，但依然有局限性。它们都局限于单一的形式，比如概念图只有层级形式，系统图只有反馈环形式。这使它们无法很好地呈现其他思维过程。不仅如此，在实践中，理解这些复杂的工具常常比较困难。

综合了这些可视化工具的实践、理论和核心特质，思维地图不断演化，最终成为一种与 21 世纪的学习方式相匹配的语言。它融合了上述工具诸多最优秀的特质，如头脑风暴网络图的生成性、可视化组织图的条理性以及概念图表中的深度认知过程。

## ○ 思维地图的五大特性

思维地图融合了不同可视化工具的关键特质，最终演变成了一种基于认知模式的语言。它具有与其他一切图表系统类似的关键或基本特性。思维地图的图形符号是各种简单的可视化起始图形。通过运用一系列思维过程，将各种内容联系起来，形成认知网络。思维地图包含八种基本图形，从理论上说，每种图形都以一种基本认知过程或思维技能为基础。如果我们能理解思维地图的五种关键特性（见图 1.6），并对某一类型的思维地图（这里以流程图为例）做一番详细考察，我们就能弄清楚所有类型的思维地图的工作原理，以及它们是如何共同发挥作用的。

图 1.6　气泡图：思维地图的特性

一致性　每种思维地图所根植的符号，都有独特而一致的可视化形式，反映了其所定义的特定认知技能。比如，代表排序过程的流程图始于方框和箭头，它们是流程图（用于呈现线性概念）的图形原点。因此，一幅流程图可能只包含三个方框，每个框中都写有关键信息，分别展示故事的起始、中间和结局。

灵活性　不同类型的思维地图所代表的认知技能及其包含的基本图形赋予了它形式上的灵活性，这让它能衍生出无数种配置方式。举例来说，为了演示某个故事所包含的不同阶段和这些阶段的次阶段，一幅流程图可能会变得非常复杂。这一流程图可能会从页面的左下角开始，之后渐次延伸到页面的右上角，将故事的演进过程全面呈现。

发展性　思维地图的基本图形是固定的，而具体运用方式则是灵活的，因此，任何年龄段的学习者都能从一张白纸开始绘制自己的思维地图，并扩展它以呈现自己的思维模式。一幅流程图可能由几个方框组成，也可能覆盖满满一页纸。思维地图的复杂性由学习者——以及所学的内容——决定。每个学习者从幼儿期开始就可以利用流程图来说明他对故事的认知程度，他们呈现的流程图因此将有不同的内容。

综合性　思维地图的综合性包括两个维度：思维过程和内容知识。首先，所有的思维地图都适于综合运用。以故事为例，学习者可以用流程图来展示故事线，用双泡图比较角色特征，之后还可以用树状图呈现故事主题和辅助性细节。综合运用思维地图适用于解决包含多重步骤的问题及理解互有重叠的文本结构，也适用于写作。其次，思维地图既可以用于特定内容的深入学习，也可以用于跨学科内容的深入学习。举例来说，流程图可用于分析阅读材料中的故事线，可用于数学运算，可用于整理社会学科中的历史年代，还可用于研习自然学科中的循环现象。

反思性　作为一种语言，思维地图揭开了人们以模式来思考的面纱。借助思维地图，不仅学习者能洞察和反思所学材料中包含的规律性内容，教师也能思考学习者的学习和思考过程，并对其进行非正式评价。不仅如此，不论在什么时候，也不论学习者使用的是哪种类型的思维地图，他们都可以用一个方形框架把思维地图框起来，这代表的是学习者的参照框架或元认知框架。举例来说，一个高中生绘制了一幅流程图，并在其中标出了某部小说的六个重要情节转折点，这个学生可以通过将思维地图框起来，来表明他的分析内容和文本内容，受到了哪些因素的影响。这种内容框工具不仅可以用来确认学习者已经知道的内容，教师也可以用它来探询学习者是如何掌握体现在每张思维地图中的内容的。

## ○ 无限模式，无界思考

人类的创造力和分析能力之所以能不断进步，很大程度上是因为我们天生就具备借助语言沟通的能力，这些语言包括字母、数字系统、科学符号、软件程序、国际通用标志和盲文等。它们都具有某种基本认知结构，如序列、类别、比较等。这是它们存在的基础。思维地图则是一种超越了日常语言，为学习、交流和综合运用我们的思维模式而设计的元语言。

由于思维地图所依据的人类认知技能具有通用性，也由于思维地图工具并非语义学意义上的传统语言，而是一种视觉 - 文字语言，它可以在不同的学科内容、语言及文化间灵活使用，这些认知模式以基础的可视化图形为纽带融合交汇，运用可视化形式建构知识层次，从而创造出其他学习作品，例如在第二外语习得过程中写出作文，或在探究式科学学习过程中积累专业词汇。借助思维地图，学习者和教师可以转化自己从不同类型的文本和媒体中获得的内容，并利用思维地图将已掌握的知识融入自己的抽象概念体系。他们还可以对思维地图进行迁移和修改，以重组原本孤立的学科知识，将其运用到跨学科问题的解决中，因为他们拥有将思维模式归类的工具，并能对自己的学习和思考方式进行评价。

思维地图并非封闭的系统。它们可以被无限扩展，因此不存在边界。它们可以有助于形成对人际关系有决定作用的心智习惯（Costa & Kallick，2008），有助于我们形成开放性的思维。从终极意义上说，随着思维地图的扩展，书页上、白板上或电脑屏幕上的词汇、数字和其他符号都将被纳入思维地图之中。学习者和教师将意识到自己的思维是多么富有活力、辽阔无边。

## ○ 参考文献


- Costa, A. L., & Kallick, B. (2008). *Learning and leading with Habits of Mind*. Alexandria, VA: Association for Supervision and Curriculum Development.

- Hattie, J. A. C. (2009). *Visible learning: A synthesis of over 800 meta-analyses relating to achievement*. New York: Routledge.
- Hyerle, D. (1996). *Visual tools for constructing knowledge*. Alexandria, VA: Association for Supervision and Curriculum Development.
- Hyerle, D. (2000). *A field guide to using visual tools*. Alexandria, VA: Association for Supervision and Curriculum Development.
- Hyerle, D. (2009). *Visual tools for transforming information into knowledge*. Thousand Oaks, CA: Corwin.
- Jensen, E. (1998). *Teaching with the brain in mind*. Alexandria, VA: Association for Supervision and Curriculum Development.
- Marzano, R. J., Pickering, D. J., & Pollock, J. E. (2001). *Classroom instruction that works: Research-based strategies for increasing student achievement*. Alexandria, VA: Association for Supervision and Curriculum Development.
- Ogle, D. (1988, December–1989, January). *Implementing strategic teaching. Educational Leadership*, 46,47–60.
- Sousa, D. A. (2006). *How the brain learns*. Thousand Oaks, CA: Corwin.
- Sylwester, R. (1995). *A celebration of neurons: An educators guide to the human brain*. Alexandria, VA:Association for Supervision and Curriculum Development.
- Wolfe, P., & Nevills, P. (2004). *Building the reading brain*. Thousand Oaks, CA: Corwin.

是，它们能让学习者对自己的思维内容和思维模式（元认知）有更清晰的认识。

设法让学生掌握能呈现他们学习内容和思维模式的工具，对评价学生的课堂学习情况很有帮助。作为基于认知过程的可视化模型，思维地图能将大脑的基本运转模式生动地予以呈现，这是多么奇妙的一件事！

## ○ 大脑与思维

本章的重点是阐述大脑的运转模式，但请别忘了，虽然大脑的思维模式同样体现在思维地图中，但是多数教育者更侧重于“思考”层面，也就是思维模式在日常课堂活动中的实际应用和体验。

我在写本章时遇到的一个难点是，我们所能感知到的“思维”不是各个脑区孤立运转的结果。整个大脑的工作方式更像是一个乐团。在演奏交响曲时，某些乐器（比如长笛和小提琴）可能比较引人注意，但只有乐团的全体成员共同发挥作用，才能奏出美妙的乐章。大脑也是一样，在特定的认知条件下，大脑的某些区域也许更为活跃，但只有大脑的各个区域齐心协力，才能产生奇妙的思维。最后，当我们面对的学习任务较为复杂时，我们需要调动不同的认知模式，因此我们需要运用多种彼此关联的思维地图来呈现优质的学习成果。

大脑善于探测模式：它持续不断地处理各种模式……大脑并不是直接从外界获取信息，因此它必须解码由感觉器官传递的神经脉冲以及这些脉冲的传递模式。杰夫·霍金斯（Jeff Hawkins, 2004）认为，大脑用来解码所有感官信息的算法都是固定的——不论这些信息来自视觉、听觉、味觉、触觉还是嗅觉。也就是说，不论我们是观看、聆听还是触碰某样东西，还是去闻它、尝它，大脑都会用同样的方式去解码这些神经脉冲。

我们通过眼睛获得了很多信息，也通过其他感觉器官获得了不少信息。不论这些信息是不是视觉信息，大脑应对它们的方式都毫无二致，即调用八种基本的认知模式来处理。这些认知模式也是思维地图的基础。我们不妨先来预览一下桥型图（见图 2.1），因为它是关联思维地图与特定大脑功能的先行组织者。下面的各部分内容分

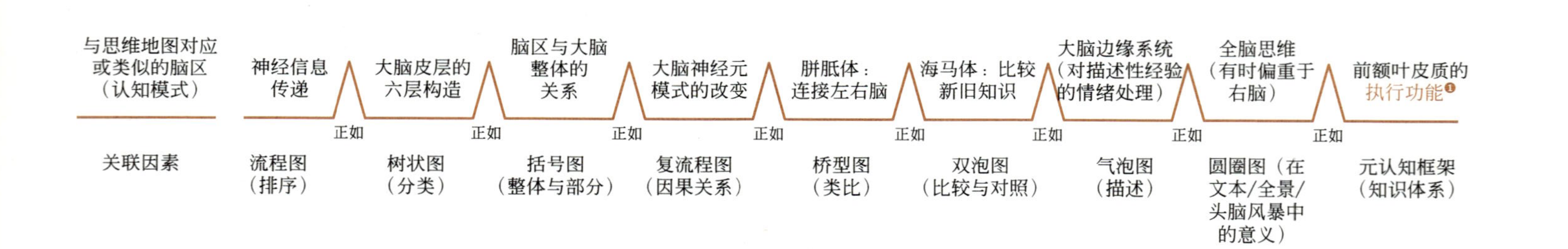


图 2.1　桥型图：思维地图与大脑的相似之处

❶ 执行功能，在教育心理学中指有机体对思想和行动进行有意识控制的心理过程。——编者注

别阐释了与大脑神经运转模式相对应的思维地图认知模式，请带着批判性的眼光阅读这些内容：我们这里呈现的观念和推断有一个基础，那就是分层、比较和因果关系等大脑的基本认知（思维）模式只是大脑的功能，并不是说大脑真的会在颅内创建实体的思维地图。

## ○ 流程排序与树形层级

首先，让我们来考察一下大脑的两种较为重要的运转模式——排序与层级——以及它们是如何协同工作的。大脑中连接在一起的树突状神经元是以排序的方式运转的——也就是说，神经脉冲由一个神经元传递给下一个神经元，再传给下一个，依次传递——神经元相继被激活，信息有序传递。当信息传递的序列形成了新的模式后，也就意味着我们学到了新东西（见图 2.2）。

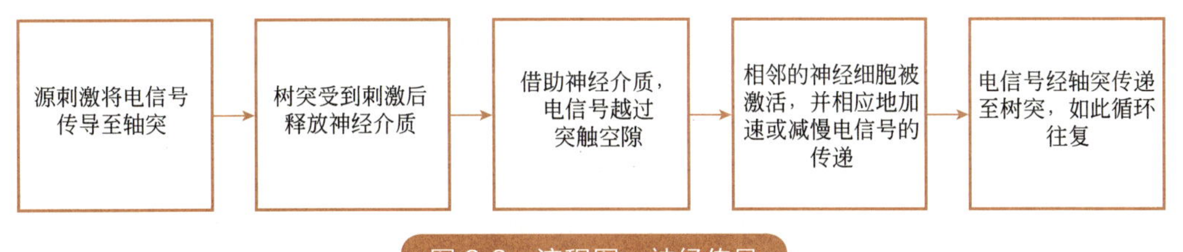


图 2.2　流程图：神经传导

在《智能时代》（*On Intelligence*，2004）一书中，杰夫·霍金斯以大脑皮层运转原理及神经元模式为基础，论述了与这些原理和模式相关的知识对提升智力的潜在促进作用。他在该书的序言中提到，他于 20 世纪 80 年代在加州大学伯克利分校和麻省理工学院任职期间，对大脑的运转方式产生过兴趣。在麻省理工学院时，他也对人工智能非常着迷。然而，他遇到一个有意思的问题：当时尚未形成针对大脑运转方式的完整理论。为了弄清楚大脑的工作模式，他开始研究神经学。他指出，大脑皮质的所有区域都是以基本一致的方式运转的——它们从感觉器官接收信号，并把这些信号转化为一系列按次序编码的电脉冲。

从大脑的构造上说，大脑皮层的每个区域都有储存和调用信息序列的功能。但这样描述大脑的运转方式显得过于简单……数以千计，甚至数以百万计的神经轴突，承担着将信息从大脑底层传递至大脑皮层的任务。这些轴突位于大脑皮层不同的区域，包含各种各样的模式。一千个神经轴突包含的潜在模式就比全宇宙中的分子数量加起来还要多。而在人的一生中，大脑皮层区域只会用到这些模式的很小一部分（Hawkins，2004）。

因此，大脑的基本任务之一，便是将成序列编码的信息转化为不同的模式，这些模式可以在以后被存储和提取。这听上去似乎再简单不过。但霍金斯后来指出，大脑皮层是以层级方式处理信息的，它会在这些层级之间搜索、过滤、组织信息。举例来说，假如大脑皮层较低的层级收到了一条来自感觉器官（比如眼睛）的新信息，如果较低的层级无法理解这条信息，它们便会把这条信息逐层向上传递，直至它能被理解。当大脑皮层理解了某条信息之后，它会把信号逐级向下传递。如果大脑皮层收到一条它无论如何也理解不了的信息，便会把它发送到海马体。这条信息要么会被海马体当作新信息储存下来，要么会被视为不重要的信息而被遗忘。

由此可见，我们的大脑不仅仅是按序发送电脉冲，而且电脉冲和突触（神经连接）是在层级之内来回传递信息的。神经元和神经连接有六个不同的层级结构，信息就在层级内部被上下传递、破译、处理。一个信号能被传递多远取决于自身的复杂程度和奇特程度。这听起来似乎很简单，但如果我们了解罗伯特·塞韦斯特（1995）对30个独立运转的神经元纵列的描述，就不会这么认为了。这还只是处理视觉信息的神经元纵列（见图2.3）。

杰夫·霍金斯在建构他的大脑理论时提出一个问题：“为什么大脑新皮质是一个层级结构？”对此，他自己的解释是：

我们之所以能思考、在世界上到处转悠、对未来做出预测，是因为我们大脑皮层的结构反映了现实世界的结构。本书（《智能时代》）最重要的一个主题便是，大脑皮层的层级结构中包含着真实世界的模型。现实世界的嵌套型结构也体现在人类大脑皮层的嵌套型结构中。

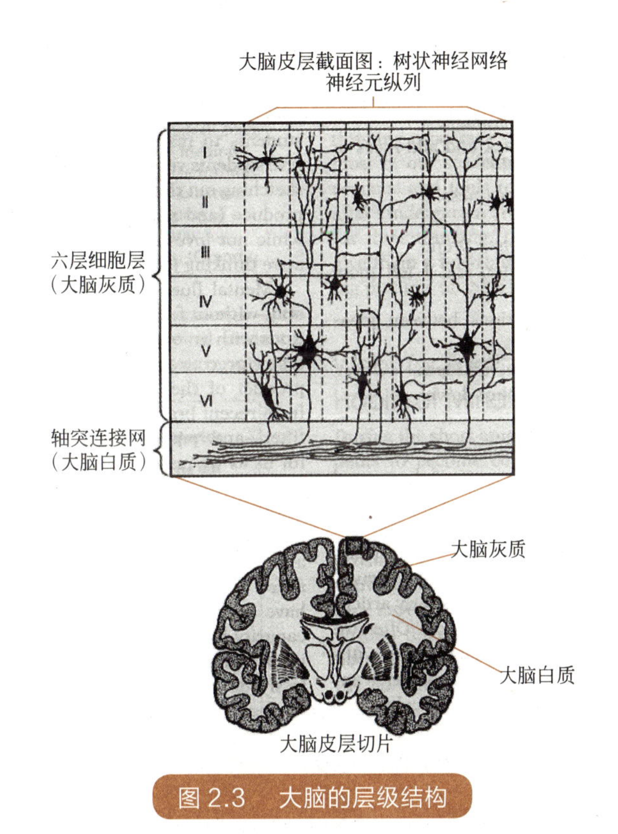


图 2.3　大脑的层级结构

资料来源：Sylwester, R. (1995). A celebration of neurons: An educator's guide to the human brain (p. 46). Alexandria, VA: Association for Supervision and Curriculum Development.

本页的文字就是层级结构的一个例子——字构成了词，词构成了句子，句子构成了段落，段落构成了页，类似地，大脑会调用从下到上的全部皮层处理这些信息。

由大脑的生理结构所驱动的排序思维和层级思维，是大脑的两种基本模式，当然也就对应着思维地图八种认知模式中的两种。流程图能在学生有意识地创建序列时为他们提供直接帮助，树状图则可以用于创建层级结构。有意思的是，这两种思维模式也分别是两种文本结构的基础，即记叙文和议论文（论点 / 论据 / 细节）。

## ○ 括号图与大脑结构

在我们沿着抽象概念前进得太远之前，请别忘了，大脑是个实体器官：它由两个大脑半球构成，大脑半球由胼胝体连接；大脑有实实在在的结构、半球、功能区和负责特定神经活动的次功能区。这些区域之间，以及这些区域与身体之间，究竟以何种方式联系，目前还有很多不清楚的地方，这也是神经学研究每天都在探索的领域。思维地图中的括号图常被用于呈现整体与部分的关系。翻开《格雷氏解剖学》（*Gray's Anatomy*），你会发现呈现人体、人体重要器官、分支器官之间复杂关系的标准括号图。人类大脑的复杂结构同样也可以借助括号图予以呈现（见图 2.4）。

教师和学生们经常会提的一个问题是：用于展示整体－部分关系的括号图和用于展示层级关系的树状图有什么区别？横向比较的话，括号图跟树状图十分相似。两者有共同之处，但在更深的层次上，它们各自的认知结构都是独有的，它们对应的大脑模式和现实世界中的认知对象也不同。从传统的角度来看，树状图一般被用于层级细分、抽象分类，例如现存椅子的全部大类和小分类（摇椅、办公椅、沙滩椅、豆袋椅等）；而括号图的传统形式常被用于解析性教学，它可以用于演示构成有形实体的物理、生理或固态部分，例如椅子的各个零件（椅背、椅子腿、横档等）。简单说来，“类别”是你无法亲手触摸的，因为它是人类创造的抽象概念！

为什么这两种模式容易混淆？部分原因在于大脑处理信息的基本模式。运转的大脑本身并不具有意识，它理解具体和抽象的概念靠的是一套分类系统。从一般概念到具体事物都包括在这一系统之中。括号图所代表的“整体－部分”模式处理的主要是有形、可触摸的具体物品（例如一个概念化的“完整”椅子和它的具体零件，如椅子腿、座位和靠背）。旨在呈现层级关系的树状图则暗示我们，越“高”的层级囊括的内容就越广，与次一级的层级相比也就越“抽象”和复杂（例如，家具是一个总概念，椅子是一般概念，办公椅则更为具体）。大脑始终以层级化的方式运转，即使当我们审视自己周围的实体物品的“部分－整体”构成时也是如此，因为大脑皮层的结构就是层级化的。别忘了，当大脑借助神经序列传递信息时，它使用的就是这样的方式。

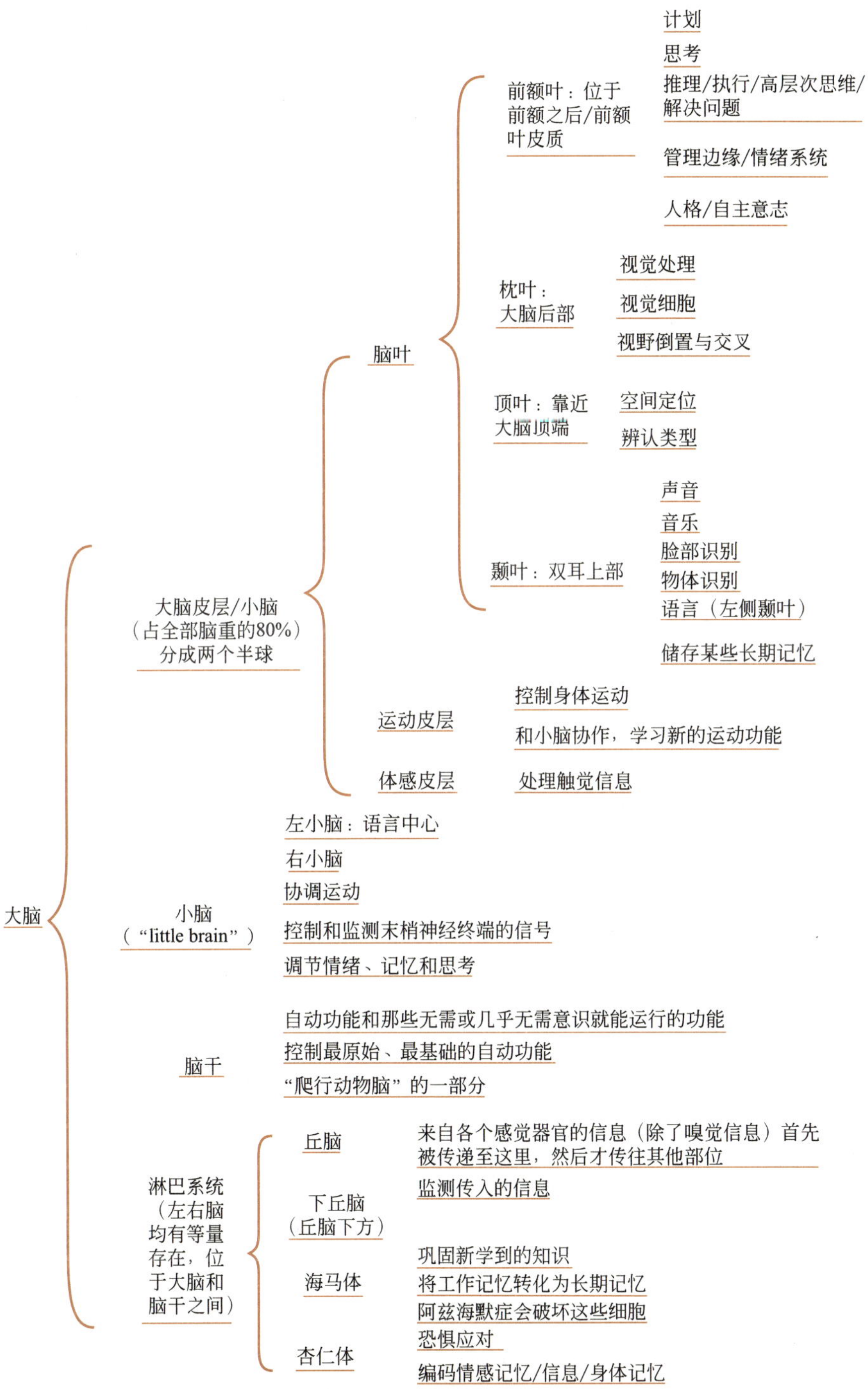

- 大脑
  - 大脑皮层/小脑（占全部脑重的80%）分成两个半球
    - 脑叶
      - 前额叶：位于前额之后/前额叶皮质
        - 计划
        - 思考
        - 推理/执行/高层次思维/解决问题
        - 管理边缘/情绪系统
        - 人格/自主意志
      - 枕叶：大脑后部
        - 视觉处理
        - 视觉细胞
        - 视野倒置与交叉
      - 顶叶：靠近大脑顶端
        - 空间定位
        - 辨认类型
      - 颞叶：双耳上部
        - 声音
        - 音乐
        - 脸部识别
        - 物体识别
        - 语言（左侧颞叶）
        - 储存某些长期记忆
    - 运动皮层
      - 控制身体运动
      - 和小脑协作，学习新的运动功能
    - 体感皮层
      - 处理触觉信息
  - 小脑（“little brain”）
    - 左小脑：语言中心
    - 右小脑
    - 协调运动
    - 控制和监测末梢神经终端的信号
    - 调节情绪、记忆和思考
  - 脑干
    - 自动功能和那些无需或几乎无需意识就能运行的功能
    - 控制最原始、最基础的自动功能
    - “爬行动物脑”的一部分
  - 淋巴系统（左右脑均有等量存在，位于大脑和脑干之间）
    - 丘脑
      - 来自各个感觉器官的信息（除了嗅觉信息）首先被传递至这里，然后才传往其他部位
    - 下丘脑（丘脑下方）
      - 监测传入的信息
    - 海马体
      - 巩固新学到的知识
      - 将工作记忆转化为长期记忆
      - 阿兹海默症会破坏这些细胞
    - 杏仁体
      - 恐惧应对
      - 编码情感记忆/信息/身体记忆

图 2.4 括号图：大脑结构

霍金斯（2004）针对大脑皮层的层级结构与现实世界的部分 - 整体关系，写道：

> 世界上的每件物品都是由一系列更小的物品组成的；绝大多数物品都是更大的物品的组成部分……与之类似，我们的记忆和大脑提取这些记忆的方式也被储存在大脑皮层的层级结构中。你对家的记忆并不保存于大脑皮层的某个特定区域，而是保存于大脑皮层不同区域的层级结构中。这一层级结构对应的是你家的层级结构。范畴较大的概念储存于层级结构的顶端，而范畴较小的概念则储存于层级结构的底部。

这些讨论似乎过于艰深，与课堂教学也没有什么联系。但事实上，它有助于我们理解大脑的立体构造，理解大脑分析我们所处的现实世界时所采用的动态模式。此外还有大脑对整体 - 部分关系的处理及我们对抽象概念的认知，这些抽象概念往往与我们创建的层级结构有密切联系。

## ○ 复流程图与因果思维

外部事件和经验对大脑的物理改变是靠改变神经元中的电信号模式实现的。当某种模式随着时间的推移得到强化时（即被我们熟练掌握时），大脑中电信号的传输模式也会趋于固定。这时无须刻意去想就能把它调出来使用。这一整套复杂的模型确立后，我们就会很熟练。不妨回顾一下我们学习系鞋带的过程。多数成年人都是系鞋带的“高手”，因为我们早已把系鞋带的动作重复了成千上万次——我们想都不用想就能系好。当我们开始学系鞋带时，大脑便会形成与之对应的神经模式，但这种模式很弱。随着我们一再重复这一行为，大脑会通过反馈机制积极改变与系鞋带匹配的神经信号传输序列。最终，我们就成了毫不费力就能系好鞋带的高手。这对于所有类型的学习都是一样的——如果我们练习的次数足够多，就能导致大脑产生永久性的改变。正如俗话所言：“越熟越难改。”重复训练能永久改变大脑的神经网络，让我们的大脑掌握新的技能。

再以学习字母为例。儿童即使不知道字母，也能学着将它们说出来或唱出来。之后他们才学习字母。刚开始阅读时，为了弄明白一个单词是怎么拼的，他们总是先把单词中的每个字母念出来。再往后，他们逐渐有了流畅阅读的能力（即成为了“阅读能手”），在读单词甚至整个短语时就不困难了。他们辨认单词时不再需要将其中的每个字母读出来，因为他们已经能自动辨认单词，不需要特别花脑力了。这一转变事实上是大脑突触的客观变化促成的。大脑已经在小写字母 a 与大写字母 A 之间建立起了联系。简单说来，外在经验触发了大脑突触和皮层的变化。这就是大脑学习的过程。（见图 2.5）

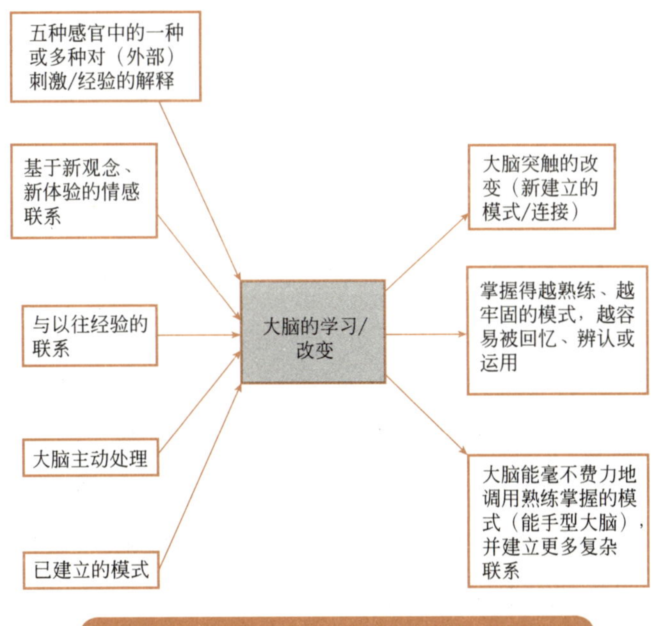


图 2.5　复流程图：因果关系对大脑的影响

“你觉得接下来会发生什么？”我们总是这样问学生。因为这么问会激发学生思考与问题有关的因果关系。思维地图中的“复流程图”也体现了预测的动态过程。大脑必须回忆以前曾发生过的情况，并思考曾造成相同结果的情境和原因。比如，某位学生也许会这么想：“上次我读的那本书里，故事中的信鸽尽管一再恳求别人，最后也没得到想要的东西；在这本书里它也在恳求别人，所以我猜它依然什么都得不到。”培养学习者阅读理解能力的一个核心方法就是，父母或教师在给孩子读故事的过程中，时不时停下来让孩子自己对故事的走向做出预测，或问问他们故事中已经发生的事情可能会有什么结果。（这也是大脑从阅读材料中吸收信息时在做的事！）这可并不仅仅是排序那么简单，因为读者进行预测时，必须调用故事的不同部分、角色性格、故事背景、作者的叙述风格和一系列非叙事性元素。

我们每天都在做着非正式的预测。所有这些预测都会用到因果思维（例如，“出现这种情况，就会如何如何。”）这些预测往往是无意识的，但对我们的生存至关重要。我们的杏仁核在我们的意识之外执行着这一过程。请思考下面的例子。“我”知道，当我举手回答问题并且答对时，我会感到自己很聪明，并获得成就感。尽管我不会有意识地这么想，但答对问题的确能给我带来良好感觉，因此我会再次举手，并更多地参与到课堂活动中。另一方面，如果我举手但答错了题，我会感到很不自在，接下来对课堂活动就不那么热心了。在前一个例子中，“我”的杏仁核把答对题理解为安全且值得的行为，因此会一再重复。而在后一个例子中，“我”的杏仁核会把答错题理解为能带来伤害和痛苦的行为，并尽力避免。这两种过程都不是有意识地进行的。大脑自己会进行推断并相应地调整行为。

预测对我们的生存、学习和创造有重要意义。我们或许不会把举手答题视为生死攸关之举，但它无疑是学校生活和学业成就的重要组成部分。我们借助因果关系来做预测。杏仁核担负着维持生命的作用——当我们遇到危险之物（如老虎或毒蛇）时，便会感到恐惧。我们的大脑会凭借因果关系有意识地做出预测，但杏仁核也会绕过“意识脑”来预测可能存在的威胁和危险。

## ○ 双泡图：比较和对比新信息

大脑掌握了一个概念后，会建立相关的联系，把这一知识以固定的神经信号传递模式储存下来（如上所述）。当大脑遇到新的且与原有知识存在关联的信息后，它会通过一定的路径把新信息跟原有的神经传递模式连接起来——这需要对旧有模式做出修改、扩展和增益。为了改进这些原有的网络和模式融合新旧知识，大脑必须持续地将新旧知识加以比较和对比。思维地图中的双泡图有助于我们具象地呈现神经网络这一连续不断的知识融合过程。如果我们回顾一下对基本认知模式的研究——借用皮亚杰的话——对于新信息，大脑要么对其加以吸收和 / 或同化，要么将其视作不重要的或与现存神经网络毫无关联的信息而予以抛弃。这是一个连续的比较过程。一般认为海马体（这一器官形如海马，位于发育较早的淋巴系统内）担负着将新信息与原有信息进行比较的主要工作。海马体受到严重损伤的病人会丧失获得新记忆的能力，但他们的长期记忆却完好无损。海马体被认为具有对进入大脑的新信息加以对照和比较，在大脑中建立神经连接模式，并根据需要对这些模式进行调整的功能（见图 2.6）。因此，海马体及其比较信息的功能对我们记忆新知识，调用已掌握的知识起关键作用。

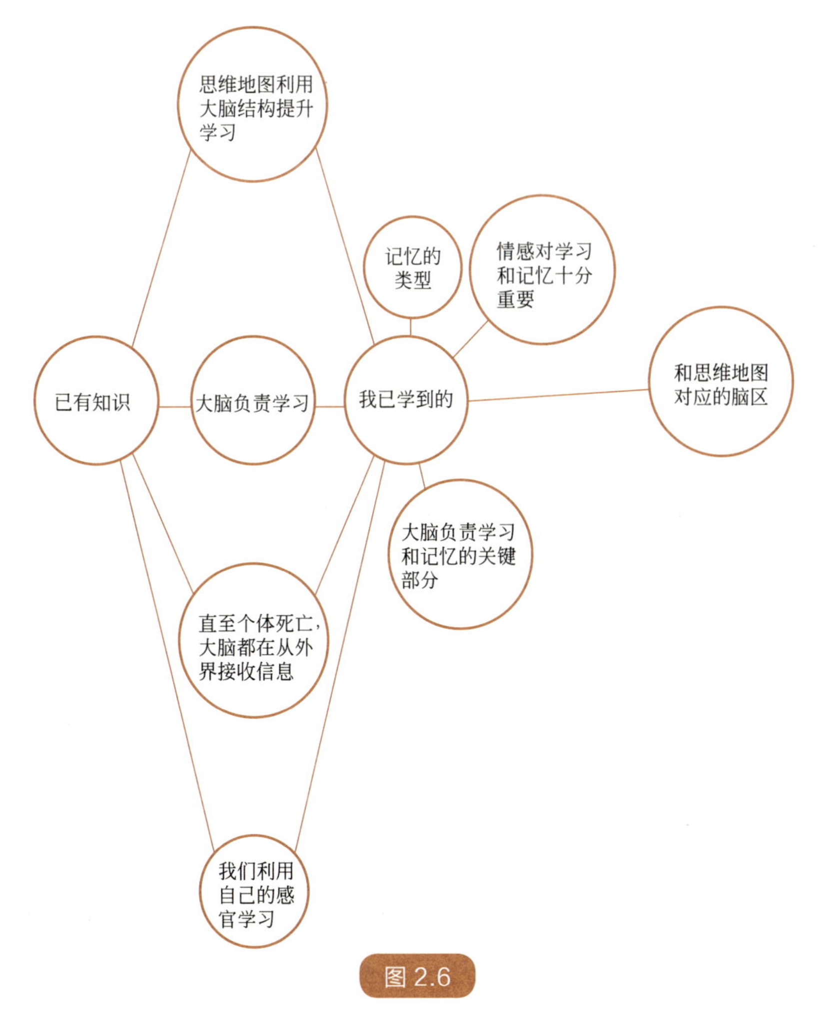


图 2.6

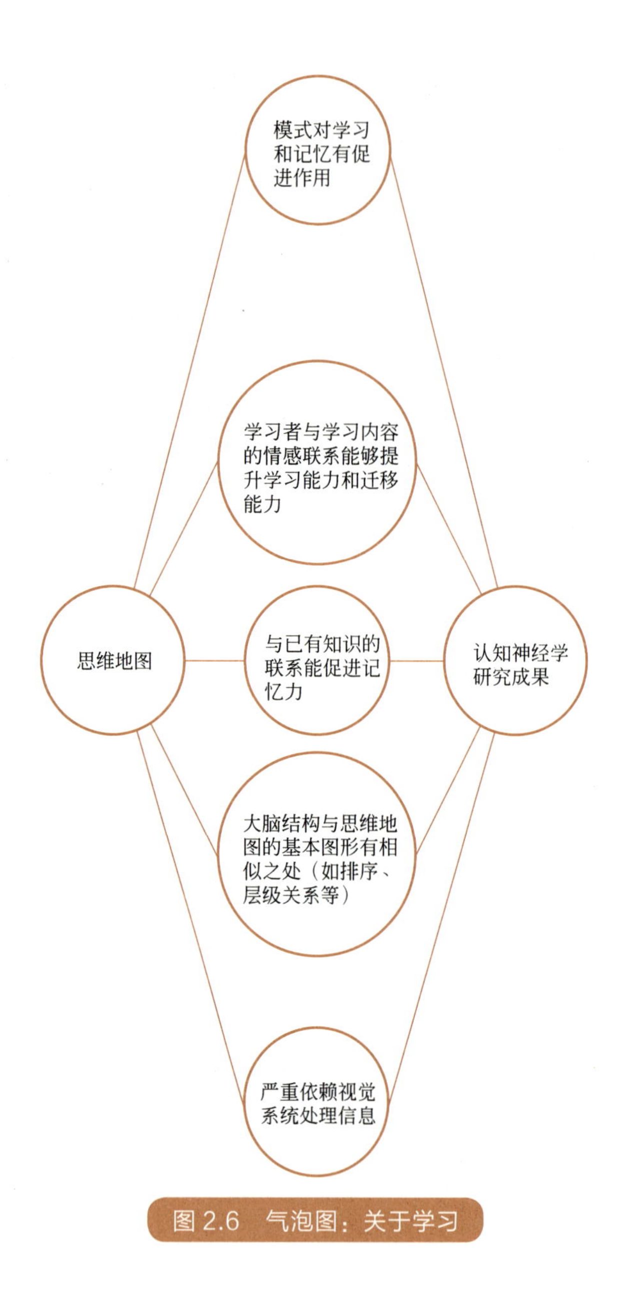


图 2.6　气泡图：关于学习

## ○ 描述特征：在气泡图中建立情感和感官联系，形成理解

大脑依据什么来决定是否为进入大脑的新信息建立新的神经连接模式呢？它依据的是情感。情感是学习任何知识的关键。伊莫迪诺 – 杨（Immordino -Yang）和达玛赛

欧（Damasio）认为："教育者如果忽视学习者的情感，就等于忽视学习者的关键学习动力。事实上，我们甚至可以说，不重视情感，我们就无法激发学习者的任何学习意愿。"（2007）学习是一种情感活动。如果我们对概念、课堂内容、人……无法建立情感联系，我们很可能记不住这些东西（或人）。

思维地图的运用正与情感有关，因为学习者赋予自己创建的思维地图意义：在使用思维地图的过程中，他们会把自己创建的思维地图视为私人化的材料，并与之建立私人情感联系，这样一来，他们也能更好地记住这些材料。正如伊莫迪诺-杨和达玛赛欧在对论述情感和学习之关系的文献进行分析时所指出的那样：

> 首先，这些研究结论说明了，在社会情境中个体利用原有知识解决现实问题时情感的关键作用，因此这些研究结论启示我们：当个体将自己在学校获得的知识迁移到新情境和现实生活中时，很可能需要借助情感因素。

虽然我把情感因素归在"思维地图的特性"这一部分内容里，但它们实际上体现在思维地图的应用上。此外，我还要指出，当我们思索每种思维地图框架中的关键认知点时，会发现这些点与情感因素有紧密联系。

因此，当我们使用气泡图，被要求描述特性或进行描述性思维时，会发生什么呢？"描述"这一行为本身就带有情感色彩，并基于要赋予某个事物意义。因此，这时我们的大脑必然会调用淋巴系统的次级组织——杏仁核、海马体和基底核等。下意识地（在我们的意识察觉之前），当"恐惧"一词闪入眼帘时，我们的大脑会触发小小的恐惧反应——杏仁核被激活，触发恐惧反应机制；当我们从学习中获得快乐时，基底核会受到刺激并释放更多多巴胺等愉悦激素。

从构造上看，神经细胞与气泡图很相似——都是从中心向外扩展。大脑以这种方式建立联系——正如思维地图使用者所说："我的大脑就是这么运转的！"是的，没错！杰夫·霍金斯（2004）详细探讨过这个问题，他指出，大脑中实际存在着汇总处理感官信息的中心组织。

从宏观角度看，这也说得通：创建具有描述性、说明性和展示性的气泡图是情感任务，因为当我们思索事物的特性时，这些特性总会触发我们的情感反应；外在事物与情感的联系能加深我们的记忆。不妨回想一下你生命中最深刻的情感体验——这些记忆（无论是积极的还是消极的）都深植于你的脑海中，让你终生难忘（例如你第一次参加考试、第一次坠入爱河、被炒鱿鱼、结婚、生子等）。你的情感体验越强烈，记忆就越牢固。

大脑会借助感觉器官吸收信息，并始终监测它接收到的信息的特性和质量——以更好地理解这些信息的背景。只有借助这些特性，大脑才能将其与已有的知识网络建立起联系。当我们刚认识一样新东西时，我们会考察它的特性，并将我们已有的特性赋予它——这些特性很多都是以情感为基础的。对学生而言，这些特性可能是“这太难了”或“这很好闻”或“她真的很漂亮”或“这本书非常有意思”，诸如此类。大脑建立的这些情感联系可以限制或促进我们的学习能力。我们与学到的东西建立的情感联系越是正面，或者，事物的特性越是能激发我们的情感——大脑就越可能会记住它。

当你阅读这段文字时，你大脑的淋巴系统也正在经历一系列的情感反应。你的大脑皮层会把这些反应转换为文字。希望它们能代表阅读本书时你淋巴系统的某些体验。（见图 2.7）

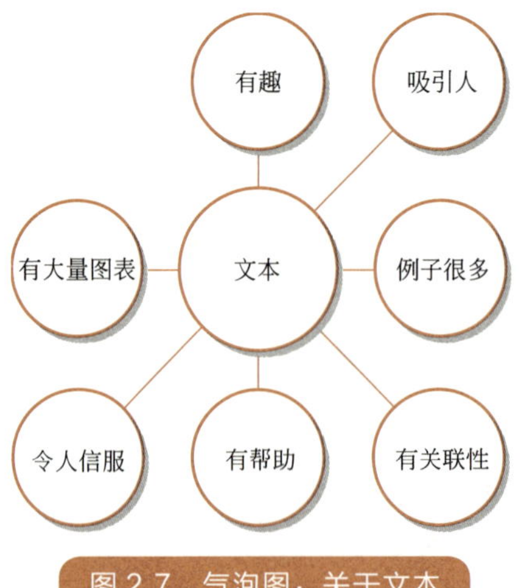


图 2.7　气泡图：关于文本

## ○ 类比：桥型图与大脑皮层的相似之处

大脑对类比的创建牵涉到复杂的机制，而且会用到所有作为思维地图基础的其他思维模式。举例来说，在大脑接收新信息、将新信息与原有信息对比、基于原有情感体验创建新记忆这一系列过程中，我们必须依据原有的知识去理解新接收的信息。大脑懂得预测（这要用到因果思维）——它会考察某种情形与另一种情形有何异同（这要用到比较思维）。大脑倾向于根据目前接收的信息与原有经验的联系做出预测。

有了这些信息做基础，大脑还要有意识地对不同信息的联系做一番详细考察。在桥型图中，这些关系被称作“关联因素”。我们不妨看看这个简单的类比问题：喵之于猫，正如 ？ 之于狗。大脑怎样解决这一类比问题？首先，它需要知道猫与狗的不同；其次，它需要有将猫与狗加以比较和对比的能力；第三，它需要有对猫和狗的行为作出预测的能力——确切点说，就是认识到“如果猫会叫，那么狗也会叫。”在我们的文化中，我们倾向于以这种方式做类比推理。但事实上，在日常生活中，我们创建类比和比喻的过程要比这更直接。也许大脑新接收到的信息是“想到树枝与树干的关系”，这会立刻让我们联想到胳膊与身体的关系；又或者，当我们看到两个车头灯时，我们会将它们比作面孔上的双眼。从本质上说，类比往往（即使不是总是）体现着我们大脑中已经建立的联系。这对我们学习新事物有重要意义。

按照霍金斯（2004）的说法，智力就是我们借助类比做出预测的能力。**大脑要预测的现象越是孤立或越不同寻常，预测本身就越有创造性。**举例来说，根据霍金斯的理论，假如你懂得如何在电脑键盘上打字，现在要学习如何在手机键盘上打字，这就是一个创造性行为。但很多人认为（包括霍金斯），如果例子换成发短信和使用智能手机，无疑是更考验智力、更有创造性的行为。

但智力究竟是什么，聪明的大脑又意味着什么？测量一般智力的做法存在很大争议。不论你本人如何看待智力，一直以来，衡量一般智力都是借助类比手段实现的。最初研究学习机制的专家们相信我们可以通过“米勒类推测验”之类的类比手段来测量（至少是部分测量）智商。在几乎任何类型的测验中，类比推理都是标配。创建类比要用到复杂的思维能力。首先，我们的大脑中必须有相关的知识储备，之后我们还必须更进一步做出预测，并检查不同信息之间的关系。

一般智力与大脑运用类比预测的能力之间存在联系，除此之外，联系左右大脑半球的胼胝体，就好像架构于左右半脑之间的桥梁。桥的概念就成了思维地图体系中创建类比的图形基础。胼胝体的功能是沟通复杂的信息，将它们融会贯通并做出预测。那些“脑半球分离”的病人（胼胝体被切断，以避免严重的痉挛症）左右脑之间的某些重要沟通会受到严重影响。但有意思的是，即便没有胼胝体这座“桥梁”，我们的大脑也能运转——只是没那么顺畅而已（见图 2.8）。

大脑的胼胝体

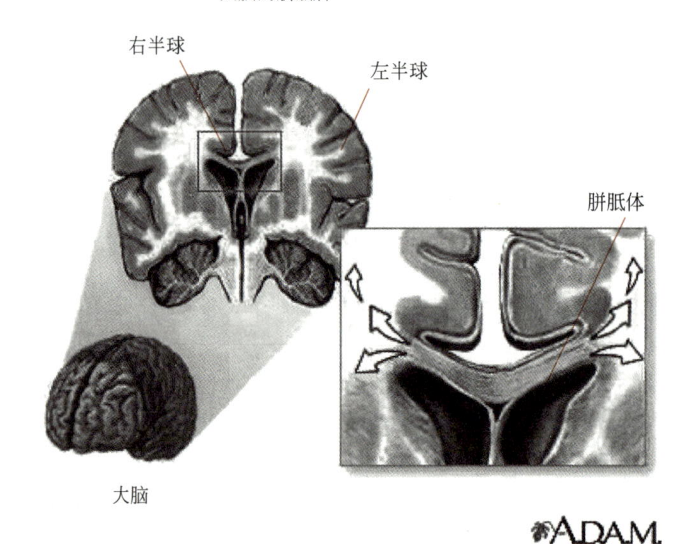


胼胝体是深藏于大脑内部的组织，起着连接、协调大脑左右半球的作用。

图 2.8　胼胝体

资料来源：MedlinePlus（2010）.

我并不是说胼胝体承担着创建类比的（全部）工作。但是大脑的确需要两个脑半球协同工作才能完成创建类比的认知任务——胼胝体就起着沟通左右大脑半球的桥梁作用，就好比桥型图能为两个类似概念建立联系一样。

## ○ 借助圆圈图定义语境：调动全脑，整体思维

最后要探讨的是另一个与大脑的结构和功能相关的认知形式，即我们有意识地认知任何事物时都要用到的思维模式：我们收集和处理信息时必须将其置于更广的语境中加以审视。举例来说，当我们进入一个房间（比如教室）时，我们立刻便会被人群、教室环境、声音、学习的学生、授课的教师所围绕。这些都给我们的造访带来意义。在我们注意到单个的人或教室里的物件之前，我们会不由自主地感觉到教室的整体氛围。

当我们第一次创建圆圈图并将我们的所有想法呈现在纸上时（我的学生称之为“倾倒大脑”），大脑中会发生什么呢？在这种情形下，我们会在脑中呈现更广阔的图像或进行所谓的“整体思维”。不用说，整体思维要用到全脑。我们会调动自己在某个主题或观念方面的所有已有知识。再拿刚才的教室为例，进入教室时，我们对“教室”的全部理解都可能会浮现于脑海之中。我们的大脑会调动所有的思维模式，以便对我们与某一主题相关的“全部知识”进行整体思考。研究已经证实，在进行整体思考时，右脑要付出更多劳动，但右脑必须与左脑协同工作。也有研究者认为左脑更善于发散思维，而右脑更善于整体思维（尽管有些左右脑差异理论受到质疑，但有些依然得到支持。）

我们许多人喜欢用圆圈图开启一项认知任务，我认为其原因在于，全脑思考能把我们就某事物所知的一切信息列到一起，不受限于任何一种特殊的认知策略。我们把描述性的词语和图像列出来，观察整体和部分，思考因果联系，匆匆记下各种分类，所有的观点将会在后续进行分类。这样我们就是在进行全脑思维。

在下述圆圈图中（见图 2.9），我依据大脑皮层中的分类模式列出了关于本章的所有初始观点。我与这些观点的情感联系，激活了大脑的边缘结构。我把它们打出来，信息从我的大脑中传递给我的运动神经，再传递给我的肌肉。学习是一项全脑活动。圆圈图反映了这项全脑活动，把所有信息放到一起。

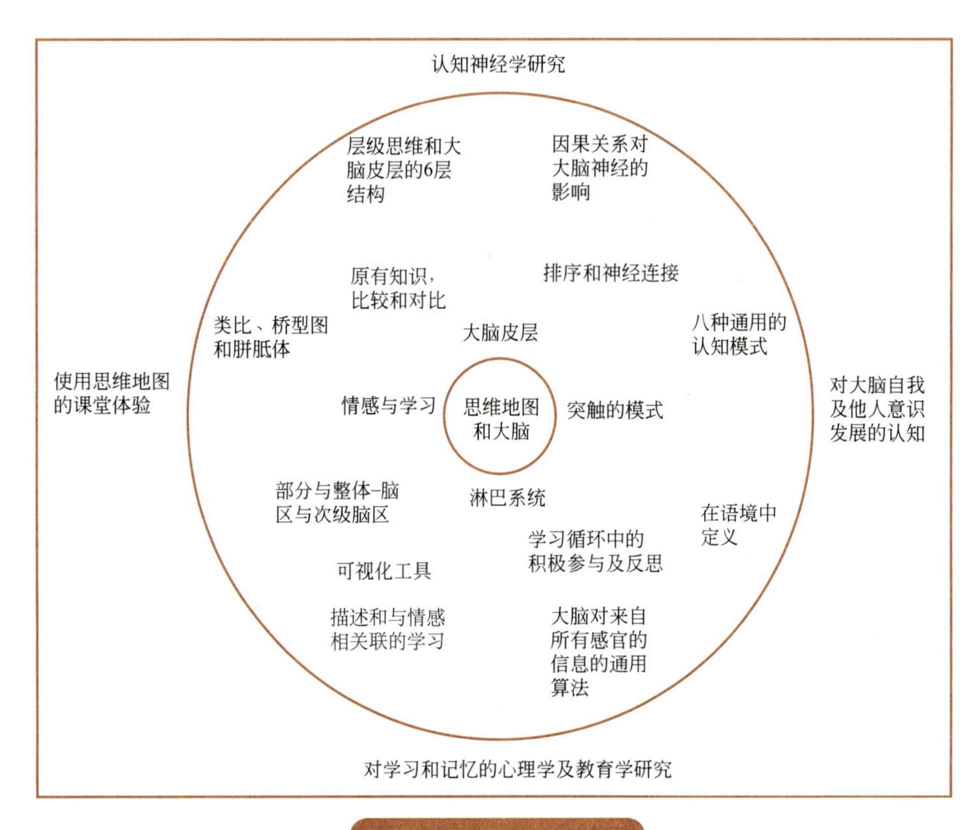


图 2.9 圆圈图：总结

## ○ 元认知框架：汇总所有内容

我们如何理解自己的知识？我们的思考受到哪些因素影响？用思维地图的术语来说，什么叫参照框架？我们在思考这一复杂问题时，大脑中正在发生什么？通过前面对圆圈图的探讨，我们知道，大脑首先会立刻分析某一经验的具体语境。与此同时，大脑会利用以往的经验，判断哪些因素会影响我们对语境的分析。举例来说，如果我们的整个学生生涯都是积极、正面的，那么无论我们进入哪间教室，我们的“参照系统”都会认为这一体验将是积极的。大脑中已有的这些模式或框架像是情感钥匙，决定着我们的认知。在实践中，对很多人而言，与圆圈图一起使用元认知框架，更为得心应手（至少我的观察和使用体验是这样）。这或许是因为我们习惯于从大处思考，并会用到多种认知模式。从本质上说，我们会调动全脑并利用脑中已有的大量情感参照框架。这些框架会影响我们对当下语境或我们当下体验的认知。

我们在任何思维地图中画下元认知框架的同时，也在调动淋巴系统中与情感有关的结构，以及大脑皮层中更高级的认知结构。我们的感官会检查新信息所处的具体语境，并把分析的结果传递给大脑。大脑对信息所处的语境和信息本身做出判断。在大脑前额叶中，执行功能让我们理解语境（或宏观图景）。

### 为什么元认知对学习如此重要？

教育应该以培养学习者的迁移能力为中心——也就是说，教育应该不仅帮助孩子们掌握具体内容，在考试中取得好成绩，还要能让他们将这些知识应用于教室外的实际生活中。学生需要教育者帮他们将课堂上学到的内容与实际生活联系起来，教育者应有意识地去实现这一目标。我们必须能够回答这一古老的问题：“我为什么要知道这些内容？”思维地图的重要作用之一就是建立联系。通过培养学生独立创建思维地图的能力，以及将大脑中的联系部分地表征出来的能力，学生将能与自己所学的知识建立个人化的联系。不仅如此，他们还将看到这些内容与自己实际生活的联系，因而记得更牢，并在将来运用。借助思维地图中的“参照框架”，学生们将获得一系列可视化工具。这些工具能让他们将新学到的知识融入自己的个人体验和认知。

## ○ 协作学习、情感和学习评价

前面我们简要讨论了大脑结构与神经信号传递过程的关系，以及神经元的构造与认知过程的关系，这为以后深入研究和开发思维地图的实际应用提供了启示。综合来看，思维地图作为一种语言，能起到提升学习者的内容学习能力、促进其语言和认知能力的作用。最终，学习者在课堂内外将能获得更丰富的体验。思维地图对教学的促进是多方面的，但其中最重要的两个方面是思维地图在协同学习中的应用和对学生思考及实践能力的评价功能。这两个方面是提升学生创造力和对思维过程及结论进行反思的能力的关键。

## 协作学习与情感

关于思维地图的应用，我们认为它应该被协同使用。不过创建个人思维地图的情况，在实际中也存在。但一般来说，在学校中，学生、教师、管理者和其他人应彼此分享思维地图，因为思维地图体现了他们的思维模式。健康人类的大脑有着社交和联系的天性。大脑的很多部位都体现了这一倾向。举例来说，当我们看到另一个人处于某项活动中（如进食）时，大脑中的镜像神经就会自动被激活。观察一下用汤勺喂孩子吃饭的父母，你就会发现，此时父母的嘴唇也会下意识地跟着孩子蠕动。出生不久的婴儿就懂得模仿父母的样子吐舌头。正如塞韦斯特（2005）所说：

> 独特的镜像神经系统解释了对人类学习至关重要的模式——模仿模式。早期脑科学研究的重点便是控制人类语言功能的大脑左半球的特定区域（布罗卡区）。镜像神经的发现为理解授课和学习提供了一个统一的框架，这一发现意义重大，正如 DNA 的发现对理解基因的意义一样。

我们大脑天生就有与他人交流的倾向。思维地图使我们将自己的思维模式呈现给他人成为可能。在协作型的课堂中，师生们不仅一起创建思维地图，也一起思考——彼此合作，共同激发创意，收获新知。

罗格（Roger）和发明协作学习模型的美国科学家大卫·约翰逊（David Johnson）曾写道（2004）：

> 在特定条件下，协同工作的效率可能超过竞争式和个体化的学习。这些条件是：
>
> 1. 明确而积极的相互依存关系。
> 2. 充分而正向的（如面对面的）互动。
> 3. 明确的分工和责任。
> 4. 人际交流和小组沟通技巧的频繁使用。

5. 旨在提高未来效率的频繁而定期的集体协作。

所有健康的合作关系都具备这五种基本特质，不论是私教、同伴学习、同龄人中介、成人学习小组、家庭协作还是其他形式的协作。这些抽象的“标准”应该被所有协作关系所遵循。

在你阅读本书的过程中，你会读到很多学生们（以及教师和管理者）彼此合作、协同学习的例子。集体使用思维地图时，由于有了具体的共同目标和具象化的集体思维模式，学生们便能够一致朝着上述的五个标准努力。但这些学习社区依然需要认真的管理。机能磁共振造影（fMRI）显示，那些自认为被排除在学习社区之外的学习者，他们大脑的某些区域会被激活，这些区域与食物中毒者大脑被激活的区域一样。由此引发的痛苦会让这些学习者避免将来再参与集体学习——所以，把一切学习者都纳入协作学习的模式中是非常重要的。

## 用思维地图评价学生的思考

对学生和教师来说，思维地图的一个重要作用是评价个体对所学知识的思考，而不仅是评价学到的具体知识。在学习社区中，最困难的任务之一是评价每个个体的参与度。如果学习社区中的学生能将自己创建的思维地图融入集体创建的多个思维地图中，个体和教师便能透过这一动态过程“看到”集体思考中个体思维的联系和来源。

在教育中，我们常说我们希望学生们更多地进行“批判性思考”和“更高层次、更为复杂的思考”。一般而言，这其实是说，我们希望学生能在布鲁姆（Bloom, 1956）的学习目标分类中占据更高层次。在布鲁姆最初的分类中，“理解”和“领悟”在思维中属于较低的层次——只是更复杂的思维的基础。布鲁姆认为，分析、综合和评价（三者有固定顺序）是更复杂的认知形式，在设计教案时，我们应照顾到处于各个层次的学习者。布鲁姆改进后的分类与最初的分类类似，但一个显著的区别在于，他将“创造”列为最高级的认知形式。当学生们使用思维地图时，他们实际上在做什么？他们在“创造”——创建能呈现他们思维模式的视觉图像。

教师和学习者需要认识思维地图对评价思维模式——而不只是具体内容——的重要意义。如果你是一位教师、家长或学生，在阅读本书中那些借助思维地图获得成功的学生事例时，请别忘了思维地图是一个对思维模式进行反思的有用工具。用这种方式来了解学生的思维过程真是太奇妙了！这不也正是良好的评价方式应该评价的对象吗？

将思维地图用作评价手段能让我们看到大脑的实际运转——排序、层级思维、因果思维、描述、比较、创建类比、将复杂的事物细分为不同部分、将观念或主题置于更广的语境中完整审视等，最后，我们还能看到元认知对思维的影响。我们能看到大脑的层级结构或大脑是如何呈现这些层级结构的，我们能看到学生们可能会采用的序列或归类——即他们的思维断点和对内容的出色联结。我们需要实际看到这些通用思维模式是如何运转的。如果我们把思维地图视作评价手段，我们就能实现这一目标。

## ○ 利用思维地图关联大脑与思维

正如我们本章讨论的那样，大脑的结构和功能似乎都与思维地图理论所倡导和支持的八种通用认知模式一致。大脑与认知模式的这种契合从一开始就令人惊喜。在参与较为复杂的认知任务时，大脑的基本结构会协同工作——正如思维地图的基本图形会在复杂任务中共同发挥作用一样。一个简单的排序任务，例如呈现一个故事的基本次序，只用流程图就能完成。但对于更为复杂的任务——例如评论一个故事——就需要找出基本元素并对其进行梳理（这要用到树状图），描述主要角色的性格特征（这要用到气泡图），评价文体风格（例如“文笔出色”或“文笔拙劣”，这或许要用到树状图）。从以上各节内容中我们能看到，每种类型的思维地图都对应着八种基本思维模式中的一种，这八种思维模式又与大脑中不同的区域相对应。

大脑的各个区域并非彼此孤立地运转。我们使用思维地图时，调动的是我们的整个大脑。我在本章中简述的只是大脑在用到八种基本思维模式时最为活跃的区域。这些思维模式在思维地图中均有体现。良好的思维需要运用各种思维地图协调处理——就像大脑各区域必须协同工作一样。

如果我们能从电脑屏幕上观察某人从无到有一步步创建出来的思维地图，我们就有机会了解他大脑的认知过程，并利用这一信息给他适当的反馈。思维地图在评价大脑运转模式方面的作用十分强大——就好像我们能亲眼看到大脑内部是如何运转的一样。对教师和学习者来说，还有什么比这更重要呢？

## 参考文献


- Bloom, B. S. (Ed.) (with Engelhart, M. D., Furst, E. J., Hill, W. H., & Krathwohl, D. R.). (1956). *Taxonomy of educational objectives: Handbook: Cognitive domain*. New York: David McKay.
- Hawkins, J. (2004). On intelligence. New York: Holt.
- Immordino-Yang, M. H., & Damasio, A. (2007). *We feel therefore we learn: The relevance of affective and social neuroscience to education*. In The Jossey-Bass reader on the brain and learning. San Francisco:John Wiley and Sons.
- Johnson, D., & Johnson, R. (1994). *An overview of cooperative learning*. In J. S. Thousand, R. A. Villa, & A. I. Nevin (Eds.), *Creativity and collaborative learning*. Baltimore: Brookes Press.
- Medline Plus. (2010). *Corpus callosum of the brain*. Retrieved November 19, 2010, from www.nlm.nih.gov/medlineplus/ency/imagepages/8753.htm
- Sylwester, R. (2005). *How to explain a brain: An educator's handout of brain terms and cognitive processes*.Thousand Oaks: Corwin.

# 第 3 章 大卫的转变：促进语言和思维发展

伯尼·辛格　哲学博士

有幸与儿童打交道的人，往往会因与某个或几个孩子的关系而永久改变自己的轨迹。与小男孩大卫的相识就是这样彻底改变了我的生命。他让我知道，一个八岁孩子能做的事比我之前认为的要多得多。他也让我认识到，即便是有严重学习障碍的孩子在学习上也可以跟正常儿童一样出色，甚至更出色。大卫让我懂得了思维地图是多么强大，强大到足以彻底改变一个人的命运。思维地图不仅让大卫重返校园，也营造了一个更为公平的教育环境。在这样的环境中，大卫甚至成为了自己班上的小领袖。

作为一个专注于言语障碍的私人医生，我有幸接触过各式各样有语言、写作或学习障碍的学生。在大卫之外，我还跟无数其他孩子一块使用过思维地图。这些孩子虽然并未被正式诊断为学习障碍，但的确存在学习障碍——他们是所谓的“学困生”。尽管他们的故事各不相同，但同样的主题在跟随我学习思维地图的学生中，以及在校园中一再重现。我终于意识到，大卫的故事是值得讲述的，因为这个故事能让我们对那些有学习障碍的学生更为了解，并为他们的未来带来新的希望。

## ○ 大卫的故事

我依然清楚地记得见到大卫的那一天。他是一个个子瘦小的二年级学生，肩膀上还沾着一根薯条。他在我的桌旁坐下，从书包里掏出一叠皱巴巴的纸，气呼呼地大声说道："看看她都给了我们些什么东西！"他夸张地拍打着那叠组织图。"这太傻了！"他喊道，"一点用也没有。我讨厌写作，我就是不写！"桌子上是五张组织图——这是典型网络图的变体。尽管它们有不同的形式，但它们的视觉结构基本一致：页面中央是一个圆圈，像车轮上的辐条一样朝外延伸出椭圆或直线。

这套特别的网络图是大卫的老师给他的，为的是引导他规划并写一个故事。大卫只有这种工具可选，因此他乖乖地填完了图中的每个选项。最后，他得到了五张网络图。但他并没有写出什么故事，相反，这堆杂乱的信息既没有给他提供故事素材，也没能帮他理清写故事所需的层次。最后，大卫放弃了。他本来就觉得自己不适合写作，将来也不会适合。这一体验又加深了他的偏见。他骂起写作来也更厉害了。

以往大卫连一行完整的句子也写不出来。他的运动能力受过损害，因此用笔写字对他来说十分艰难。上到二年级，他被判定为"学业上毫无进步的学生"，为此，学校派了一名学习专家来帮他。虽然在学习上表现不佳，但大卫在某些领域却很出色。根据第三版韦氏儿童智力量表（WISC-Ⅲ）的测试结果，他的语言智商是139——这是相当高的得分。但他的视觉－空间技巧发展不完善，在表上的得分只有86，低于平均水平。总体看来，他的语言能力和视觉－空间能力有较大差距（相差53分），这说明他可能有非语言学习障碍和注意力缺陷障碍（即多动症）。他也接受过多动症治疗。学校指派的儿童学家认为他在视觉鉴别、运动计划、细节注意和视觉-空间建构等方面都存在问题。不仅如此，他还认为大卫在非语言任务中的判断部分与整体关系方面有特殊困难，大卫"可能在排序、安排内容的轻重次序、整体视野、判断细节与更大概念的联系等事项上需要特殊帮助"。

大卫能用文字描述他的问题。他只是书写有困难，也不知道该怎么梳理自己的思路或从何处着手开始写作。网络图没有帮到他，因为他无法决定该把网络图中的哪些内容放在首位。对于该从哪里开始，网络图没有给出任何提示。我告诉大卫，他的老师在很努力地帮他，只是老师让他使用的图形不太适合大脑的工作方式而已。尽管他强烈抗议说“图形根本没用”，我还是把流程图介绍给了他。这是主要用来理清次序的思维地图。我教他如何为自己的想法安排次序，我们一块构思了一个故事。随后我问大卫能不能按思维地图上的构思把故事写出来。“当然能啦！”他俏皮而自信地说。很快他就为一个美妙的故事打好了草稿。又过了一星期，我开始用流程图向他讲授思维地图的基本用法。大卫创建了一张流程图，并利用它写了另一个故事。接下来的几周里，大卫每次写作文作业之前都会跟我一块练习使用流程图。他对写作的态度慢慢变了，因为他已经掌握了在写作之前先利用可视化图形呈现自己想法的简单技巧，这些可视化图形与他要写的东西在形式上是相近的。隔了一个暑假，我问大卫他是否还记得流程图怎么用。大卫很快就画好了一张空白的流程图，并愉快地向我解释它的作用、画法以及如何将它用于写作中。现在这种可视化形式已在他的脑中扎下了根，写故事对他来说再也不是问题。他对写作的刻薄态度自然也消失了。

## ○ 熟练运用

渐渐地，大卫对思维地图的运用更为熟练。他的行为也随之改变。虽然他的视觉 - 空间能力的确受到过损害，但他学起来很快。经过我的直接辅导和大量练习，他掌握了各类思维地图的结构和它们代表的思维模式。有天他的母亲发现他自己坐在沙发上用流程图安排自己当天的活动。得知这件事后，我意识到他已经彻底转变了。当天走进我办公室的那个沮丧、愤怒、充满抵触情绪的孩子已经变成了一个热情、有创意、充满自信的男孩。他对学习怀有真正的兴趣，每次辅导结束后都会对我说“谢谢你教我”。

大卫掌握了一门新语言——思维语言。这既是视觉（可视化）语言，也是文字的语言。这门语言为大卫解决了如何、何时、何地及为何将某一思维模式应用于学校作业的问题。在我们共处的第二年，大卫对自己的思考能力已经足够自信。遇到我们的辅导有空余时间的情况，他开始跟我一块儿做思维地图游戏。我们轮流提出问题，并让对方找出解决问题的办法。在这些时候，他展现出了真正的思考能力。思维地图的语言已经内化为他的一部分，因为他已经能用我从没教过他的方式使用思维地图。对他来说，思维地图真正成为了思考、学习和解决问题的工具。这些工具将他的元认知水平提升到了另一个高度，一个我从未在其他同龄孩子身上见过的高度。

四年级结束时，大卫在转学到另一个州前又接受了一次神经心理学评估。这时他的韦氏儿童智力量表语言智力依然保持在高分（138 分），他的非语言智力原来低于平均水平，现在增加了 12 分（得分是 98 分），参见图 3.1。有意思的是，他在某些关键认知领域取得了显著进步——具体说来，包括他对视觉细节的注意力、他对部分与整体关系的认知、对内容的整合能力以及对任务的规划和组织能力。在我们共处的两年时间里，我们利用思维地图在自然和真实情境中对这些能力进行了培养。等他转到特殊教育学校之后，他的老师竟无法判定他有什么问题。尽管他仍然存在重要的认知差距，但他在学习中的元认知水平、学习动机和行为都处于较高水平，这弥补了他的严重学习障碍，使他能与同龄正常孩子保持同步。

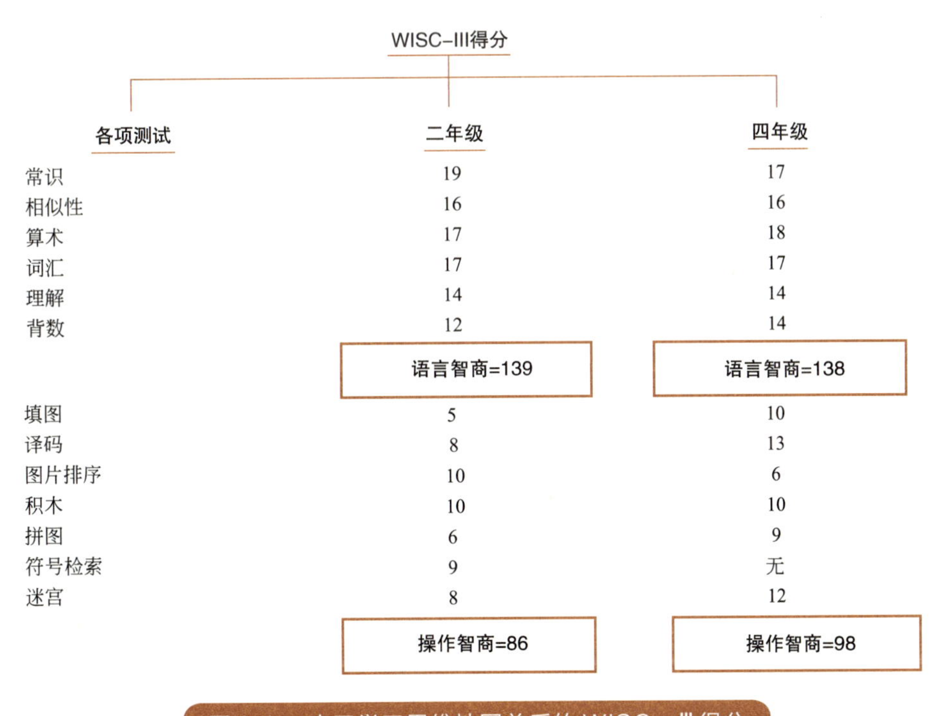

图 3.1　大卫学习思维地图前后的 WISC- Ⅲ得分

到了这一阶段，大卫超群的语言能力和他处于平均水平的非语言能力之间依然有较大差距，但他的学习能力有了显著改变。首先，他懂得了如何思考，面对不同的任务懂得使用与之匹配的思维模式。结果是他获得了高度的自主学习能力。自主学习能力的三种典型特质（Zimmerman,1989）在他身上都有体现：自控能力、自我评价的能力、自我调整的能力。他拥有一系列可以应用于任何学习情境的策略，面对复杂的学习任务时，他也能实际使用它们。他面对任何学习任务——即便是写作时——都表现出了非常高的自我效能。在学习方面，他已经从一个“候补队员”成长为了“骨干队员”。

## ○ 大卫的启示

大卫的故事之所以有趣，是因为在学习思维地图的有学习障碍症的学生中，他很有代表性。这让我们思考思维地图在推动孩子大脑发育方面的作用。不用说，思维地图并没有治愈大卫的非语言学习障碍或他的注意力缺陷。我们知道这些病症往往是终生难愈的。即便他已经能熟练使用思维地图，他的认知模式表明，这些缺陷在他身上依然存在。然而思维地图还是极大地改善了他的认知能力和其他一些无法用标准化测验评价的能力，例如他的元认知能力和他在学校的日常表现。思维地图最终改变了他解决问题的方式、他对学习的热情、他对集体活动的参与度以及他对自己学习能力的自信。

多年来，我曾用思维地图来教各种学习成绩不佳的学生和有各种障碍的学生（包括认知障碍、语言障碍、非语言学习障碍、阿斯伯格综合征、高功能自闭症和多动症），但我从没见过一个学不会思维地图或无法有效使用它们的孩子。所以我们依然想知道：思维地图究竟是如何为有学习障碍的孩子带来改变的？

### 思维地图有助于孩子发现规律

首先，思维地图有助于孩子们发现学习内容中的固定规律。正如两位凯恩先生[1]

---

[1] 两位凯恩先生，指的是《制造关联：教学和人类大脑》（*Making connections: Teaching and the human brain*，1994）一书的两位作者：Caine R. N.& Caine G.。——译者注

（1994）指出的那样："大脑善于发现规律。"很多在校学生之所以有学习障碍，正是因为他们无法发现规律。他们无法把昨天的事与今天的事联系起来。他们看不到某章或某一课中的模式化内容。和大卫一样，虽然他们可能懂得很多，但他们不知如何整理他们了解的信息以利于写作或讲给别人听。他们在学业上之所以失败，部分原因在于，他们无法清晰地呈现自己的思路。

无法发现规律或无法呈现自己的思路，往往会导致混乱无序。我们在那些患有多动症的孩子身上能清楚地发现这一点。患有多动症的个体缺失的很多能力，都可归因为"执行功能"不足。当我们说某个人执行功能有问题时，我们的意思是他无法规划任务，无法为一系列活动或数据排序，无法在工作记忆中保存执行步骤，无法抑制与当前任务无关的行为，无法决定自己应该做什么，无法做出必要的改变，无法根据可以预见的结果来监控和评价自己的行为（Denckla, 1998; Singer & Bashir, 1999）。一般来说，这些正是企业执行总裁们所擅长的认知能力。

患有多动症的学生的执行功能之所以有问题，是因为管理注意力和执行功能的是同一个大脑区域。但即使未患多动症的学生也可能有执行功能障碍。组织能力差是学习障碍和学业表现欠佳者的一个普遍表现。思维地图能让学生看到词汇或句子之外的规律——即整体中的规律。思维地图为学习能力和学习风格各不相同的学习者，提供了组织思维和认知世界的工具。不仅如此，思维地图也为这些学生呈现和分享自己的所知所悟，提供了有效的手段。

## 思维地图促进语言表达能力

为了了解学生复述已知知识的过程，我们有必要对语言的核心地位做一番考察。维果茨基（1962）认为，语言和认知是密不可分的（参阅第6章）。认知受限于语言，反过来，语言也受限于认知。要解决复杂的问题，没有内在对话（internal conversation）——如果你无法告诉自己解决问题之道——是行不通的。教育者都希望学生成为更好的思考者，他们靠的是培养学生听、说、读、写的能力（而且对这些能力的依赖远远超过其他表达系统）和对学生获取知识的能力、理解能力的评价。因此，那些有语言障碍的学生，在学校会面临很大的困难。语言能力较强的学生各方面均更容易有较好表现，而语言能力差的学生则在几乎所有科目上都往往落于下风。因此，在学业上的成功或失败，很大程度上由语言能力决定，因为语言不仅是知识目标，也是获取新知识的主要手段（Cazden, 1973）。

作为一个语言病理学家，思维地图最让我惊异的一点是它在语言能力培养方面所起的作用。它能搭建和融合多种可促进语言能力发展的系统。作为一种思维语言，思维地图犹如一座沟通视觉 - 空间认知与语言认知的桥梁。在思维地图框架内，听、说、读、写可以自由交互。因而它将深刻地改变课堂语言以及语言对课堂的制约。这一改变能让那些在听、说、读、写方面有困难的学生，以及此前被边缘化的学生，重新参与到学习活动中。

思维地图改变了教师与学生的交流方式，也改变了学生彼此交流的方式。我们往往能听到学生在和老师交流时使用“思考”“分类”“类比”和“头脑风暴”之类的词汇。这些词汇代表着认知过程——即思维的内部运转。在使用思维地图的课堂上，这些认知模式被直接教给学生，反映这些认知模式的词汇，在教师与学生就如何以符合学校期待的方式进行思考的持续讨论中，一再出现。一个一年级的教师问学生们“你们对这一问题怎么看？”，学生们纷纷充满自信地举起小手。这一幕真让人惊喜。学生们面对一个任务不再盲目地猜测，不再心存侥幸地期盼自己能偶然发现成功的捷径。现在，在他们踏上认知之旅前，教师会问他们打算走哪条认知道路。这是通过语言实现的——教师会和学生具体而充满建设性地探讨应付某项任务所应采取的思维工具。这种以思维模式为主导的具体对话有助于元认知能力的提升——而这将种下自主学习的种子。

思维地图能有效地提升学生的反思能力。反思能力是规划和组织的必要前提。借助思维地图，学生们的执行功能将得到开发。而执行功能是语言能力和参与学习群组的必要辅助条件。思维地图能记录下学生们的词汇和想法，供他们以后使用。由于这些可视化的思维地图代表着特定的思维模式，它们有助于抑制学生与任务无关的思绪并鼓励他们做出最合适的选择。此外思维地图还能促使学生们在自己创建的思维地图无法精确反映自己的思考时做出调整，并引导他们监控和评价自己的行为，在必要时做出改变。正如一位来自马萨诸塞州学习预备学校（这是一所专为有严重学习障碍的学生开设的学校）的学生所说："思维地图就像大脑。"

我总是问我的学生们思维地图对他们有何帮助，我听到的最多的回答是："它让我的思维更有条理。"通常，学生和老师会提到思维地图对写作的帮助，但让我印象更深的是思维地图对口语表达的帮助。思维地图改变了学生与教师、学生与家长以及学生彼此间的交流方式。思维地图整理和记录其词汇的功能为他们提供了帮助。此外以可视化形式呈现他们的想法和对话也让他们受益。思维地图能让学生们"看到"自己的思维，并让他们找到合适的语言将这些思维模式以清晰而有条理的方式传达给老师和同学。一个五年级的学生曾对我说："思维地图让我把想法转化为行动。"

尼克是就读于学习预备学校的一名六年级学生，他有学习障碍。为了比较读过的两本书中的角色有何相似之处，他创建了一个双泡图（见图 3.2），并把它分享给别人。这两本书都是他独立阅读作业的一部分。他不仅把思维地图中的词汇和句子读给他的同学听，还借助书中的细节和事例详细阐述了他的阅读感想。例如，当讨论书中的两个角色交友方式的相似性时，尼克指出，鲁滨逊在岛上遇到了一名土著，科迪在树林中

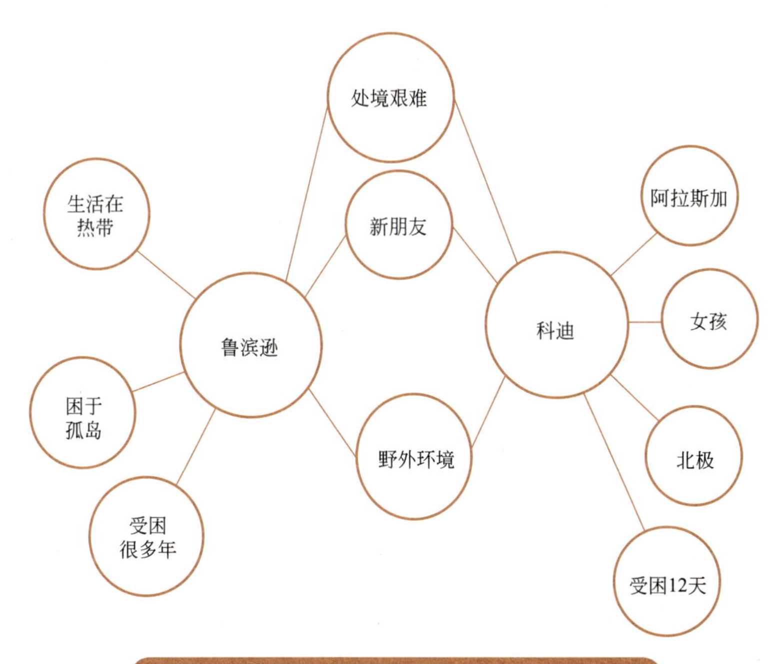


图 3.2　双泡图：学生对两个角色的对比分析

遇到了一个人。两个人都是受困于陌生的环境时遇到了帮助自己活下来的新朋友（鲁滨逊在岛上，科迪在阿拉斯加的北极森林里）。尼克能记住与每个角色有关的关键信息。更让人印象深刻的是，创建思维地图的过程帮他在更深的层次上记住、整合并理解了那两本书。而以思维地图为基础与同学讨论自己的读书心得则让他以极有条理而连贯的方式分享他的想法。尼克说如果不是他学会了创建思维地图，他永远不会记住书里的细节。他继续解释说，在所有类型的思维地图中，气泡图和树状图对他格外有益，因为这两种思维地图能呈现他的思维模式，而以往这对他来说十分困难。

## 思维地图促进课堂交流

对教师们进行了思维地图方面的培训和指导后，他们课堂交流方式的转变一次次让我惊喜。这些教师都任职于专门为有学习障碍的儿童开设的学校（位于纽约罗彻斯特的诺曼·霍华德学校和位于曼彻斯特牛顿的学习预备学校）。借助思维地图，交流有了全新的形式。教师和学生获得了整合关键概念、灵活表达新感悟的工具。学生和老师们兴致勃勃谈论他们使用思维地图的样子总是让我着迷。他们一边说一边打手势，手指在空中比画着圆圈或线条，并用自己的想法填充想象空间。他们的口头表达有了空间结构做基础。语言与空间的结合——左脑和右脑的综合运用——诞生了流畅的课堂交流。我相信这在很大程度上与思维地图对课堂环境和学生表现的促进作用有关。思维地图为所有学生都营造了一个公平的环境，无论是拥有语言优势的学生还是拥有视觉优势的学生。思维地图也弥补了他们的弱势，使他们成为全面发展的学习者。

思维地图改变的不仅是课堂交流的性质，还有口语交流的频次。学生们拥有的工具让他们认识到了不同科目之间的联系，他们的讨论也因此而变得更为深入。随着他们交流能力的进一步提高，他们对学习的热情也更加高涨。一般来说，那些较为害羞和不善发言的学生也会变得更愿冒险，参与度更高。在课堂中使用了六个月思维地图之后，很多学习预备学校的教师们都说，学生的口语表达能力和写作能力成倍提高。一位在芝加哥教书的六年级老师告诉我，以往在课堂上都是她一个人在讲话，但自从教会学生使用思维地图后，她说得比以前少多了。现在主要是她的学生在说，她只是把控交流的方向。

## 帮助学习不佳者缩小差距

尽管思维地图能提升所有学习者的表现，但它们对那些学习表现最差的学生（例如被诊断为有学习障碍和虽然没有学习障碍，但由于受到执行功能不强等轻微问题干扰，同样存在学习问题的学生）特别有效。那么这些学生都是谁，思维地图对他们又有什么好处呢？

我们发现学习表现不佳的学生可分为三类。第一类是被诊断为有学习障碍的学生，但课堂若能顺应他们的学习风格和需求，他们也会有良好的表现。对这类学生来说，思维地图是融合认知、视觉和语言的工具。这些工具或许足以让他们达到主流学校的基本要求。

第二类学生有严重的学习障碍（例如有语言障碍、学习障碍、认知障碍、运动障碍或认知功能缺失），需要对其进行特殊教育。思维地图为面向这类学生的教师（包括任职于一般学校和特殊学校的教师）提供了一套通用语言和工具，能促进教职员的协调合作。帮助这类学生改变学习风格很难，他们在知识迁移方面也存在困难，但思维地图依然可以让他们在课堂内外使用。对这类学生而言，思维地图是一座跨越一般教育和特殊教育的桥梁。

第三类学生是那些缺乏学习管理能力的学生。这些学生不懂得如何去达到规定的学业标准，因而无法发挥自己的潜力。面对任务，除非有外显式的提示，否则他们根本不知从何开始。在某些情形下，这些学生在普通学校无法取得任何进步，因而被建议转到特殊教育学校。其实很多时候他们并不需要特殊帮助，但他们的学习表现与学业要求的差距却越来越大。对处于下四分位[1]的所有学生来说，思维地图能促进他们的学习管理能力，让他们在学校有更好的表现，因为思维地图能中介思维，听、说、读、写能力，问题解决能力，获取新知识的能力和理解能力。思维地图用于一般教案设计后，能帮助所有学习者学得更好。

从理论上说，思维地图有助于降低特殊学校中学生的数量，让更多的学生留在一般教育系统中，且能有良好表现。这样一来，在消除教育差距方面，这些原来的学困

[1] 下四分位，在统计学中，把所有数值由小到大排列，分成四等份，每份占比 25%。中间的四分位数就是中位数，从开始到 25% 位置称为下四分位，处在 75% 位置及以上的位置为上四分位。——编者注

生将成为学校最大优势。正如图 3.3 的流程图所示，数量不多但灵活的思维工具能减轻所有学生对学校课程的焦虑和困惑感，提升学生的自控感和自我效能，进而增强学生的学习积极性和参与度，引领他们在学业上获得更大成就。学业上的成就会进一步降低学生的焦虑和困惑，形成良性循环。通过营造公平的教育环境，思维地图将为那些表现较差的学生带来他们学业成功所需的工具。

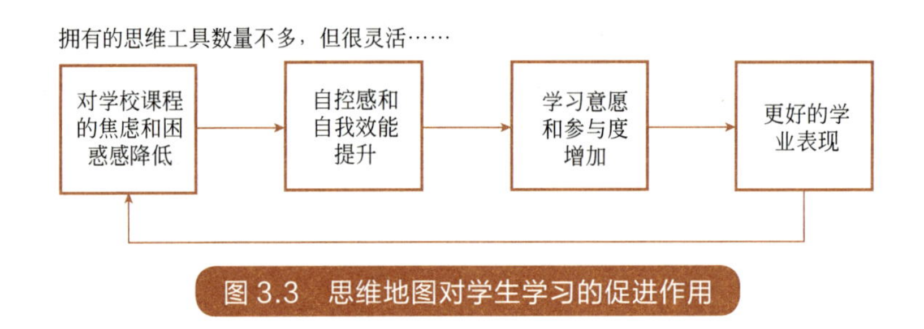


图 3.3 思维地图对学生学习的促进作用

## ○ 参考文献

- Caine, R. N., & Caine, G. (1994). *Making connections: Teaching and the human brain*. Alexandria, VA: Association for Supervision and Curriculum Development.
- Cazden, C. B. (1973). *Problems for education: Language as curriculum and learning environment*. Daedalus, 102, 135–148.

# 第4章
# 融合多种学习理论的差异化学习工具

艾伦·库伯　教育学学士

增加学生的课堂和校园经验的方式有很多。这些方式并不受限于特定时间。随着我们这些教师和教育管理者发生转变，我们所处的学习社区也将变得更为成熟。简单说来，学校中的新技术和新理论在带来新知的同时，一个潜在的重大问题或许也会长期存在，并削弱我们的改变。这一问题就是：对个体学习者而言，这些新的实践和理论模式该如何与现存的模式相结合？追求长期变革的学校也许会对“变革”本身上瘾，却无法真正将新模式融入实践中。只有持续地将重叠的教学策略、学生工具和引入学校的不同理论加以融合，才能在保持广阔视野的同时，提供连贯一致的教育经验。

如果学校的领导层不重视这一问题，那么新的模式就无法为教师和学生所用。这样一来，在相关各方眼中，新的教育模式可能只是互不相干的工具的堆砌，而不是圆融高效的教学手段。我在新西兰的圣乔治学校担任过十八年的校长。那是一所八年制的私立学校。我为推动校内多种实践和理论的融合做了很多工作，并鼓励教工、学校管理层和家长积极交流，以理解这种融合的意义。我也同样关心特定的教学模式本身其实践和理论结合的情况。在我多年的教育生涯中，在我担任教职的学校内，思维地图在促进以下教育流派的理论与实践相结合方面的作用给我留下了特别深刻的印象。它们是：戈尔曼的情商说、杜恩斯的学习模型说和科斯塔的心智习惯说。

## ○ 差异融合工具

作为教育者，我们能给予广大学生的最大优势莫过于把他们培养成学习者。21 世纪教育面临的主要的一个挑战就是如何既能让学生获得通用知识，又能顺应不同个体的需求。对很多教育社区来说，这一困境可能会成为冲突的引爆点，迫使心怀好意的人离开，无法转变为促进成长的机会。为了最大限度地拓展所有学生的学习力，所有教师和学生必须找到自己的学习风格并有意识地发挥其优势。为了实现这一目标，不仅教师需要知道每个学生是如何学习的，学生自己也要知道。我们必须将这一认知提升到意识层面。举例来说，尽管思维地图的确是一种适用于个体差异化学习和集体学习的灵活工具，但如果学生能将它与其他学习理论及实践结合起来，那么思维地图还能发挥出更大的作用。我们在自己的学校已经发现，在教学中，思维地图与情商、多元智能、学习风格和心智习惯之间有很多结合点。无论是老师还是学生都能从这些模式的融合中真正受益。

很长一个时期，探寻这些模式的结合点都是我所在学校的核心工作。这是因为我校的教师受阿尔文·托夫勒[1]、查尔斯·汉迪[2]、彼得·圣吉[3]等思想家的影响颇深。圣乔治学校给自己的定位是一个学习型组织，致力于把我们的学生、教师甚至家长培养成终身学习者。变革甚至矛盾才是这所学校的常态。我们希望超越常规课程，达到更高的标准，这是十分必要的。这意味着我们要鼓励我们的教师和学生即使在陌生的领域，

---

❶ 阿尔文·托夫勒（Alvin Toffler，1928—2016）未来学大师，当今最具影响力的社会思想家之一。著有《未来的冲击》《第三次浪潮》《权力的转移》，这“未来三部曲”对当今社会思潮产生了广泛且深远的影响。——编者注

❷ 查尔斯·汉迪（Charles Handy，1932—）欧洲最伟大的管理思想大师——编者注

❸ 彼得·圣吉（Peter Senge，1947—）影响世界的“学习型组织”理论的创立者，被誉为“最有影响力的管理大师”，著有《第五项修炼》。——编者注

也能充满自信地去解决问题。正如托夫勒所说，他们需要去学习、忘掉、重新学习。

## ○ 将理论融入实践

十几年来我校的教师一直在接受与上述理论相关的大量培训。但这些培训和其他形式的职业发展训练并不是孤立进行的，相反，我们一直在就这些模式的融合进行交流。对教育者来说，教师的职业实践是思索、研究、记录和反思新教学手段与原有模式融合情况的关键途径。我针对新旧模式融合而展开的调研活动很大程度上就是定期走进教室观摩。

有次我在一个中年级课堂听课，学生们学习的主题是第二次世界大战和犹太人大屠杀。我开始观察班上的两个男孩，我想知道个性化学习的方式收效如何。

其中一个名叫哈利的学生，可以被描述为邓恩夫妇在学习风格档案（1992）中所述的“近乎极端的总括性学习者”的范例。他总是不穿衬衫，总在说话。档案“社交情况”一栏对他的描述是：他喜欢与同龄人一块工作（这不奇怪）；他老是动来动去，似乎有逃避作业的倾向。对于这个男孩，他的老师有个重要发现：他不是对所有的作业都逃避，而只是逃避分析性的作业和辞典、课本上的记忆性内容。而另一个学生道格拉斯则与他完全相反。道格拉斯是一个分析型的学习者，他更喜欢非虚构的记忆性内容、感情色彩较少的文章和辞书条目。在文章中他详细提到与奥斯维辛集中营有关的事实，对欧洲地图的运用也很细心。而哈利压根儿没这么做。他一开始画了一道铁丝网——为了不做或至少晚做作业，他什么都想得出来。他读了安妮·弗兰克的日记选段。这是部非虚构作品，但他并不是把它当作冷冰冰的事实来读的。充满感情的内容触动了他，读完后他写了一首感情洋溢的诗。哈利时不时地跟道格拉斯讨论后者发现的研究材料。但他们的老师担心，如果他们两人合作，那么谁也学不到东西，因为哈利似乎老是打断道格拉斯的学习进程。

然而，哈利和道格拉斯都在学习，他们有共同的学习工具——思维地图——这一工具能顺应他们迥异的学习风格（见图 4.1）。他们中一个人更擅长概括性、情感性的学习，另一个则更擅长分析性、事实性的学习。但他们的思维地图中都有这两类的信息。

思维地图成为了这两种学习风格的交汇点。在面向全班同学的口头阐述环节，哈利的表达十分流畅，也能清楚地回忆起所需的信息。这些信息在他的思维地图上有很具体的体现。我们可以将这个成功故事作为切入点，对思维地图与和复杂的情感、智商、心智习惯和学习风格学说之间的联系，进行简略的研究。要进行更广泛的研究，我们还需要分析教师和学生是如何认识到这些模式的融合对深度学习的促进作用的。

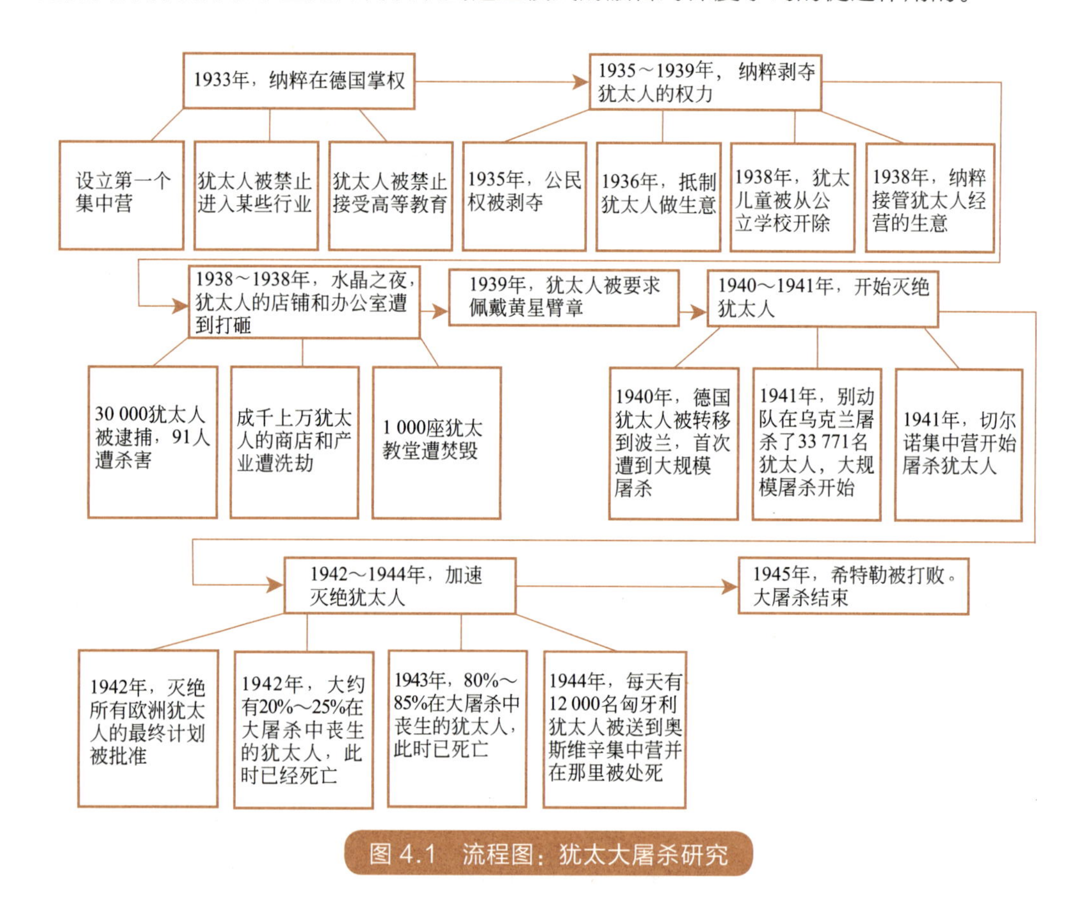


图 4.1　流程图：犹太大屠杀研究

## ○ 与情商的联系

对老师和学生而言，自信是学习的必要条件。自信可以被视为情商的副产品（Goleman，1995）。自我意识和自我管理能力是情商的首要组成部分，他们体现在我们对自己的有效管理中。前面提到的两个男孩的老师展现了这些素质，因为她在面对一项有风险的任务时依然保有自信。当时她并不知道把两个学习风格完全相反的男孩安排在一起学习有什么后果。很多老师都倾向于把学习风格相同的孩子安排在一起学习。这就是科斯塔和卡利克（2000）所称的责任风险。由于那位老师对两位孩子的学习方式有充分的了解，她创造机会把两个男孩学习风格迥异的弱势转变成了优势。她将思维地图用作鼓舞两个孩子合作的核心工具，把自己对两个孩子学习风格的了解与自己脑中的想法相结合，成功地促成了这两个孩子学习风格的融合。

有效管理关系是情商的第二个组成部分。这位老师了解个体是如何学习的，对两个男孩迥异的学习风格都予以了关照。她调整了课堂的组织方式以顺应个性化的学习风格，她有足够的人际交往技巧保证这一切顺利进行。她的关照不是被动的，而是积极主动的。而孩子们也展现出了自我意识。他们明白，自己的学习风格就是自己的学习优势，因为这正是学校所倡导的方式。这培养了学生对自我价值牢固而积极的认同感。学生自我管理的能力由此进一步增强。同样得到增强的，还有他们借助思维地图建立完全不同的合作关系并各自从中获益的能力。

## ○ 与多元智能的联系

戈尔曼作品中提及的多元智能有很多，但我们在这里聚焦于自省智能和人际智能这两种形式。内省智能与内在自我有关。霍华德·加德纳（1993）将其定义为“理解自我并有自己的高效工作模式的能力——包括对自我欲望、恐惧和能力的理解，及利用这些知识有效管理自己生活的能力。”这里的关键词是“能力”，对老师和学生来说都是如此。教师可调用的知识储备，或者可用的工具及模式是学生更有效学习的保证。人际智能与人际关系息息相关，这是教师们在创建协作型学习环境时要用到的关键智能。加德纳在定义人际交往能力时称它是“理解他人的愿望、动机和欲望，并与他人有效合作的能力”。

教师需要知道每个学生的学习方式，并以此促使学生在集体学习中发挥个体学习优势。学生们同样需要通过元认知反思、教师反馈和同学反馈了解自己的个人智能。思维地图作为共建的开放空间，为两个男孩提供了一种中介框架，使他们能按照自己的学习风格共同创建一个融合两人风格的作品。思维地图是合作的安全地带，可以不断衍生、架构，镜像映照出学习者的思维，而且不需要标准答案。两个男孩以整体形式画出了细节丰富的信息，他们一起在纸上不断拓展着其中的想法。

## ○ 与学习风格的联系

学习风格（Dunn & Dunn，1992）是指个体注意、处理、内化所学知识，并将新知识和不易被记住的知识存储在记忆中的独特方式。与之相近的是“学习需要因材施教”这一观念——不同的学生有不同的学习方式，只有顺应这些差异时，教学才最为有效。正如情商理论相当复杂一样，邓恩夫妇的学习风格模型也同样复杂。他们共列出了 21 种不同的学习风格类别。然而，在更小的范围上，学生们又可以被分为总括型学习者和分析型学习者。这两种倾向在哈利和道格拉斯身上格外分明，他们的老师对此做了很好的引导。对这两种学习风格的总结，详见图 4.2 呈现的双泡图。

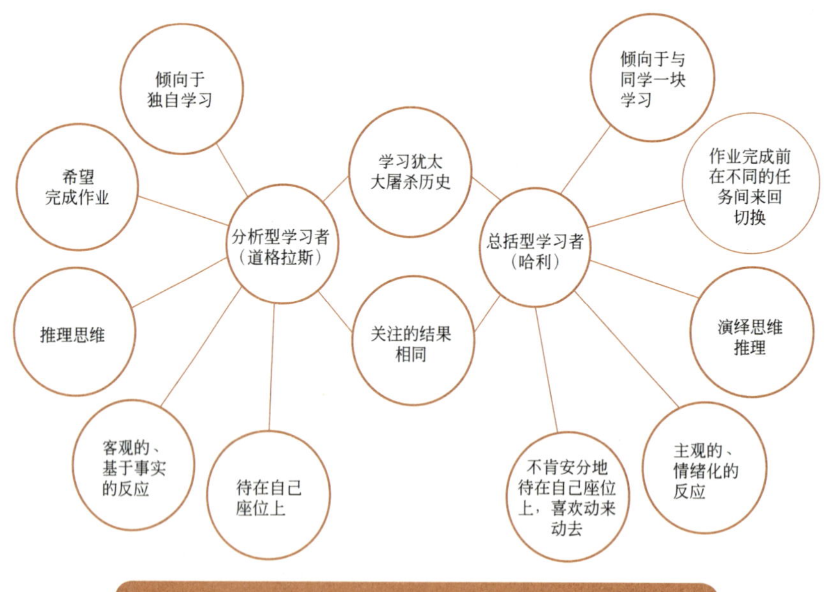


图 4.2　双泡图：对比分析型学习者与总括型学习者

分析型学习者道格拉斯是传统意义上的模范生。他更喜欢乖乖地坐在自己的位子上；做作业时，他根据事实细节仔细而认真地进行分析；他完成一个任务后才进入下一个任务。他完成的细节部分最终凑到一起最终会形成整体——即完整的任务。他执行任务的另一个特征是耐心，因为他倾向于按次序一个一个完成任务。

哈利则是传统意识上的问题学生。他需要非正式的坐姿，例如柔软的椅子或干脆趴在地板上，而不是乖乖字坐在桌子旁。他需要被允许来回挪动。他倾向于从大处着眼，关注事物的情感特征。为此他会到处搜寻，而不是按部就班地一步步来。他可能手上的任务还没完成，注意力又转移到别的地方搜寻别的宏观概念去了。从这个意义上来说，他似乎缺乏耐心。在他开展下一个任务之前，他甚至连流程图周围的曲线边框都没画完——尽管他的曲线边框带着那么一点艺术气息。然而最后，他依然跟哈利一块完成了任务，并没有多花时间。

这两种不同的学习风格之所以能融合得如此成功，得益于男孩的老师对他们个人学习风格——即个性化智能——的理解和引导。

## ○ 与心智习惯的联系

上述活动同样能激活一系列心智习惯（Costa & Kallick，2000），特别是从教师的角度。毕竟，是老师让这两个男孩结成了一个学习小组，并冒险借助流程图让他们一块学习。他们的老师将元认知正式落实到了自己的教学实践中。元认知是心智习惯的关键因素。她以个性化的、贴近实际的方式与学生交流，并将对这一方式的认知提升到了意识层面。她的思维很灵活；她总是带着理解与同情去倾听学生的话；她愿意为自己的冒险负责；她向学生提出问题；最重要的是，她对持续学习始终持开放态度。

学生的行为也是如此。这位教师在教学日志中说，通过这种方式，学生们开始“明白为什么自己会以特定的方式学习。”这无疑有助于增强他们的自省智能和人际智能。对自己学习方式的理解转而又让他们更加理解其他学生的动机和能力，并促使他们以积极的方式与同学交流。他们学到的不只是如何管理自己，还有如何管理自己与他人的关系——这些素质对他们的积极影响不仅仅限于课堂之内。正如那位老师在教学日志中所言："这种方式不仅有助于他们的个人素质，更能让他们对别人更为宽容，更为理解，更易同别人合作。"

戈尔曼、加德纳的理论及邓恩的学习风格模型之间有高度重合之处。通过理解同伴的学习风格，学生们的能力随之增强，这种内在成长会迁移到与他人的交流中，人际智能也随之提升。这便是通过学习的内在激励机制使心智模式得到持续提升。乔纳森·科恩（Jonathan Cohen, 1999）这样描述这一过程："对自己和他人的理解构成了我们社交和情感能力的基础，具体包括自我价值感、解决问题的能力、负责而有建设性地决策的能力、与他人交流合作的能力、自我鼓舞的能力。"

## ○ 思维地图：一套融合工具

前面简要介绍了情商、多元智能、学习风格以及心智习惯的融合之后，我们或许就能理解思维地图为何能融合这四大方面。思维地图提供了兼具线性和非线性，细节性和整体性的引导工具。它们不仅可以处理信息，更重要的是，可用于执行过程以解决问题（参阅第 3 章）。在上述范例中，教师营造出学习环境后便抽身离开，哈利和道格拉斯自己完成任务、解决问题，仅仅借助流程图作为即时中介工具。

从本质上说，思维地图不受特定内容或任务的制约。它是灵活多变的，可以适应不同学习风格和跨学科问题。思维地图对总括型学习者很有吸引力，因为思维地图很重视任务目标和与目标匹配的思维模式。这能为总括型学习者提供他们所需的整体视野。它能同时容纳一种或几种不同的思维模式，例如比较和对比、描述特征、分类等。这样一来，总括型学习者就能迅速找出统领全局的主题，从而能运用演绎思维处理细节问题。对于分析型学习者而言，思维地图同样有足够的灵活性，能建构他们所需的详尽体系，好从一个个细节中推导出主题思想。举例来说，利用流程图演示某个复杂事件（如战争）时，他们可以先列出一些方框，并配以更小的方框以说明战争的演化阶段。每个主要阶段下可以补充更多的细节。树状图主要用于分门别类。分析型学习者在使用树状图时，可采取与使用流程图类似的方式，从底部开始充实细节。而总括型学习者使用树状图时，一般会自上而下地创建。

除此之外，灵活、可扩展的可视化思维地图，在处理内容和呈现思维模式时，还有其他的优势。科斯塔所说的心智习惯中的“耐心”是分析型学习者和总括型学习者的主要差异。这两种学习风格在邓恩夫妇的学习风格模型定义中，以耐心为标准进行区分。一类学习者具有高度的责任感，非得完成任务后才肯停下来。这类学生的作业认真而完整，他们通常是最后离开教室的学生。这类学生的家长常会抱怨孩子的作业太多了，因为他们通常会花上两个小时仔细研究在老师眼里只需半个小时就能完成的作业。他们总是力求完美。这种完美，部分意味着作业的每个细节都正确无误。每种类型的思维地图都有足够的灵活性和连贯性，因此责任感较强的学生可以选择一步步地完成任务，也可以选择在时间较为紧张的情况下先勾勒出思维地图的整体框架，以尽快完成任务。遇到在一个较大的项目中同时使用几种不同类型的思维地图的情形，学生们可以单独完成某个思维地图。这样一来，每完成一幅思维地图就等于完成了一个任务，这会让那些将完成任务视为责任的学生感到满足，避免他们因未完成任务而沮丧。

而总括型学习者的耐心通常较差。思维地图也为他们在不同的任务间来回切换提供了便利。有趣的是，和耐心较高的学生一样，耐心较低的学生也可能在作业上花费过多时间。两者的不同在于，耐心度较低的学生常常会同时执行多个任务，因此会有多个注意力焦点，但他们的注意力依然是集中的。思维地图为学生做作业的方式提供了不同的选项。作业不一定非得连续不断地做，先完成一部分过阵子再继续做也是可以的。当总括型学习者使用多张思维地图时，他们可以在不同的思维地图之间切换，这里完成一点，那里完成一点。这种对多任务的支持，使总括型学习者也能发挥出自己的最大优势。

## ○ 反思：成长中的思考者与终身学习者

上面所说的心智习惯、情商和学习风格的融合，在孩子踏入学校之前就已经开始了。作为教育者，我们有责任促进孩子对这些模式的融会贯通。孩子们迟早会意识到自己的独特能力，并在课堂上与同学展开有效合作。思维地图在引导学习者发现自身能力方面的重要性是不言而喻的。然而，它的益处还不止于此。这些模式的融合能让哈利这类往往被视为问题学生的孩子也能对学习产生积极态度。思维地图将成为一种顺应他们整体思维方式的手段。这类学生将由此收获耐心、自我管理能力和自我效能，会为他们成为有自己风格的终身学习者打下良好基础。对我们教育者来说，额外的益处就是，我们对自己和学生将有更为深刻的理解。

## ○ 参考文献


- Cohen, J. (Ed.). (1999). *Educating minds and hearts*. Alexandria, VA: Association for Supervision and Curriculum Development.
- Costa, A., & Kallick, B. (2000). *Activating and engaging Habits of Mind*. Alexandria, VA: Association for Supervision and Curriculum Development.
- Dunn, R., & Dunn, K. (1992). *Teaching elementary students through their individual learning styles*. Needham Heights, MA: Allyn & Bacon.
- Gardner, H. (1993). *Multiple intelligences: The theory in practice*. New York: Basic Books.
- Goleman, D. (1995). *Emotional intelligence: Why it matters more than IQ*. New York: Bantam.

# 第 5 章
# 跨越文化和语言，破解学习力密码

耶维特·杰克逊　教育学博士

## ○ 为城市学校的学生探索学习之道

20 世纪 80 年代早期，当我还在纽约读研究生时，我读过瑞文·费厄斯坦[1]的著作（1980）。他描述了自己在以色列建国初期为移民小孩提供辅导，并帮助他们对自己的学习进行深度评价的情形。他在书中提到，那些被视为表现欠佳的学生其实很有潜力，尽管这些潜力无法体现在智力测验中。这深深引起了我的共鸣。

读到书里这些孩子的故事时，我说："你知道吗？我那些城市学校中的孩子也有同样的问题。"我的意思是，他们的潜力远远超过评价或测试所得出的结论。他们在家中无人辅导，因为他们的父母都需要外出工作。有的孩子受到寄养家庭的照顾，有的来自贫困家庭，他们的父母不常在家。如同城市学校的很多其他学生一样，这些学生对

[1] 瑞文·费厄斯坦 (Reuven Feuerstein)，以色列教育家、心理学家，他提出了中介学习理论。——编者注

学校的依赖度很高。他们潜力的开发和培养全靠学校给予引导与辅助。正是阅读费厄斯坦的著作时，我对自己说：“如果我对如何开发学生的潜力有更多的了解，我也会提出同样的观点。”我的学生们常常要接受所谓的“再辅导”，但这其实不过是把他们学过的知识和语言技巧再教他们一遍而已。而我们要关注的应该是他们的思维模式。能真正转变这一中介手段的教育法是“信心教育”，它的基础是对城市学校的学生有足够高的智力这一事实，无比确信。

如果你知道学习是如何发生的，你就能提升自己的教学技术；如果你真的相信孩子们拥有潜力，你就能为他们设立较高的标准，并帮助他们通过你授予他们的手段实现这些目标。

## ○ 与国家城市教育促进联盟一道工作

我是国家城市教育促进联盟（National Urban Alliance for Effective Education，简称 NUA）的领导者之一，我们的使命是在全美的公立学校中树立一个确信无比的观念，即所有的孩子都有足够的学习力和思考力去应对全球化带来的挑战。我们工作的重点是：改变教育者对城市学校中成绩不好的学生的观念和期待，这直接源于我早年对中介学习理论[1](mediating learning）的兴趣。我们认为，如果教育者相信所有学生的智力潜能，那么他们对学生的潜力和他们现实表现之间的差距便会有不同看法，进而便会努力消除这种差距。一旦这种差距消失，不同学生在学习上差距也会消失。

很多老师之所以会给学生贴上“差生”的标签，是因为他们认为这些学生的潜能有限。但当我们说起那些肌肉或体格不结实的人，我们却说他们只是“身材不好”而已，并不会说他们低能。在实际工作中，我们倾向于接受“大脑和肌肉一样，都需要锻炼”的观念——大脑需要有针对性的训练，需要个性化的引导培训，需要有意识地

[1] 中介学习理论，由以色列心理学家费厄斯坦提出，认为学习经验可以分为两种：一种是学习者通过与环境刺激直接互动而获得的直接经验；另一种是学习者通过“中介者”与环境刺激发生互动而获得的中介学习经验。——编者注

培养它的功能，避免发生紊乱。大脑需要中介。我们通过专业的信心教学法对这些错误观念予以纠正。信心教学法所依据的是与脑基教学策略、认知发展、文化和语言对认知的影响、批判性思维和高级理解能力等课题相关的研究。我们相信，一旦教师掌握了促进智力发展、学习和读写能力（丽莎·德彼特将其称之为“学习力密码”）的工具，城市中学的学生就能在实际表现中展现出令老师们刮目相看的潜力。

## ○ 弥合城市学校中的师生分歧

当老师们说自己和学生间有分歧的时候，他们所说的“分歧”指的其实是因参照框架和语言不同而导致的文化差异。“我无法让这些孩子明白我的要求。我无法与他们沟通，因此学生们对学习有抵触情绪。他们不听我的话，不愿意学习。”

事实上，学生们十分渴望学习，他们的老师也十分愿意教他们。老师们眼中的“学生不愿学习”远不止贾巴里·马哈利（Jabari Mahari,1998）所说的“学生与老师在文化层面的不同步”那么简单。面对老师的抱怨，学生也可以说“你根本就不是在与我们沟通，因此我们才抵触。并不是我们不愿意学习，我这么做只是因为我们无法链接。”误解了与自己有文化差异的学生的学习意愿，导致很多热心的老师不愿采用能鼓舞学生学习热情、提升他们学习能力的教学策略。相反，他们依然沿用那些收效甚微且往往引发学生抵触情绪的教学方法。正是这种恶性循环造成了美国随处可见的低水准教育。

要在教师与城市中学的学困生间架起沟通的桥梁，有三个内在相互关联的因素十分关键。第一个因素，要消除教师对无法解决学困生需求的恐惧，教师们往往觉得，学困生的需求若得不到解决，他们就达不到相应的学术要求；第二个因素与解决学困生的需求密切相关，要真正解决学困生在学习上的需求，我们首先要把教学的重点从“应该教什么（知识内容）”转向“学习是如何发生的（认知、元认知、思维过程）”；第三个因素，要向师生提供能帮助彼此沟通的语言，建立互相尊重的关系，这对非白人学生来说极为重要。

我应对第一和第二个因素的办法是通过符号表征来简化对学习的研究，这一表征将学习指导中的关键目标列举了出来：

L: (U + M) (C1 + C2)

学习：(理解力 + 学习动力)(胜任感 + 自信)

我们知道，若要掌握知识，首先要理解这些知识所含的概念。学习的另一个重要催化剂是学习动力。理解力和学习动力都受到艾瑞克·杰森（1998）所说的“大脑对关联性和意义的理解”的影响。但说到激发学生的学习动力，我们必须要提出一个关键问题：“个体与特定事物的关联性是如何产生的？”实际上，赋予事物关联性和意义正是文化参照框架，进而激发学生的学习动力。因此我们不应忽视文化对个体的理解方式和角度所产生的影响，一个人带着怎样的经验去阅读会影响他下一步的推断。而对个体的思维模式起主要影响的是一个人的文化信仰。费厄斯坦（1980）和维果茨基（Vygotsky, 1962）指出，对学习动力有重要影响的因素还包括能力和胜任感。杰森通过考查学生的胜任感与他们面对挑战时的自信程度，分析了在积极应对挑战方面自信心的重要意义。德彼特（Delpit, 1995）也提到通过提升“学习力密码”（高阶思维和读写能力）建立自信的重要性。

基于对学习及其影响因素的理解，我们把目光投向第三种因素——语言，它在弥合师生之间的文化差异时能发挥作用。正如了解文化对关联性的塑造作用一样，我们有必要认识到文化对语言的影响，以及二者是如何共同影响认知、学习和交流的。文化塑造语言，而语言本身也是一种思维模式。理解这一内在关系对弥合分歧至关重要，思维地图在这一方面可以发挥重要作用。

我之所以相信思维地图对消除师生间的文化差异有重要作用，是因为思维地图可以应对上述三个因素。首先，每一种思维地图都能促进相应认知能力的发展，对学习有关键影响，且这些能力在所有州标准中都是学生必须具备的能力。他们必须能定义并概括概念或主题，描述、分辨、归类并组织细节，比较与对比，排序，找出因果关系，分析整体和部分的关系，以及理解类比；其次，思维地图为师生们提供了一套精准的思维语言，弥合了彼此之间的文化差异；同样重要的是，思维地图能让学生形成对学习和沟通的胜任感，带着自信学习。思维地图是破解丽莎·德彼特（1995）所说的“学习力密码”的强大工具。

## ○ 信心教学法

信心教学法得以发展和完善的前提，是教师对自己能成功影响学生有足够的自信。如果教师知道自己该做什么，并相信自己拥有这么做的技巧和能力，他们就能充满自信。充满自信的教师能鼓舞学生对自己的学习能力也充满自信。一个充满自信的教师，他懂得文化对语言和学习的影响并能自觉运用这一点教会学生选择和运用有效的学习工具，进而成为胜任的、有自信的学习者。接下来的复流程图呈现了在教师、教育策略、文化和相关研究组成的复杂系统中，这些元素的相互关系和彼此之间的作用力（见图 5.1）。思维地图为老师们提供了从容应对学困生关键需求的工具和语言。

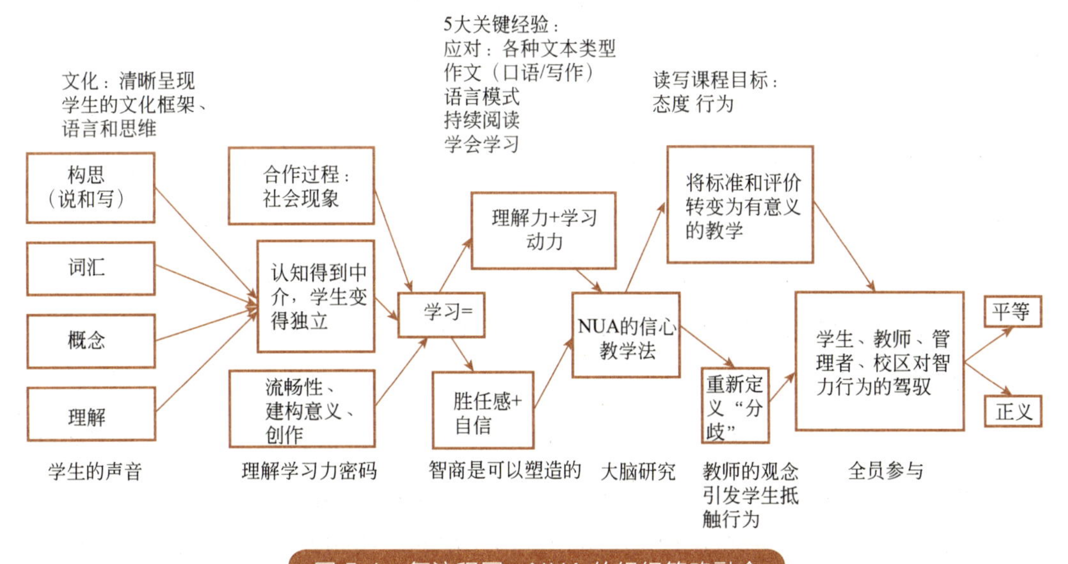


图 5.1　复流程图：NUA 的组织策略融合

## ○ 落后学校学生的关键学习需求

在每个我们工作过的学区，我们都发现，学困生在语言能力、推导能力和学习语言的运用等方面都面临困难。我说的“学习障碍”又进一步加深了这些困难。这些学习困难是对他们自然习得过程构成妨碍的一些因素，其中特别值得一提是认知障碍、语言障碍和文本障碍。

首先是认知障碍。如果教师没有引导学生去发现应被视为学习重点的主题或主要概念，就会出现这种障碍。如果学习没有重点，学生将无法把“与主题相关的内容”和“与主题无关的内容”区分开来，因而也将无法区分、优先处理、分析、假设、评价关键细节，或将其与个人经验加以对照。

其次是语言障碍。这是由于教科书上所用的语言与学生们在家中使用的语言完全不同导致的。即便学生被要求理解教科书上的内容，他们几乎不会在课堂上使用教科书上的词汇进行讨论。结果就是，学生无法获得理解教科书所需的语言能力。在高中，学生缺乏理解不同学科的专业词汇的能力这一情况，显得尤为严峻。其他语言障碍包括缺乏对语言模式的认知和理解，从最显著的无法解码句法，到无法理解词性和语法规则。

最后，还有文本障碍。这是由文本本身造成的语言障碍，可分为两种：语义障碍和结构障碍。语义障碍指那些会严重妨碍学生理解文本的词语，如代名词或词组，教师往往觉得这类词语不会出问题，不需要深入理解其语言密码和模式；结构障碍指的是作者传达信息的模式，包括描述、因果、问题 / 解决、列举（主题思想配以支撑性细节）等，每种结构都需要阅读者以特定的认知技能去分析并建构文本的意义。

思维地图之所以成为清除这些学习障碍的有效手段，是因为它能帮助学生和教师们对上述学习障碍进行瑞文·费厄斯坦（1980）所称的“中介式学习（mediating learning)”。如果教师能向学生详细说明思维地图的用法，那么他们就能消除学生的语言障碍和认知障碍。所有八种类型的思维地图都涉及认知术语的使用，它会为使用者提供运用这些术语的方法。因此学习者可用这种认知语言来建构自己的认知语料库。如果学生能够用语言描述自己的思维过程，他们也将在问题、作业、教科书中留意并搜寻这种语言，进而掌握思维地图所体现的认知语言。

当师生们对运用这一代表认知的可视化语言，有了一定的熟练度，就能将思维地图作为他们学习和思考的中介工具。思维地图可在多点上中介学习，如图 5.2 所示。

思维地图能促使教师和学生反思自己的思维模式，从而改进他们的元认知策略。对教师来说，思维地图鼓励教师在授课前确立授课目标，选择课堂上要用到的思维模

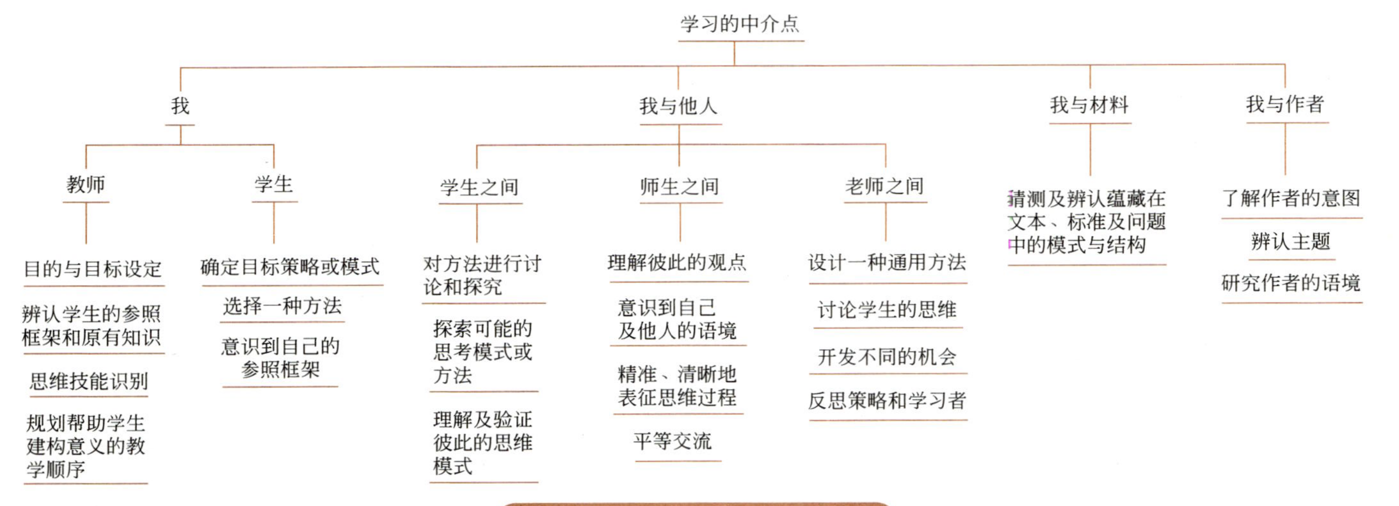


图 5.2 树状图：学习的中介点

式。教师之间的反思式交流有助于他们预设学生建构意义所需的前提条件。同样地，学生们在开始任务前也可以依据思维地图中包含的认知语言问自己："我该如何处理这项任务？"或者"这项任务中有什么值得注意的地方？"不论哪种情形，思维地图都能提升学生的元认知水平，这是改变个体学习能力的第一步。

除了能为个体的自我交流提供支持，思维地图还能促进班级同学间的思维模式交流。教师利用思维地图来中介学习，通过鼓励学生参与、激活建构意义过程中所需的认知技能的方式来满足具体的学习需求。圆圈图和框架图（用于在语境中界定定义）特别适合用来指导学生分析并界定理解或概念学习的焦点，这对引导学困生进行意义建构至关重要。思维地图鼓励师生分析特定文本，找出最适用于这一文本的思维地图，并就文本所涉及的思维模式展开讨论。这类与语言、模式和认知相关的讨论能增强学生的思维能力。而思维能力是可以在不同学科间迁移的。有了通用的视觉呈现手段，师生们便可以用同一种语言沟通交流，学习力便在教室里此起彼伏。

思维地图能提升学生对自我及他人的理解与沟通，还能通过文本或语境在学生和教师之间实现中介作用。思维地图为教师教学和学生按要求分析文本并呈现对文本的理解均提供了清晰的模式。思维地图能在学生阅读时或学习任何课程单元时，引导他们发现并分析建构意义所需的理解力、技巧、文本结构或模式。思维地图有助于教师们依据作者所用的文本结构，发现并分析出阅读特定文本所需的思维类型。这一过程加深了阅读和写作之间的联系。因此思维地图有助于学生分析文本结构并内化其中的模式，然后运用这些模式写出自己的想法、论证自己的思考。这种在阅读与写作之间迁移的过程，呼应了欧内斯特·伯耶（Ernest Boyer，1983）对读写的定义。他曾说："阅读是解冻思维的过程，而写作是封冻思维的过程。"思维地图的作用正是帮助学生"解冻"文本中的思维模式，同时记录和"封冻"自己的思维模式。

## ○ 培养推理思维

说到推理思维，思维地图是我所知的最好用的推理工具。培养学生的推理思维有时极为困难，因为老师需要在教学中不断地把自己的个人经验和文化与作者的经验和文化相结合。能被人邀请写书的作者一般来说在自己的专业领域都有多年经验，他们想传达的思想也都是积累多年的成果。而阅读他们著作的学生则与作者没有任何共同经验，然而学生们却会被要求理解这些经验，或通过阅读将自己的经验与作者的经验联系起来，以体会这些抽象的经验。瞧！这就是推理的时候会发生的事儿——你必须超越自己的经验体系，进入作者的经验体系。叙事文本和虚构文本比阐释性文本更容易理解，原因也就在此。

虚构文本的主题一般是大家都熟悉或经历过的体验（例如爱、恐惧、渴望等），但在以学科为基础的非虚构的、阐述性的教科书中，概念更有技术感、距离感，往往难引起学困生的共鸣。教师若要引导毫无类似经验的学生对作者呈现的陌生经验表达看法，需要借助工具让学生和教师进行概念性讨论，这种讨论的目的在于为学生提供认知桥梁，让他们将作者的经验与自身经验联系起来。也许，思维地图能从另一个维度对学习发挥中介作用——作为文本与学习者之间的中介。在这类概念性讨论中，能帮助学生的工具就是参照框架，它可以被画在任何类型的思维地图周围。比如可以在气泡图周围画上一个方框来列举特征。图 5.3 所示的气泡图，你需要找出描述某个角色的形容词。参照框架能够引出关于“为什么是这些形容词被选来描述某个主角”的探究

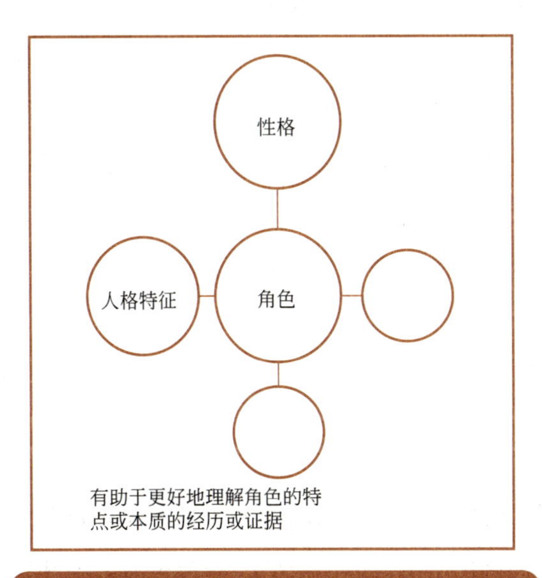


图 5.3 借助气泡图和参照框架进行推理思考

和推理。“这位主角为何是这样？”如果某个角色的特征之一是“易怒”，那么参照框架会让学生思考他当时为何发怒；如果某个角色心怀不满，那么参照框架会引导学生思考他为何心怀不满。“在这位主角的生命中发生过什么导致他有这样的表现？”参照框架促使学生们去猜测、推断、推理这位主角到底是谁。他们不仅仅在描述；在描述背后，他们在对角色的本质进行推理。

## ○ 增强记忆

不幸的是，记忆力一直与死记硬背形影不离，但这不是我们这里要探讨的内容。艾瑞克·杰森（1998）、梅尔·乐维尼（Mel Levine, 1993）和其他学者就记忆力对学习的影响有过很深入的论述。但教师们却往往不懂得用助记符号（mnemonics）来增强学生的学习力，这实在是一件憾事，因为他们相信任何记忆都要靠死记硬背。问题的关键在于，死记硬背不会建构模式，但记忆会。学生的学习效果与他们的记忆力有很大关系。当学生借助思维地图“封冻”自己的思考时，思维地图作为外在的记忆模式呈现工具，有助于增强他们的学习力。思维地图让学生能够查看所有相关的概念，并以这些概念为基础进行推导。如果学生需要努力记住所有他们要思索的概念，他们将花费很多脑力在记忆细节内容上，而不是在归纳和阐述这些内容上。思维地图能在呈现模式的同时，起到外部记忆存储器的作用，因而能增强并拓展偏重记忆的学习。简而言之，学生首先可以参考信息中的模式，然后从模式中推理。这就实现了从“冰封”信息到建构知识的转变。

## ○ 重塑城市中学学生的读写能力

我们一直致力于扭转学习不力的状况，主要是在读写方面，我们发现最大的缺陷在推理思维、词汇和语言运用等方面。我们的专业致力于提升学习者的智力表现，尤其是他们的读写能力。我们知道读写能力是学生进步的催化剂，因而我们的努力是超越读写能力的标准定义的，我们拥抱了艾略特·恩斯纳（Elliot Eisner, 1994）对读写能力的定义——读写能力是个体通过不同形式（例如文本、绘画、数学符号和舞蹈等）在不同学科间建构、创造和传达意义的能力。我们之所以认同这一定义是因为它拓展了教育的重心，把认知能力也纳入了教育的范畴。这些认知能力恰恰是提升学习者终身学习能力和学习效果的前提。

我们相信，只有当教师积极鼓励学生在社交活动中开发自己的语言能力，引导他们实践有利于建构和传达意义的认知技能，并以此改善学生的学习能力时，城市中学学生的读写能力才能得到最大程度的开发。思维地图是我们所介绍的认知策略中最核心的构成部分，因为它们能直接影响学生建构、交流和创造意义的能力。在我们工作过的每个学区，我们都看到教师在接触过思维地图后立即将其归入自己最常用的教学手段中。结果，我们提升学生读写能力的方案对学习产生的影响——以往被贴上“学习不佳”标签的学生取得了重大进步，令管理人员和家长们印象深刻、赞不绝口。在印第安纳波利斯[1]，学校成绩取得了很大的进步，从 12 分提升到了 20 分。自 1998 年以来，印第安纳州的教育水平下降了 1.2%，而参与我们读写能力提升计划的先锋学校的教育水平则有平均 10.4% 的跃升，其中七所学校还取得了两位数的增长。在西雅图，一份研究指出，1999 年未通过华盛顿学习评估测验（Washington Assessment of Student Learning, WASL）阅读部分的非洲裔学生，在跟随老师参加了至少两年的读写能力提升计划后，在 2002 年的测验中取得的成绩，是那些跟随老师参与该计划未满一年的学生的两倍。奥尔巴尼[2]城市学校和 NUA 仅仅推行了三年，在纽约州的考试中，英语语言艺术得分达到或超过“良好”标准的 3 ～ 8 年级学生数量就增加了 21%，而数学得分达到或超过“良好”标准的学生数量则增加了 14%。2009 年，整个学区 3 ～ 8 年级的中小学学生全部都通过了纽约州教育部的英文艺术测试。今年该校区 3 ～ 8 年级的学生中有 61% 都达到了良好标准，获得了三级或四级英文水平认证。这比 2008 年增加了 24%，当年该学区只有 49% 的学生获得两种高阶英文水平认证。除了上述数据，我们也见证了学生在推理、问题解决和主题班级项目等需要高阶思维的

---

[1] 印第安纳波利斯，美国印第安纳州首府，也是该州最大的城市。——编者注

[2] 奥尔巴尼，美国纽约州的首府。——编者注

任务中的智力进步。

这些证据充分证明了学习表现不佳的学生所具备的学习潜力。他们的潜力反过来改变了数以千计教育者的期待。但对我来说，这些数据同样也证明了思维地图所能带来的良好效果。在整个学区都将思维地图用作重要教学工具的学校，从教室到校董室，大家都对思维地图的作用有目共睹。

我们的项目在印第安纳波利斯进行到第三年时，当地的教育委员会把副校长请去，询问他有何理由可以让政府继续为读写能力提升项目提供资助。我们决定请从幼儿园到高中的教师将自己在课堂上大获成功的教学法分享给教育委员们听，因为我们认为这是最有说服力的方式。每个教师都谈到了思维地图对学生的帮助：一位幼儿园教师列举了自己学生借助八种思维地图学习自然课程的例子；中学的文学课老师们分享了学生们借助思维地图写说明文和叙事文的例子；一位化学老师演示了他如何在化学课教学中使用思维地图的例子。这些例子给教育委员们留下了深刻印象，但真正打动他们的是一位高中教师的惊呼："等等！幼儿园老师们使用的思维地图跟我们的一样啊！如果每个教师都能教自己的学生学会几种思维地图，他们上高中时，该有多厉害！"另一位老师讲述的故事也让教育委员们深受触动。他讲了一对兄弟在做作业时发生的事。一个在上幼儿园的学生对他正在上中学的哥哥说："哎呀，你在画气泡图呢。气泡图的作用是描述事物。"他的哥哥问他怎么知道的。弟弟告诉他，他在学校里学到过。他的哥哥完全惊呆了。去年春天，奥尔巴尼公立学校的教师和管理者也用思维地图向校董会做过演示，校董会成员们的反应同样热烈。

思维地图所代表的思维模式是通用的，借助思维地图，学生们能将这些模式在不同的内容和年级间自由迁移。孩子们天生就能理解因果关系。他们懂得如何有序思考。城市中学教育水平的落后可能有其历史原因，但如果教师们能在教学中借助适当的工具培养学生批判性思考的能力，激发他们的理解力、胜任感和自信心，受到鼓舞的学生们就能有出色的表现。思维地图已经成为课堂文化、学校文化的一部分。如我们所见，它也已成为整个教育文化的一部分。

## 参考文献


- Boyer, E. (1983). *High school: A report on secondary education in America*. New York: Harper and Row.
- Delpit, L. (1995). *Other people's children: Cultural conflict in the classroom*. New York: New Press.
- Eisner, E. (1994). *Cognition and curriculum*. New York: Teacher's College Press.
- Feuerstein, R. (1980). *Instrumental enrichment*. Baltimore, MD: University Park Press.
- Jensen, E. (1998). *Teaching with the brain in mind*. Alexandria, VA: Association for Supervision and Curriculum Development.
- Levine, M. (1993). *All kinds of minds*. Cambridge, MA: Educators Publishing Service.
- Mahari, J. (1998). *Shooting for excellence*. New York: Teacher's College Press.
- Vygotsky, L. (1962). *Thought and language*. Cambridge, MA: MIT Press.

# 第二部分

# 融合学科内容与思维过程

第 6 章　思维地图——通往阅读理解之路：解读文本结构，写出作文提纲

第 7 章　从思考到写作

第 8 章　应对数学大考的挑战

第 9 章　科学探究：像科学家一样思考

第 10 章　应用思维地图软件

# 第 6 章
# 思维地图——通往阅读理解之路
## 解读文本结构，写出作文提纲

托马斯娜·德品图·皮尔斯　哲学博士
大卫·海勒　教育学博士

“当我阅读时，我的大脑会自动向思维地图添加内容。突然之间，我理解了更多！”

——某一年级学生

马里兰州艾瑞尔山小学克里斯蒂娜·史密斯的班级

五月中旬的一个早晨，在艾瑞尔山小学一年级的某个教室中，我们正看着一位有三年教龄的老师给学生们在读当天的引导问题：“对于这本书，你们打算如何组织自己的思路？”这一问题似乎没什么针对性，但这位老师知道，她的学生能给出有意义的答案。那本书是《里奥学当国王》，它静静地躺在盛粉笔的托盘上，封面上画着一只色彩鲜艳、头戴王冠的狮子。前一天学生们已经朗读过这本书了。这是一所坐落于郊区的社区学校，该社区的经济条件不是很好，班上的学生种族各异。在过去的两年里，学生人数大为增加，原有的教学楼已经安置不下，只好把一部分学生安排到临时教室里。两年间，学生们在写作和中级阅读上的成绩下滑了15%。

然而今年学生们的表现却有了很大的改善。这体现在他们在州测验中取得的成绩上。在整个马里兰州的学生成绩普遍下滑的情况下，由于在读写教学中采用了思维地图，艾瑞尔山小学的成绩是全县最高的。相关的数据也为我们在教室的实地观察提供了支撑：思维地图对改善教学质量，提升学生表现有显著影响。

这些消息意义重大，但不止如此。近距离观察学生，我们会发现，他们理解文本的方式发生了转变——他们已经能从线性文本（即文本屏障）中发现动态的模式。被一行行文字包裹的文本结构，以图 6.1a-g 所示的思维地图呈现出来。学生们在改变形式，转化文本。只要迈进一间教室，观察一下教师的教学情况，你就能知道这一切是如何发生的。

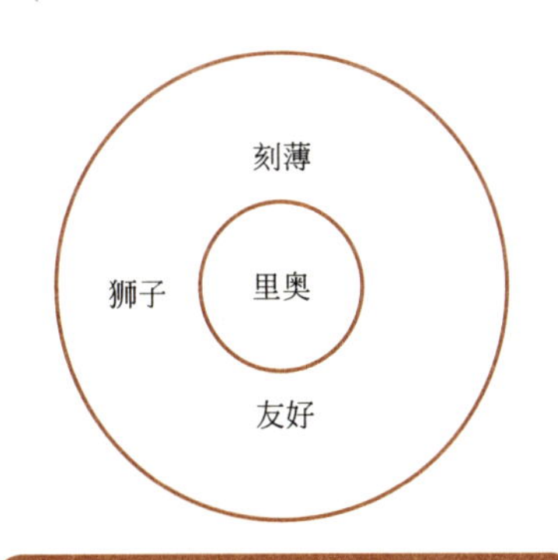


图 6.1a　圆圈图：里奥的特征

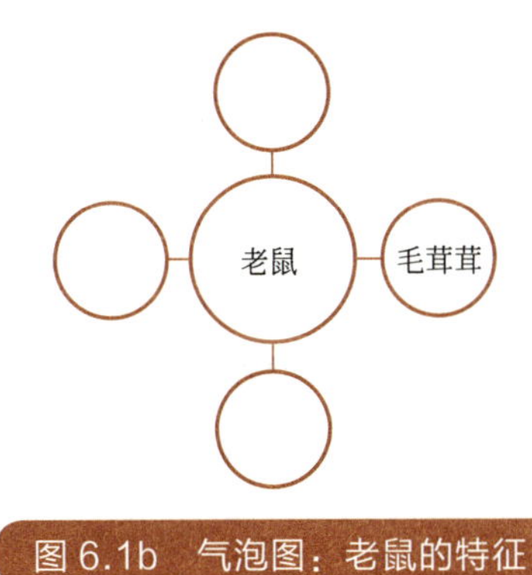


图 6.1b　气泡图：老鼠的特征

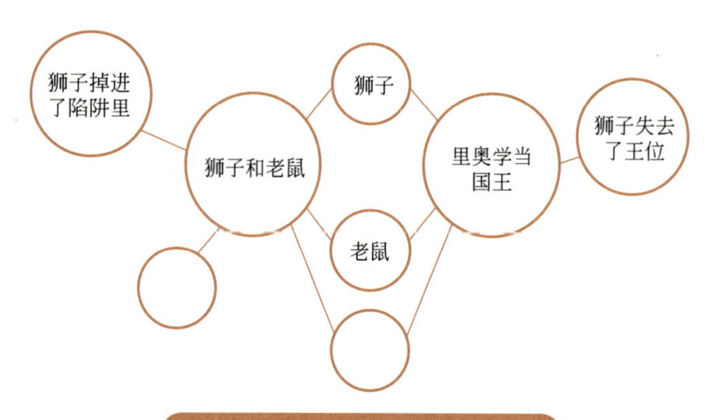


图 6.1c　双泡图：比较两本书

图 6.1d　树状图：分析里奥的性格

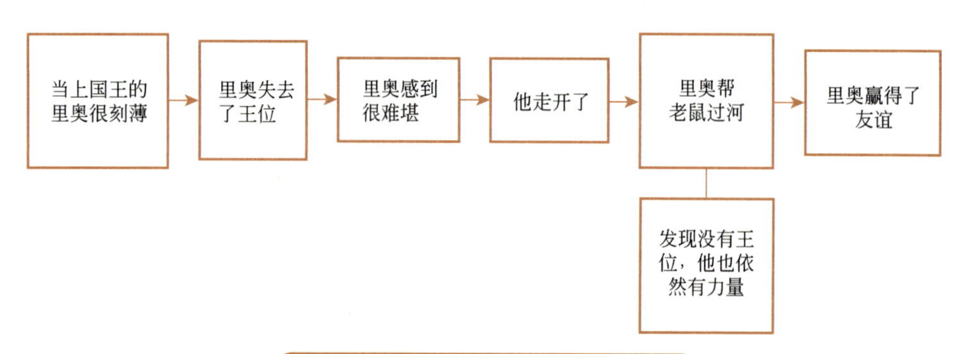


图 6.1e　流程图：里奥的性格发展

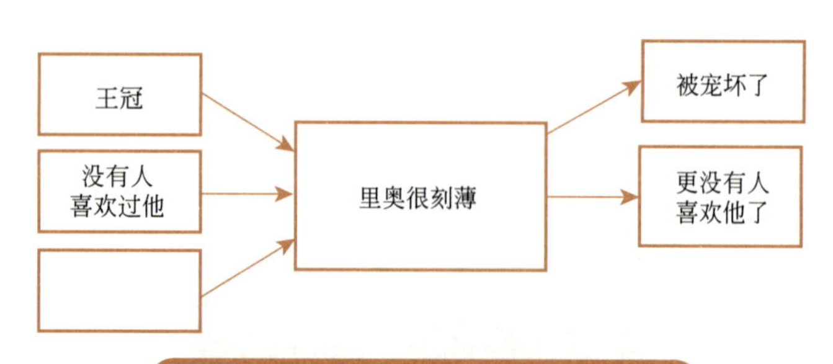


图 6.1f　复流程图：里奥刻薄的原因

图 6.1g　桥型图：文本中不同角色的性格

在教室里，我一边观察着克里斯蒂娜·史密斯老师的授课，一边在学生们后面坐了下来。作为学校的校长和教学负责人，我开始在手提电脑上做记录。在黑板前的开放式空间，学生们围坐在老师身边的地板上，黑板上写着讨论用的引导性问题。前一天，学生们已经朗读过《里奥学着当国王》一书，我们学校的所有学生、教师和管理者都在去年学过思维地图。该书的节选和相关的思维地图有助于增强学习者对思维地图的理解。在广泛的课堂讨论中，处处能体现出它们的影响。以下就是一年级的学生们对本书的组织方式。

艾琳：你可以使用圆圈图……把故事的主题写在中央……至于所有你能想到的跟主题有关的东西，把它们写在圆圈里……里奥……跟里奥有关的细节……他的刻薄啦，他的友善啦。

梅根：画一个跟老鼠角色相关的气泡图。写下能描述老鼠特征的词语……例如“毛茸茸的”。

比利：我们可以画一个双泡图。我们可以把《里奥学着当国王》跟《狮子与老鼠》比较一下……两本书里都有狮子和老鼠。

马可：我想画一幅树状图。我在想……里奥的外表是什么样子，他的性格又是什么样子……还有他的行为。

托马斯：我们也可以用桥型图组织内容。在《狮子和老鼠》这本书里，狮子对老鼠很刻薄。而在《里奥学着当国王》这本书里，狮子对老鼠却很好，他帮老鼠过河。

埃里克斯：我们同样可以使用流程图。首先，狮子很刻薄。后来大家拿掉了他的王冠，他有点羞愧，并且走开了。再后来他遇到一只老鼠。这让他感到很惊奇。最后，狮子和老鼠成为了朋友。

瑞根：复流程图……哪些行为导致了狮子的刻薄。是王冠……王冠可能是他变得刻薄的原因。

艾琳：没有人喜欢他。他们把他的王冠拿掉了……他们不想让他当国王。

肖恩：我们现在有很多张思维地图了，不是吗？

老师：这让我不由得想到……

肖恩：……我们就是这样的二年级学生！

类似于上述这样的讨论，在任何学校都可以进行。它是可以复制和改进的，我们甚至可以重新定义读写教学的方式，或为认知科学研究提供新的方向。借助思维地图，史密斯老师把学生们流畅阅读的能力提升到了新的高度，学生们已经可以自己独立地从文本中寻找规律了。他们懂得运用与思维有关的关键词汇（如“描述”“比较”“因果”等）以及与之对应的认知图（如气泡图、双泡图、复流程图等）。不仅如此，他们也有足够的元认知水平去发现文本结构，从而有意识地将这些认知过程和工具迁移到阅读理解中去。讨论结束后，他们会带着空白纸回到座位上，并选择不同的思维地图来拓展自己的思维。之后他们会利用思维地图组织思维过程，继续对故事进行分析。

上述课堂活动的例子，是对一种新型读写能力的实践性描述和象征性描述，以及对“我们如何感知思维模式和基础阅读理解之间的内在关系”的改观。

## ○ 思维与思维地图

“思维地图是我的大脑图纸。”

——马里兰州艾瑞尔山小学某三年级学生

如果纸上的本文是我们进行线性交流的工具，那么思维地图就是记录我们大脑运转模式的图纸。美国教育部资助的出版物《阅读优先》（Armbruster，2002）认为，语义图和组织图是解锁文本结构及阅读理解能力的钥匙，也是学生帮助学生迈向作文提纲的桥梁。组织图的长处在于，它们能勾勒出每种形式的结构。而它们的劣势在于，可视化模板都是固定的，学生们只是偶尔才会用到。组织图还会为学生的思维设置天花板——不同年级，不同课堂上的学生常常要在表单上填预设好的空格，这些表单无法反映他们的高阶思维模式。而思维地图则融合了网络图和头脑风暴语义图的创意优势，又兼具预设了格式的组织图的条理性。

正如我们前面所说，思维地图为学习者提供了动态的思维模式和理解普通文本的认知纽带。这些工具同样能把文本结构与作文提纲中常见的组织模式联系起来（如图 6.2 所示）。比如，学生基于问题解决模式来理解文本的能力，是基于他们对因果推理的基本要素的理解。而因果推理的能力，是根据提纲进行合乎逻辑、条理分明的写作的必要思维技能。（参阅第 7 章）。

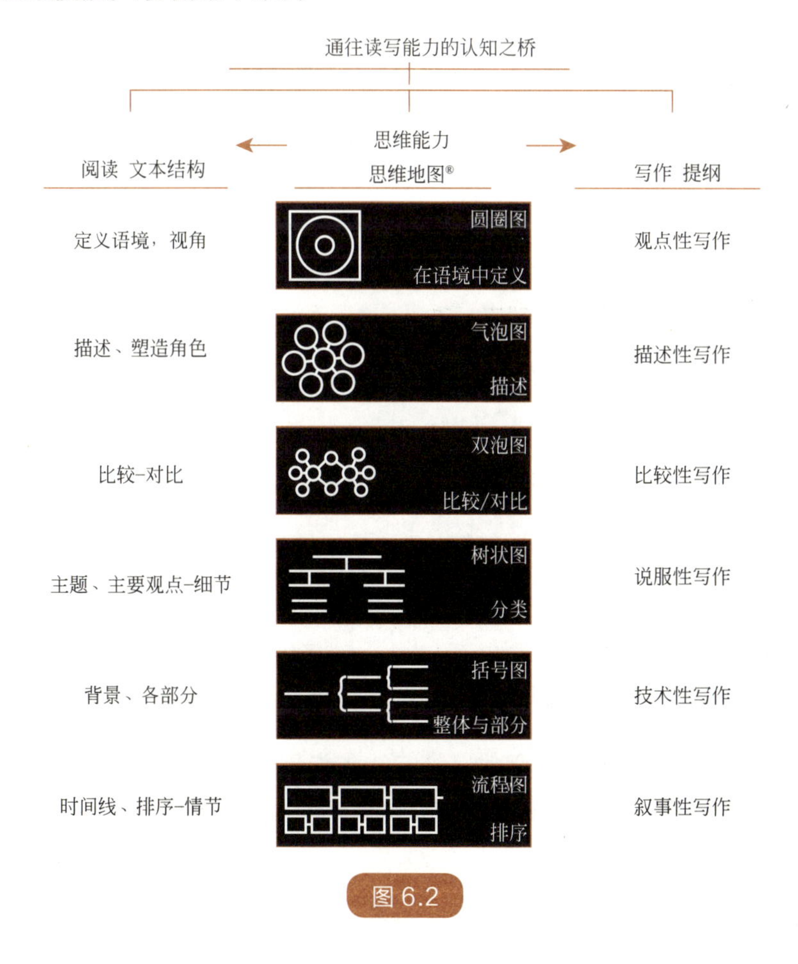


图 6.2

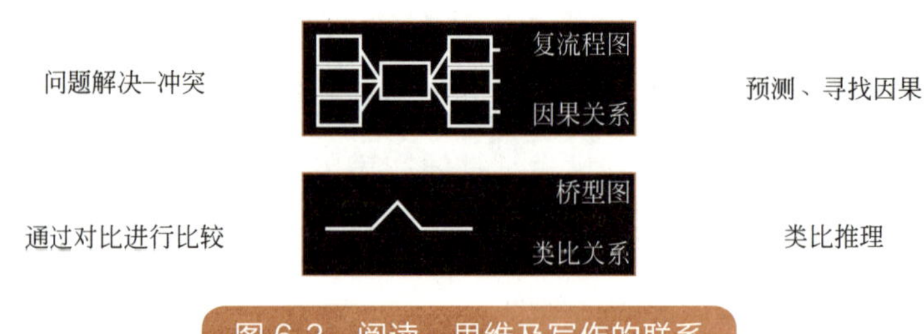


图 6.2 阅读、思维及写作的联系

## ○ 读与写：从语音意识到元认知模式

“思维地图就在脑海里！我阅读时，它们会自动运行！”

——马里兰州艾瑞尔山小学某五年级学生

如果你接受这样的前提——我们主要用书面语、口语和数字符号来教学和评价，你很容易就会发现我们依然困于语音与整体语言的二分法争论中。这一争论根源于教育领域中占用研究和公共财政资源最多的领域：提升读写能力。教师、研究者、主要的出版商和测试开发者一直试图融合语音和语言，但以此为目的的实践依然是混乱而失败的。打破这种二元对立的努力一再失败，说明问题不仅在于平衡语音和整体语言或是在二者之间灵活摆动。

我们该如何理解（美国）国家教育评价项目（NAEP）得出的“1971 ～ 2000 年以来，美国国民阅读能力不断下降”的结论呢？国家教育评价项目认为，尽管国家投入了巨大的资源，但面临阅读危机的人口仅仅略有提升而已。至于那些没有面临阅读危机的学生——也就是那些具备基本的解码能力、流畅性和专业词汇的学生——他们的阅读理解得分并不比 25 年前的学生更高。现在我们应该接受这样一个事实了，那就是，目前的研究模式和自 20 世纪 80 年代以来的教法改革，对学生的阅读理解能力并未产生多大影响。为什么过去 20 年里我们在教法上投入了如此多的精力，学生在标准化测验和学习表现上的进步却极为有限？

我们在思维地图领域上的努力指出了第三条通道。一直以来我们缺失的是，将语音意识[1]、词汇学习和意义建构这三者，在认知基础、内在联系、相互依存关系层面关联起来。在洛杉矶担任教职的萨沙·伯恩斯坦（Sasha Borenstein）是凯特乐中心[2]的主任。她指出，

> 国家儿童健康和人力资源发展研究院最近发表的关于学生读写能力的报告认为，明确而系统地指导学生如何“破解密码”，学习语音和词汇，以及针对阅读理解“建构意义”的策略，十分必要。该报告鼓励教师采用积极的、以思维为重点的教学方式，而不是重回过去被动的填鸭式教育。

美国教育部广泛发行的《阅读优先》报告（*Put Reading First*, Armbruster，2002）中用三个部分，解释了思维地图如何架起一座通往语音意识、词汇用法及文本理解的桥梁。

## 语音意识

萨沙·伯恩斯坦发现思维地图同样可以用作帮助学生认识词汇、解码词汇及重新整合词汇的工具。在洛杉矶地区帮助面临阅读危机的学生和学困生的亲身实践经验（详情参阅第 11 章），让她和同事们发现了作为元认知工具的思维地图，在提升学生词汇能力方面的作用：

> 在培养读写能力方面，思维地图是一种灵活而积极的工具。它以学生为中心，推动学生识别材料和概念中的模式及互动关系。思维地图可用于辨别统筹语音期望和语音规则的关键概念。学生们读单词过去式的发音，如 /t/, /d/ 和 /id/ 时，能领会到这些语素的发音是基于词根末尾字母的发音来确定的。思维地图中的括号图能帮助学生发现这种部分与整体的关系。气泡图则能让

[1] 语音意识，学习者对口语中的声音结构有意识地运用。——编者注

[2] 凯特乐中心，英文原文为 Kelter Center，美国一家教育机构，致力于解决常规水平以及超出常规水平的学习障碍，帮助孩子提升基础学习能力。——编者注

学生发现音节类型之间的相似与不同，进而帮他们理解“每个音节都是由辅音定义的”这一概念。借助流程图对单词结尾的 /ch/-ch,tch, /j/- ge ,dge，或 /k/- k,ck 进行排序，这能帮学生理解单词的拼读是由该单词中的元音的类型来决定的这一规律。

《阅读优先》报告在对语音意识进行总结时，建议学生们对音素进行分类，发现单词中的部分 - 整体模式，再对它们重新整合。这是开发学生早期阅读能力，同时提升他们语言技巧和认知技能发展的关键策略。

## 词汇教学

《阅读优先》报告关注的第二个重点是词汇学习。词汇学习是一种“织网”的过程，不仅涉及通过单词学习策略和重复记忆进行的直接的词汇学习，也涉及通过不同语境进行的词汇积累。这是因为大脑在不断地将零散的知识纳入网络之中，而思维地图能促进相关词汇形成关联。这些相互连接的词汇会构成解析特定单词的语境（参阅第 2 章）。

让我们再次回到前面提及的《里奥学着当国王》这本书，思维地图为学生和教师们从故事中收集词汇并归类提供了另一种方式，即具象化的能在语境中呈现词汇的可视化模式。当一个学生说可以使用圆圈图时，她的意思是你可以把主题（里奥）写在圆圈中央，并在周围补充细节。圆圈图的定义源自它的视觉形式是一个圆圈之中的又有一个圆圈，以及它的思维技能是在语境中进行定义。学生们学用这一工具时，搜寻语境相关的单词放在外层的圆圈中，并围绕着中心圆圈的主题词建构词汇和意义。建构情境不仅要求学生根据已有的单词去判断某个单词的意义，往往还需要提前通读全篇，根据语境来选择词汇。无论从实践意义还是比喻意义上来说，所有八种思维地图都是词汇积累工具，它们是积累词汇的“脚手架[1]”。

[1] 脚手架，美国著名的心理学家和教育家布鲁纳基于维果茨基的最近发展区理论，提出了脚手架理论。脚手架的意思是，在学习中他人（教师、父母、同伴等）提供的辅助。学习者可以借助“脚手架”，完成自己原本不可能独立完成的任务。——编者注

## 文本理解

与国家教育评价项目相关的一份国家报告指出，未来的阅读理解应包括基于事实的评价。与这一关切相呼应，唐纳德·格瑞乌斯（Donald Graves, 1997）认为，教育者和大众都陷入了单纯追求阅读理解成绩的狂热中。

我们必须教会学生如何综合并展示自己的思维模式。我们需要一门关于阅读理解的心理学，以说明读者与文本互动时的“实际工作部位”。但这些实际工作部位是什么呢？格瑞乌斯写道，当读者阅读时，我们无法得知他们脑中什么思维模式在起作用。二十年前，劳伦·瑞斯尼克（Lauren Resnick, 1983）就指出，如果我们无法对大脑内提升阅读理解能力相关的机制做出确切解释，我们便很难开发出有效的教学手段。后来她又暗示，已经研究锁定了一个心理（元认知）空间，对教育效果有重要的影响，但关于此处发生了什么会产生重要影响，她并没有详说。一份关于这些阅读研究者的综述报（Depinto Piercy，1998）确认了教学重心转变的必要性。我们必须把目光从林林总总的策略性教学技巧上移开，聚焦特定的以“学生阅读过程中的行为”为关注点的教学法。

在《阅读优先》文件中，熟练阅读者被定义为“积极”且“有目标”的读者，作者建议为学生的自我监测和元认知提供引导性的策略。报告这部分内容的核心专注于能帮助学生在虚构和非虚构文本中发现文本结构的组织图和思维地图。该报告认为，这些可视化工具：

- 帮助学生在阅读时关注文本结构；
- 为学生提供查看并以可视化形式表征文本中的关系的工具；
- 帮助学生写出有条理的文本概要。

《阅读优先》报告的主要撰写者之一博尼·阿姆布鲁斯特博士（Dr. Bonnie Armbruster）是文本结构领域的早期研究者。比如，她的论著曾指出，在学生阅读前使用“以解决问题为导向”的图表，为他们提供关键结构的先行组织者，他们对特定文本的理解就会更加深刻。当然，我们不会把文本分成问题解决式或年表式，对开放式写作提纲的高品质回应，也不限于在图形模板内完成（参阅第 7 章）。思维地图的作用在于，使得学生能得心应手地根据不同的语境选择不同的思维。

## ○ 处境危险的阅读者：通往阅读理解的路径图

在陌生的区域驾车时，我们需要一张地图。当学生的眼睛触及翻动的书页，阅读理解的境况更加复杂。在培养学生的阅读能力时，传统的做法是陪着学生走到阅读理解的大道上，然后告诉他们："师傅领进门，修行靠个人。"鼓励完学生，把预备知识教给他们后，教师们便期待着学生能独自穿越这条道路。他们带着问题在另一头等着。学生，尤其是处于劣势的孩子，往往匆匆掠过，觉得自己读得越快越好。如果学生无法回答老师提出的与阅读理解相关的问题，教师们则会为他们提供解决或改善这一困境的办法。列夫·维果茨基（1962）提出了"最近发展区[1]"的概念，它指的是超出学生当下的自主学习区的关键区域，在这一区域，教师的引导极为重要。然而偏偏就是在这一区域，可用的教法策略十分有限。

相比于把学生们丢在路边，思维地图帮助他们走完阅读理解的全程。当我们借助思维地图引导学生应对新文本时，我们就是在为他们独立运用阅读策略提供直接指导。指导学生在阅读中使用思维地图，有助于学生安全跨越阅读理解之路。从终极意义上讲，将思维导图应用在读写中，为学生提供的引导远远超越"使用什么策略"以及"如何使用策略"。思维地图要求学生理解为何及何时使用这些策略。策略性阅读行为及写作过程，要求学生有针对性地展开行动。针对特定目标选择特定的策略，并以这一策略为基础有意识地进行自我选择和自我管理，这正是策略性阅读行为的关键部分（参阅第 3 章）。

[1] 最近发展区，该理论认为学习者的现有水平与可能的发展水平之间存在"最近发展区"。如果学习者在最近发展区进行新的学习，发展得会更有成效。——编者注

## ○ 掌握新语言

“我的思维地图有神奇的力量。我有很多想法却无处安放。思维地图帮我把它们释放了出来！”

——马里兰州艾瑞尔山小学某一年级学生

我们之所以能取得上述成绩，是因为我们在全校范围内持之以恒地推进变革，并最终改变了每一个学生个体。艾瑞尔山小学的全体教员对思维地图的培训工作始终坚持不懈，过去如此，现在也是如此。接受完思维地图基本训练的教师们，离开时都心怀目标，那就是以外显地方式教会自己的学生独立使用这些工具，教会他们与其他同学协同使用这些工具，将这些工具在整班层面推广应用，进而让他们内化这些工具，并将其迁移到内容学习和结果处理等方面。这些思维地图基本培训和后续的项目所获得的关键成果，不仅体现在艾瑞尔山小学一年级优质的课堂交流上，也体现在该校在全州学术评价中取得的量化成绩上。将思维地图纳入教学一年后，该校学生们的写作能力在州级学术评价体系——马里兰州学校表现评查项目——中提升了 15%。后来，艾瑞尔山小学更是从一所测验成绩位居中游的学校一跃成为了卡罗尔县 21 所小学中表现最佳的学校。

美国的《不让一个孩子掉队》法案要求各州不仅要测试学生掌握的内容知识，还要考查学生的实际表现。为了达到联邦政府的要求，马里兰州于 2003 年采用了新的马里兰州学校评价体系。马里兰州这套教育评价体系的核心是“适当年度进步率[1]”方案。今年，艾瑞尔山小学同样是全县表现最好的学校。艾瑞尔山小学的成绩高于马里兰州的平均水准，也高于卡罗尔县的平均水准。它在“适当年度进步率”方案所规定的八个子项目上都达到了标准，包括特殊教育项目。艾瑞尔山小学的教师们将思维地图作为培养学生读写能力的新语言，帮助学生抵达了阅读理解的彼岸。该校学生们

[1] 适当年度进步率，美国政府为提高公立学校教学质量，在 2002 年出台了教育法案《不让一个孩子掉队》（No Child Left Behind, NCLB）。按照法案预定目标，在 2014 年以前，全国所有学生的阅读、数学和科学成绩必须达到熟练水平。为达成这一目标，各州必须根据学生目前的学业总水平，制定一个逐年递进的适当年度进步率（Adequate Yearly Progress, AYP）。——编者注

所取得的成绩说明，读写能力与认知发展是息息相关的。

要超越以往研究与实践的不足，为读写能力培养带来新的形式，教育领导者必须转变教育手段和心态。在这个信息与技术大行其道、多元文化和多语言交流日益频繁的经济全球化时代（参阅第 16 章），读写能力本身并不是优势。研究指出，语音意识和元认知策略必须与母语及第二语言中的词汇积累及阅读理解策略协同发展。以此为基础，我们认为，必须培养学习者新的批判性读写能力。遗憾的是，大部分正常学生及绝大部分有阅读劣势的学生，得到的仅仅是大量而重复的阅读策略，这些策略仅仅能强化他们的词汇意识，而无法增强他们的阅读理解能力。从经验和成果中，我们发现，如果学生们能凭借一定的工具，主动思索自己的思维方式和文本中的模式，他们就不会在阅读理解中落后。

## ○ 参考文献


- Armbruster, B. (Ed.). (2002). *Put reading first*. Washington, DC: U.S. Department of Education.
- DePinto Piercy, T. (1998). *The effects of multi-strategy instruction upon reading comprehension*. Unpublished doctoral dissertation, University of Maryland–College Park.
- Graves, D. (1997). *Forward: Mosaic of thought*. Portsmouth, NH: Heinemann.
- Hyerle, D. (2000). *A field guide to using visual tools*. Alexandria, VA: Association for Supervision and Curriculum Development.
- Resnick, L. B. (1983). *Toward a cognitive theory of instruction*. In S. Paris, G. Olson, & H. Stevenson (Eds.), *Learning and motivation in the classroom*. Hillsdale, NJ: Erlbaum.
- Vygotsky, L. (1962). *Thought and language*. Cambridge, MA: MIT Press.

# 第 7 章
# 从思考到写作

珍妮 · 巴克尔　教育学专家

商业社群和高等教育界人士都认为，现在是时候在美国校园里掀起一场写作革命了。2002 年 9 月，由全美 4 300 所学校和大学组成的美国大学理事会创立了“全美校园写作促进委员会”。促成这一委员会建立的部分原因在于，美国大学理事会决定从 2005 年开始将写作评价纳入新的学业能力倾向测验（SAT）中。然而，更大的原因在于教育界和商界人士对美国学生写作水平日益滑坡的担忧。

2003 年，该委员会发布了一份名为《被忽视的写作》（*The Neglected* “ *R* ”）的报告。这份报告透露了美国学生在读写能力方面的一些惊人事实。其中之一是，大部分四年级学生每周花在写作上的时间不足三小时。这是他们看电视所花时间的 15%。在接受写作能力评测的四年级、八年级和十二年级学生中，仅有 50% 的学生能达到基本要求，仅有 20% 的学生能达到熟练写作的标准。不止于此，66% 的高中高年级学生在一个月里都不会写一篇三页长的英语作文。这份报告进一步透露，50% 的大学新生都写不出语法错误相对较少的论文。据估计，各个大学每年为改善这些大学新生的写作能力所耗费的资金多达 10 亿美元。然而不幸的是，写作能力上的欠缺也蔓延到了商业领域。企业主管们经常抱怨新员工的写作能力。正是这种严峻的情况促使《被忽视的写作》这份报告对改善学生的写作能力提供了一系列建议。

全美校园写作促进委员会呼吁，加大各学科教师写作水平的培训力度，并鼓励教师在校内教学和日常作业中投入更多时间培养学生的写作能力。该委员会认为，学生在写作能力上的欠缺并非一朝一夕形成的，因此，要解决这一问题，“必须在全国所有学区内大幅度提高在写作能力培训方面所投入的时间和金钱，联邦及地方所有学校必须在所有年级、所有学科的课程大纲中纳入写作项目”。该委员会还在报告中暗示，始于二十年前的教育改革运动并没有给予写作应有的重视，现在必须从小学起就将熟练写作能力置于学校教育的中心位置。

已经过去 8 年了，商业社群依然很关切未来员工的口头和书面表达能力。根据登载在《今日美国》（*USA Today*，Marklein，2010）上的一篇文章，89% 接受调查的雇主表示，他们最期待的员工素质是“有效的口头和书面表达能力”。换句话说，仅拥有大学学位已经不再重要。更重要的是，这些学位必须有价值。这两份报告的结果反映了从小学低年级到大学有效提高学生写作水平的急迫性。

对那些打算提升学生写作能力的小学和高中而言，他们必须找到培养学生写作能力的有效方式，并制定一份能在从构思到成稿的各环节为学生的写作提供支持的系统性方案。此外，他们还要制定全程（从低年级直至高中）开发学生写作能力的方案。目前，全美国的全校写作水准已经有所提高。这得益于综合性的 K12[1] 写作训练框架，即《从头开始学写作》（Buckner, 2000）和《面向未来的写作》（Buckner & Johnson, 2002）。这两种写作训练框架都以思维地图为基础，旨在培养学生的与叙事文、说明文及其他文体相关的思维模式并提供了具体培养方法，从而把写作与思维具体地结合起来。

## ○ 写作能力培养

儿童教育专家们认为，早在孩子们上小学之前，他们的写作能力和口头表达能力

[1] K12，是学前教育至高中教育（kindergarten through twelfth grade）的缩写，现在普遍用来代指基础教育。

就已经开始形成了。从诞生之初，孩子们就开始使用他们稚嫩的双肺与周围的人交流。看护婴儿的人，很快就能从婴儿不同的哭声中，辨别出他们的不同要求。渐渐地，婴儿长成了学步的孩童，他们原先含糊不清的声音逐渐成为了能听懂的语句，借助这些语句，孩子们开始学习表达。在孩子的语言能力发展的同时，孩子们的精细运动控制能力也开始发展。因此这些幼儿能够首次使用书面形式在世界上留下痕迹——通常是用蜡笔在不该涂抹的地方胡乱涂鸦。

长到三岁时，孩子的涂鸦变得更易于辨认。这些涂鸦通常是简单的绘画，对象是孩子眼中的某样人或事物。在一定的时期内，绘画是孩子的主要书面表达方式。当孩子接触到图画书、周围环境中的文字，并观察到写作中的成年人后，他们就会意识到书面交流的独特性，进而理解文字和图画一样，都可以传达特定的信息。在这一阶段，孩子们便开始模仿观察到的一切。

从非教育专业人士的眼睛看去，儿童最早的书写尝试往往笔迹潦草、毫无意义。然而这些潦草的涂鸦却是孩子早期书写能力发展的标志。玛丽·克雷（Marie Clay, 1975）及其他研究者对孩子的早期笔记做了大量研究后，总结出了孩子将自己的糊涂乱写转变为可辨认的文字所需的七个原则。克雷认为只有孩子们掌握了这七个基本原则，他们才算具备了文字书写能力，在任何成年人发现孩子正在努力写出真正的文字之前，这些原则就已经从孩子的涂鸦中开始萌芽了。

克雷指出，经过不断地重复练习，孩子们写出的笔迹将越来越接近他们从周围环境中观察到的印刷文字。一开始，孩子们的笔迹像是对文字的“模拟”。随着时间的推移，练习机会的增加，他们的字迹将变得清晰可辨。因此，在学前和幼儿园阶段，教师应时时鼓励孩子投入书写之中。在某些情况下，教师应为孩子提供书写的榜样；另一些时候，教师应鼓励孩子自主自发的书写行为。

当学生能自信地以书面语交流，并能以自己的独特拼法去写一些句子时，他们就已经为正式的写作教育和阅读教育做好了准备。在教学生如何阅读时，教师手册能为老师们提供宝贵的指导。同样地，从小学低年级直至高中，思维地图也能帮助教师促进、提升和加速学生对写作能力的掌握。很多教师都已经将思维地图用于自己的教学实践。阅读和写作有共同的文本形式，因此无论是培养学生的阅读还是写作能力，最有效的方式就是一步一步来，垂直提升学生的能力水平。

## ○ 写作的本质是思维

为了打消学生对写作的恐惧，教师们往往会告诉自己的学生“写作就是把话记在纸上”。这一说法简单化了复杂的写作活动，学生写作水平的不足也许与这一错误的说法有关——事实上，写作是“把思维记录在纸上”。要想写得好，学生们首先必须对自己要表达的东西有清晰的认识。书面写作教学的基础应该是——理解写作目标，并理解实现写作目标所需的不同组织模式。这些组织模式对应着不同的思维模式，这些思维模式也正是读者理解作者传达的信息时，同样也会用到。根据写作目的的不同，每种写作组织模式都能借助八种思维地图中的某一种来呈现。举例来说，叙事文的目的是按照相应次序讲述一个故事或难忘的经验，这时流程图就能派上用场。那些坚持教学生使用思维地图组织写作的教师，已经见证了自己学生和所在学校写作能力的提升。

在过去的几年里，越来越多的州开始采取写作评价措施，以促进学生写作能力的进步。例如，在佛罗里达州，所有学生每年都要接受叙事性写作或“以解释原因”为主旨的说明性写作评价。总分为 6 分，及格分为 3 分。1999 年，橘县布鲁克郡小学通过佛罗里达综合评价测试（FCAT）的学生占该校学生总数的 84%。该校教师和管理层的目标是，通过改进学生的写作成绩，将全校的整体评级由 C 提升到 A。每学期一开始，从幼儿园到五年级的全体教师便要接受将思维地图应用于所有课程的培训。后续培训的唯一重点就是借助思维地图组织构思和创建写作模型。教师们要学习叙事性文体和说明性文体的特点，此外还要学习思维模式及与之相对应的思维地图的用法。

培训过后，学校在全校范围内推广了一种“借助连贯的可视化工具教授写作”的螺旋式课程。为了让教师学会如何将思维地图用于指导学生组织写作，也为了让教师们了解如何向学生演示“把写作信息从思维地图迁移到纸面上”的真实过程，学校为教师们举办了分年级的培训项目。每个教师都有机会观摩借助思维地图指导学生写作的课程。学校管理层会监测教师的工作，为他们提供支持，并在必要时为教师单独提供协助。第一年，通过写作能力评价的学生人数上升到了学生总人数的 97%；第二年，每个参加佛罗里达州综合评价测试写作部分的学生都至少达到了 3.0 的及格分。学校在全州的教育评级中也跃升到了 A 级。

布鲁邦内特小学隶属于得克萨斯福特·沃斯科勒独立学区。该小学的校长肯·麦克桂尔（Ken McGuire）和他的职员们带领学生在 2008 年度得克萨斯知识和技能评价（TAKS）中取得了出色的成绩。在连续两年采用了《从头开始学写作》（Buckner, 2000）之后，在评价中获得 4 分（学生所能拿到的最高分）的学生人数从 3 人上升到了 75 人。同一年，81% 的参加评价的 4 年级学生在得克萨斯州知识和技能评价的写作部分达到了“优秀”级别。这是得克萨斯州的学生取得的最好成绩之一，当年该州能达到“优秀”的学生占到了 30%。

在位于加州安大略的欧几里得小学，校长洛恩达·克里兰德和文学部教学主任莫妮卡·易巴拉·阿亚拉在全校范围内将思维地图和《从头开始学写作》（Buckner, 2000）纳入了教学之中。两年之内，该校在加州标准测试中的学术表现指标从 624 跃升到了 735。不止如此，该校 90% 的学生都通过了州级写作评价。通过评价的 90% 学生中，超过 50% 的学生成绩都高于州教育标准。用阿亚拉的话说：“区别只在于，我们采用了正确的工具和一门通用语言。”

只要能将利用思维地图规划和组织写作的方法教给学生，从小学到中学，学生的写作成绩就能一直保持进步。梅巴·约翰逊是北卡罗莱州纳布恩施维克县一所高中的英文教师。她从 1995 年开始就参加了思维地图的培训，并立刻把思维地图用于指导学生组织写作。仅仅用了一个学期，他的学生在针对十年级学生的二级英语写作测试中的成绩就平均上升了 5 分。一年之后，约翰逊参加了专为写作教育设计的思维地图培训项目，在她教学生涯的最后 5 个学期中，她的学生 100% 通过了高中英文二级写作测试。与之前相比，她在教学上的唯一不同之处就是把使用思维地图组织和构思不同文体的方法教给了学生。此外，凭借同样的手段，约翰逊也帮自己所教的 11 年级和 12 年级学生取得了同样的成功。

## 〇 谋篇布局

尽管思维地图能帮助各个班级获得成功，但它在全校层面以覆盖所有年级的方式实施时，取得的效果最佳。如果学生从一年级起就学习如何在开始写作前借助树状图组织写作信息，那么权威报告所称的“去极化”过程对很多小学高年级学生和中学生而言就会容易很多。例如，一个一年级学生以他最爱的蔬菜为主题写了一份报告。在写作之前，这位学生利用树状图对他要写的内容进行了组织分类（见图 7.1）。请注意他在树状图上的分类和他作文的组织结构。

图 7.1　树状图：学生的报告写作

通过这种组织方式，写作者能让读者更好地理解他的文本，因为这篇文本采用了读者熟悉的结构。

另一种为读者熟悉的文本结构是将一系列事件按顺序组织起来，形成明晰的故事线。另一个一年级学生利用流程图来组织他写的祖母来家做客的故事（见图 7.2）。他在流程图中采用的次序也就是他作文中事件的次序。

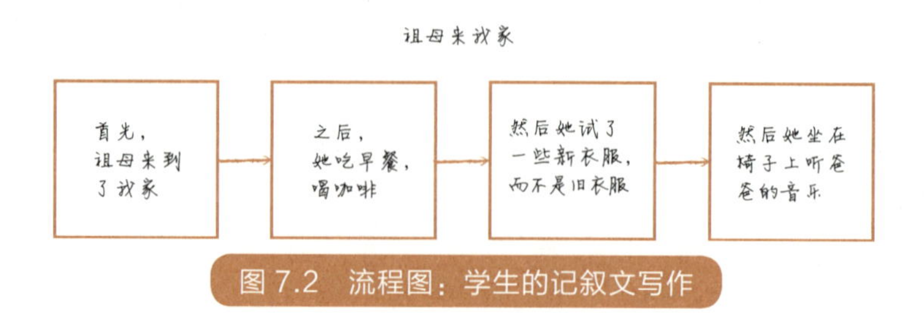


图 7.2　流程图：学生的记叙文写作

需要作者解释事物原因的文体一般要求作者选择特定的立场或做出符合理性的抉择。这种类型的文体需要不同于上述文体的组织模式，采用部分复流程图较为适合。图 7.3 中是一位一年级小学生的作文，他解释了自己为何会把某种食品当作最爱吃的零食。

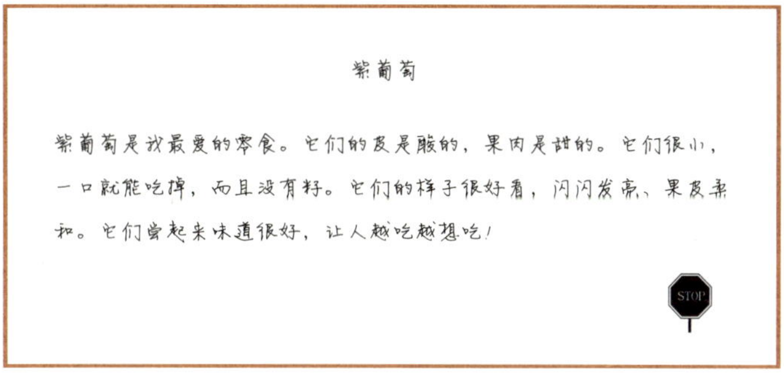

紫葡萄

紫葡萄是我最爱的零食。它们的皮是酸的，果肉是甜的。它们很小，一口就能吃掉，而且没有籽。它们的样子很好看，闪闪发亮、果皮柔和。它们尝起来味道很好，让人越吃越想吃！

图 7.3　解释性写作

教师把使用圆圈图和部分复流程图来拓展思路（构思写作的第一部分）及组织写作的方法演示给学生，学生们于是借助圆圈图就自己最爱的零食这一话题展开了头脑风暴。这一步完成之后，按照教师的要求，学生们选择一种自己要写的食物，并就自己最爱的零食造一个句子，把这个句子写在复流程图最中央的方框内。接下来，学生们需要思索“我为何会选择这种食物当最爱的零食”或者“我为什么最喜欢这种零食”，并把他们的想法记在思维地图左侧的小方框内。老师们已经向学生说明过，当同学们读她的范文时，他们需要思考她的选择和她做出这一选择的原因。他们需要在阅读中“看到”她的思维模式。

一位二年级学生使用了思维地图来构思和组织一篇叙事性作文。在这一过程中，他将两种思维地图组合到一起（见图 7.4）。这两种思维地图分别是流程图和树状图，他用流程图为事件排序，用树状图来记录与这些事件相关的细节。**思维地图具有足够的灵活性，当学生面临的任务需要用到不止一种思维模式时，他们可以综合使用不同的思维地图。**如果这个例子中的学生只用到了流程图，那么他写出来的作文可能只是事件的罗列。而树状图则为他提供了更多与每个事件有关的细节，这些细节分别属于不同的故事阶段或事件。请注意流程图的形式是非线性的，这能让学生完整地构思自己的故事。

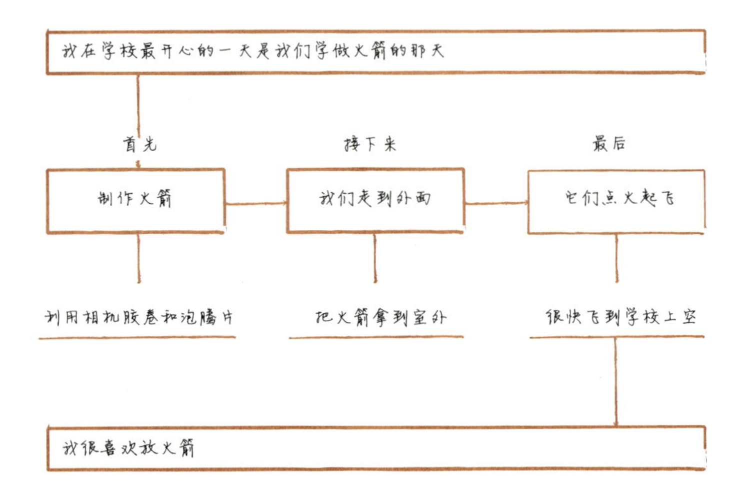


我在学校最开心的一天是我们学习制作火箭的那天。首先我们制作火箭。我们用相机胶卷和泡腾片制作火箭。然后我们到室外去。我们把做好的火箭拿到室外放好。终于，火箭点火起飞了。它们迅速上升。它们甚至飞到了学校上空。我喜欢放火箭。

图 7.4　流程图和树状图：组合记叙文的顺序和细节

随着学生的日益成长，他们用于写作的思维地图在形式上也会更为复杂。然而，思维地图、思维模式和写作这三者之间的关系依然很明显。图 7.5 是一张重新编辑过的思维地图。在这张思维地图中，八岁的卡尼分析了自己最喜欢的一个暑假以及她喜欢这个暑假的原因。首先她用部分复流程图列举了原因，然后又综合运用流程图和树状图来组织她的写作，以最佳顺序安排她的原因，并构思如何详细阐释这些原因。当卡尼开始动笔写她的作文时，最困难的构思已经完成了。在这个例子中，我们有必要注意多种思维模式——它们以常见的、清晰而灵活的可视化结构为基础——是如何被学生根据实际需要加以改动，以应对更为复杂的思维任务和更优美的写作的。

用于写作的思维地图对总括型学习者也很有帮助（参阅第 4 章）。在每个课堂上都有这么一些学生，无法像老师经常示范的那样，将写作的各项要素组合成一篇完整的作文。对这些学生，教师可以使用所谓的“逆向作图法”，由整体出发推及部分，以此来帮助学生分析自己的写作。首先由教师为学生提供一份针对特定文体的空白“思维地图模板”，之后请学生将自己写作的文章分解为不同的部分，并将这些部分填充到思维地图模板中。这样一来，学生立刻就能认识到文章中的“空隙”，即文章中有待完善的部分。到了这一步，学生将能够创建所需的内容，弥合文章中的“空隙”。

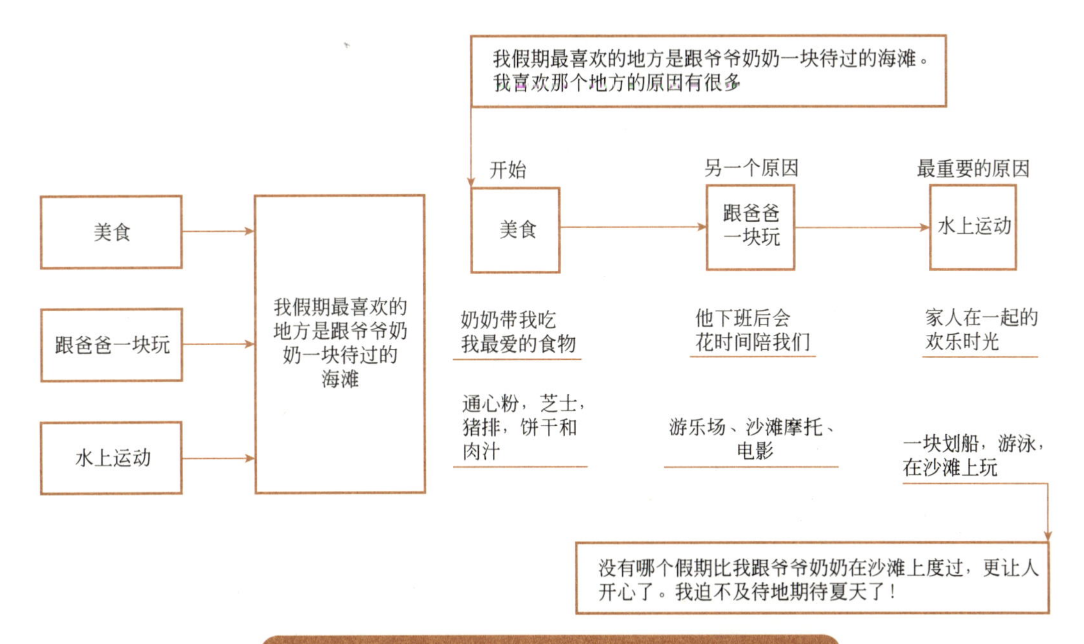


图 7.5　复流程图、流程图和树状图：构思说明文

思维地图的灵活性能让教师根据学生的具体需要调整自己的教法。艾丽西亚是个只有八岁的学生，在理解叙事文体的要素方面，她需要老师的特别辅导。她上课很认真，总是尽力去把作业做对。但是，当她按老师所教的方法用思维地图组织自己的作文时，她写出的故事却往往无法令人满意。借助逆向作图法，教师能够指导艾丽西亚进一步完善自己的故事。在老师的帮助下，艾丽西亚以逆向思维分析了自己的作品。（见图 7.6）

有天，我的老师海耶太太走进教室。她只说了一句“早上好”，把一个棕色的纸袋放在讲台上，然后就走出去了。

几分钟之后，“哎呀！”那个袋子动起来了！我很好奇袋子里装的是什么。突然，袋子里传来了“吱吱”的叫声，然后袋子倒了，一只老鼠从袋子里跳了出来。这时海耶太太回到了教室，她对我们说：“这是盖雷，我们班级的新宠物。”

我从没想过，我们班上的宠物居然会如此吓人！

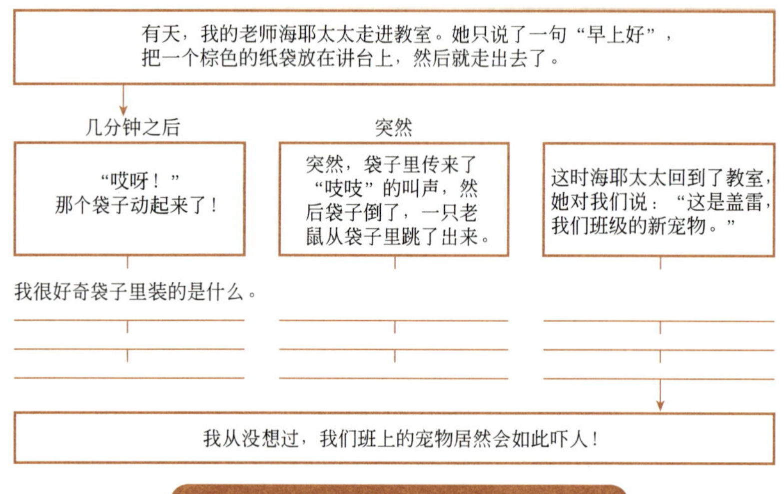


图 7.6　借助思维地图修改和完善作文

## ○ 清晰的思维，缜密的语言

学习不同文体的组织结构是学生写作的第一步。但写作内容的质量也很重要。得体的措辞和清晰精准的语言能赋予文章生机、色彩和声音。旨在开拓智力的 16 种心智习惯之一便是语言的精准性（Costa & Kallick，2000）。很多思维地图已经被证实能有效地帮助学生达成这一目标。举例来说，当一个学生描述一个名词（例如仙人掌）时，他必须思考两样东西，一是他拥有的词汇，二是恰当的词汇。正如马克・吐温所说：“恰当的词与差不多恰当的词之间的差距好比闪电与萤火虫的差距。”

多数教师头一次看到气泡图时，往往会根据它的形式把它当成另一种头脑风暴网络图。这并不奇怪。但在思维地图的架构内，气泡图依据的是辨认和描述事物特性的思维模式（用圆圈图能轻松实现这一点），而不是描述所有关联概念的思维模式。由于气泡图所代表的思维模式可以精准地辨认事物的特征，气泡图能在学生需要描述事物特性时引导他们选择更精准的语句和词汇。在这个例子中，学生把要描述的事物“仙人掌”写在气泡图的中央，并在它周围的小气泡里写上相关的形容词和副词。此时学生的直接目标是尽可能多地想出“能用来描述仙人掌的形容词”。他们接下来的目标是评估这些形容词，并从中选择最贴切、最独特、最精准的词。以这种方式，学生们将能像刻苦精进的雕塑家、歌唱家或运动员一样，精心斟酌自己的语言，并努力驾驭它。他们的写作水平也将由此提升。

## ○ 写作质量评价工具

随着州长和议员们纷纷将写作纳入州级教育标准，为顺应形势，我们也必须采取新的写作质量评价手段。过去采用的多项选择测试终将消失，因为新的写作质量评价方式将要求学生写出文章，并交由阅读者评判其质量。从教育趋势来看，我们当前的评价方式，比如规定学生必须以特定的格式或题材展开写作，也将被摒弃。因此学生必须具备针对不同文体的写作能力，以便在需要时选择最匹配的写作方式。

不久之前，得克萨斯州就实施了这样的写作评价：学生们可以根据给出的写作提示自由发挥。不论是在按要求写作还是延时写作[1]任务中，学生写作成败的关键都在于，他们能否借助不同形式的可视化工具把他们想表达的内容组织起来。经过长时间的接触和练习，学生们将能够获得一系列写作组织工具，并根据不同的写作任务选择最为合适的工具。除此之外，随着与写作的内容品质相关的思维过程得到训练，学生的整体写作能力将得以提升。

思维地图是提升写作能力的有效工具，不过只有学生们还懂得如何评价自己的写作水平，思维地图才能发挥其最大效用。大多数州的评价体系都采用有针对性的整体评分规则。整体评分能得出“总体印象”，但整体评分对后续提升学生的写作水平作用很有限。根据国际阅读学会发布的一份报告，与整体评分系统不同，分析计分的方式侧重于考察与优质写作相关的各个要素或特质，而且提供关于写作者及其作品水平的

[1] 延时写作，英文是 extended time writing，指一种日常写作，包含了研究、写作、反思、修改等步骤，时间跨度比较长。——编者注

大部分信息。分析计分制能为教师指导学生的写作提供最佳参考，因为它会单独评价学生习作的不同方面，并对学生在这些方面的表现给出相应的评分。

那些受过分析评分规则训练，懂得何为“优质内容”的学生有更大机会在写作评价中取得成功。在为学生提供写作指导时，借助思维地图组织写作和对自己的写作质量进行自我评价应该是教师最应该教给学生的东西。

## ○ 分享写作之道

多年来，教育界中有一部分人始终相信写作是英语老师的专属语言课程。但我们知道，这一情况已然变化。写作现在已成为覆盖所有年级、所有学科的学业责任。

如果我们把写作当成是与“培养学生的思考能力及辨认文本结构的模式”息息相关的一件事，那么所有学科的老师都可以教写作。思维地图为师生们提供了一套可视化语言，它能将写作和思维技能迁移到任何内容上。精确的语言、过渡词、对原因的阐释，这些都是学生们阅读用说明性文体撰写的教科书时需要理解的东西。如果学生能把这些阅读技巧从一个科目迁移到另一个科目，那么他们的写作能力就能提升，因为他们拥有辨认文本模式的能力。这虽然不是一项能轻易完成的任务，但如果给予教师适当的培训和目标，也是可以实现的。在为学生提供有效的指导之前，教师们必须对写作有足够的认识。如果我们希望学生能拥有良好的写作能力，作为教育者，我们的任务就是建立一种模式，在学生的心灵与书面文字之间架起一座桥梁。这座桥梁可以且应该帮助学生，以可视化的形式，对他们想要表达的东西加以组织。

写作并非易事。它是一种教师和学生都需要花时间培养的能力。它关乎对思维模式的认识和组建清晰文本结构的能力。它需要学生调用自己的创意和分析能力斟酌词句，不仅为自己，也为读者。写作的目标始终应该是“力求完美”，该用“猩红”一词时，就不要用“红色”。最重要的是，写作这件事关乎勇气，它需要写作者勇于向别人表达自己。写作能力能让我们辞世之后，还有一部分自己在世界上长存。正是词汇的交响让我们能够理解逝者的心灵和思想。我们必须把这项技能传授给那些对我们充满信任的学生。

## ○ 参考文献


- Buckner, J. (2000). *Write ...from the beginning*. Raleigh, NC: Innovative Sciences.
- Buckner, J., & Johnson, M. (2002). *Write ...for the future*. Raleigh, NC: Innovative Sciences.
- Clay, M. (1975). *What did I write? Beginning writing behavior*. Portsmouth, NH: Heinemann.
- Costa, A., & Kallick, B. (2000). *Encouraging and engaging Habits of Mind*. Alexandria, VA: Association for Supervision and Curriculum Development.
- Marklein, M. B. (2010, January 20). Group wants emphasis on quality in college learning. *USA Today*.Retrieved October 31, 2010, from http://www.usatoday.com/LIFE/usaedition/2010-01-21-collegelearning21_ST_NU.htm
- National Commission on Writing in America's Schools and Colleges. (2003, April). *The neglected "R": The need for a writing revolution*. Princeton, NJ: College Entrance Examination Board.

# 第8章 应对数学大考的挑战

简尼·马克林泰　教育学硕士

## ○ 直面自己和学生

从20世纪90年代早期开始，北卡罗来纳州开始进行重大教育改革，随后改革的力度不断加大。每年都要举行全州范围内的数学能力测试，还要针对要升班的小学生和初中生举行阅读测试。学生在这些测试中的表现和得分与他们的升班、学分及毕业有直接关系。那些有学习障碍的学生，必须跟普通学生一样，也要达到同样的标准才能取得中学毕业证，意识到这一点对我个人和我的职业生涯都有重要意义。在道义上，我很清楚我的学生们有赖于我和同事们，因而必须找到并开发一些策略，好让这些有学习障碍的孩子适应常规教育要求，克服自己所面临的学习困难、差距和不足，创造机会去获取高中毕业证书。对很多学生来说，这是他们正式学习生涯所能拿到的最高学历。

我任职的学校是位于落基山地区的乔治·R.爱德华中学。在教育改革之前，我那些被认为有学习障碍症的七、八、九年级的学困生——要么被认为有学习障碍，要么学习效果很差——他们只会基本的整数计算和十进制运算；只认得最近五分钟的时间；只在买低于 20 美元的东西时才懂得如何找零；对了，他们也许学过分数运算。如今，我的学生们在认知水平上有了很大提升。他们已经能掌握立体几何、平面几何、指数、科学计数法、二元方程等数学概念，还能解线性和非线性方程式。这只是他们掌握的知识的一部分而已。我们的研究证实，这些学生已经能理解和运用这些概念。他们与过去的自己相比有天壤之别，这要归功于思维地图的帮助。

从将思维地图纳入教学之初，有学习障碍的学生和那些普通学生一样，都不仅能理解新概念，还表现出精确的理解和运用能力，这让我非常吃惊。十年来，我所在学校的教师们都认为，思维地图能够帮有学习障碍的学生有效地适应教学环境，在克服学习困难和认知不足方面有极大的作用。作为一种可视化语言，思维地图具有简明清晰、连贯一致和灵活多变的特性。它通过在学生已经掌握的知识和要学习的新技巧之间建立联系，能为年龄各异、学习能力各异的学生带来帮助。举例来说，借助圆圈图和框架图（见图 8.1），我能让自己的学生在真实的情境中认识到坐标平面概念之间的联系。

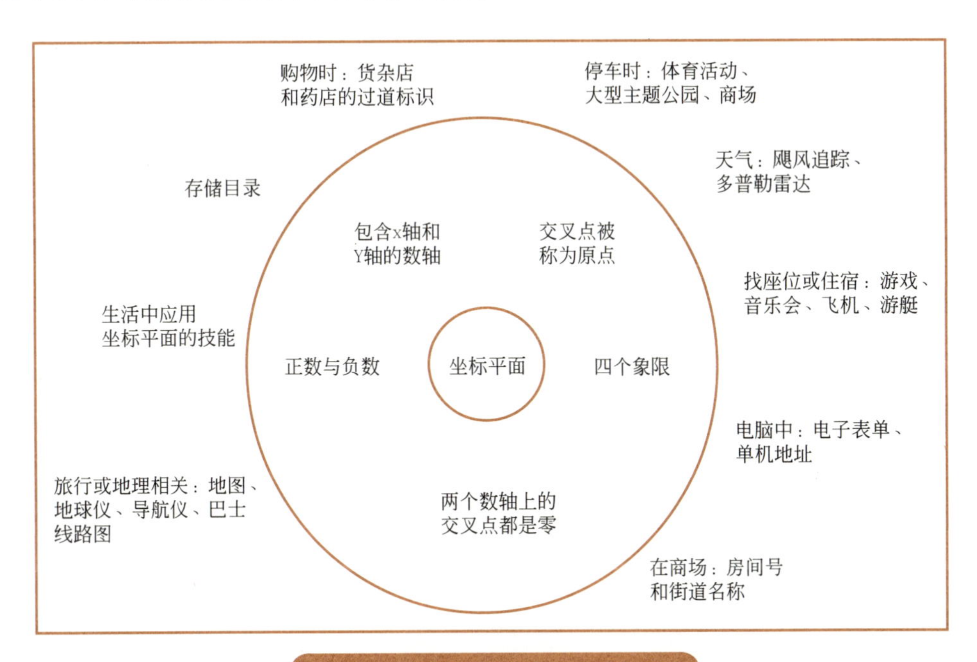


图 8.1 圆圈图与框架：坐标平面

十多年来，无数类似于上图所示的例子带来的成效，让我深信思维地图的价值。

我同样知道在现代以数据驱动的教育界，学生的表现必须得有实实在在的、可量化、可复制的数据做支撑才称得上有效。我利用自己 1999 年至 2000 年做克里斯特 · 麦克李菲学者（Christa McAuliffe Fellow）的机会，进行了一项有对照组的研究，以判断思维地图对学生数学能力提升的效果。我发现，思维地图纳入教学一年后，学生期末考试的成绩表明，不论是特殊学生还是普通学生，这一年里思维能力的进步相当于以往四年的进步。

## ○ 确定的经验

在把思维地图融入教学活动的头两年里，一系列的经验让我确信，思维地图对提升学生的表现的确有积极效果。很多次，当我把学生取得的成绩分享给别人时，别人对我说："没错。但是简尼，你是个很棒的老师。"而我会回答说："我知道我是个好老师，但学生能取得这样的成绩不全是我的功劳——而是思维地图的功劳！"我将思维地图用于教学活动的每个阶段：从指导性地、独立地讲授某个给定课题的先行知识，到进行课程发展的评价和自我评价。如果我需要培养学生的特定能力，哪怕我运用的是同一种思维地图工具，我也可以根据不同学生能力水平采用不同的教法。图 8.2a 和图 8.2b 展示了两个学生创建坐标图时借助流程图排序的过程。请注意这两位学生能力程度上的差异。

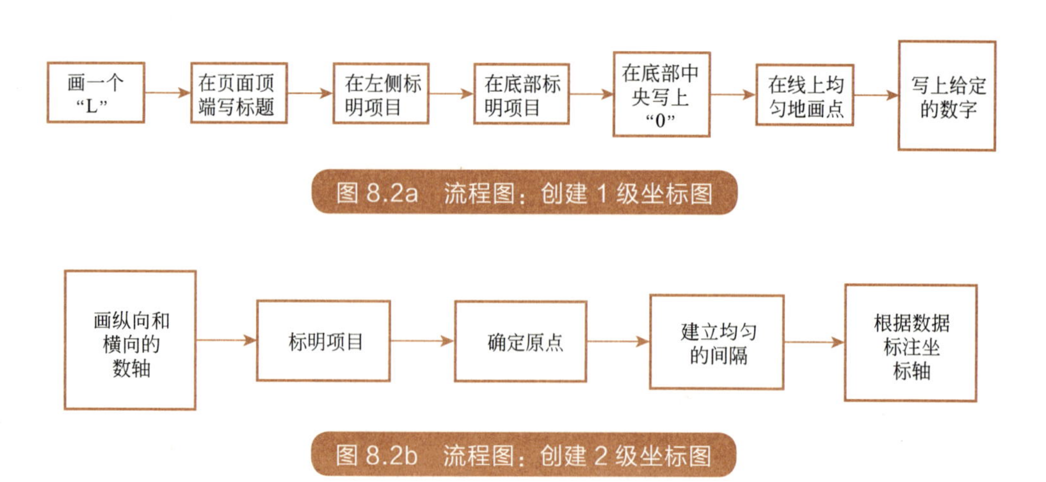


图 8.2a　流程图：创建 1 级坐标图

图 8.2b　流程图：创建 2 级坐标图

图 8.3 是一幅桥型图。其功能是进行类比。在这幅桥型图中，创建者将日常语言与经过设计的数学语言进行了类比。这是思维地图为学习数学语言的学习者搭建思维框架的一个例子。

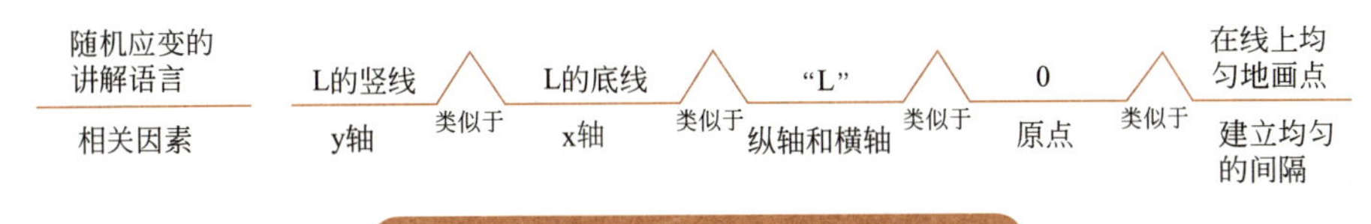


图 8.3　桥型图：用于建构数学语言

思维地图不仅能让学生对自身的认知和元认知风格日渐明晰，也能让我们了解学生的元认知模式，从而合理地评价学生固有的学习优势和弱势。

我在课堂上，通过采取这种教法，11 名有学习障碍症的学生中，6 名学生的数学成绩达到了“良好”或“优异”。在一年的时间内，八年级学生掌握的内容比教育标准要求的还多 46%，其中一名学生的成绩足足进步了 21 分。在另一个更需要帮助的群体中，84% 的有学习障碍的学生，在接受了高强度的数学辅导后，最终通过了补考。不言而喻，如果能将思维地图持续而频繁地融入数学教学中，这些有学习障碍的学生平均一年就能取得两年的进步。

## ○ 学业成就：成长的收获

1999 ～ 2000 年，我获选成为北卡罗来纳州的克里斯特 · 麦克李菲学者。为了测量思维地图对北卡罗来纳州八年级的学困生在数学成绩进步上的效果和可量化数据，我开展了一项独立研究。该研究的对象是纳什 - 洛基山公立学校里 291 名有学习障碍的八年级毕业班学生。洛基山公立学校位于北卡罗来纳东部，它的学生多数来自城市贫民区和农村地区的中下层家庭。学校所在的地区本以种植烟草的农场为经济来源，后来逐渐转变为包括银行业、餐饮业、机械工程、生物科技公司总部和各种机构在内的多样化经济体。学生的构成也反映了这种多样性：50% 的学生是非裔美国人，50% 的学生是白人，还有一小部分是移民和母语非英语的学生。

全校在八年级任教的教师中，大约30%参加了全年的思维地图专业培训。这些培训包括：跟随案例资料和影像学习的每月跟进课程、课堂观摩、现场指导，以及协助收集有关思维地图的使用频率和种类的案例和日志。该培训为教师提供了两百多种用于数学教学的思维地图应用模式，与所有课程目标和州政府规定的教材保持同步。

由于州政府测评学生的发展进步情况，采取的是前后测试的设计模式[1]，用来测评六到七年级发展进步的测试分，在应用思维地图之前出炉；而七到八年级的测试分，则在思维地图策略实施之后出炉。因此，北卡罗来纳州连续三年的年级末考试成绩，都被强制纳入项目以供对比。个别学生会因为一些因素而不能参加测试，这些因素包括患病、特许免考、转学和搬家等。研究涉及的261名学生中，连续三年有成绩可查的共有133名。根据个人表现来看，这些学生的发展进步得分，在实施思维地图教学策略后，都有巨大的进步。

这些特殊的孩子，都是七年级的学生，来自三个不同的学校，所处的学年为1997～1998学年和1998～1999学年，当时麦克李菲学者项目（1999～2000）尚未实施。关于这些学生的平均发展进步情况，请参考表8.1。其中包括（麦克伦泰学校）我班上学生的数据，在1997～1998学年和1998～1999学年，我用了思维地图教学，他们在这两个学年的进步都超过了优秀进步标准。而且在一个对比案例中，他们的进步几乎是另一所学校七年级学生进步的7倍。表8.2展示了在1999～2000学年，参与麦克李菲学者项目的八年级学生，分别在1999年的前测和2000年的后测发展进步分。

**表8.1　七年级学生的进步情况测试结果**

| 学校 | 特殊儿童的数学发展进步得分 | |
|---|---|---|
| | 1997—1998 | 1998—1999 |
| 期望值 | 5 | 3.8 |
| 优秀值 | 5.5 | 4.3 |

[1] 前后测试的设计模式，这是一种常用的实验方法，此处，六到七年级的测试分在实施思维地图策略之前出来，是为前测。七到八年级的测试分在实施思维地图策略之后出来，是为后测。两组测试分进行对比，以便从数据上观察思维地图策略是否有效。——编者注

续表

| 学校 | 特殊儿童的数学发展进步得分 | |
|---|---|---|
| | 1997—1998 | 1998—1999 |
| 爱德华中学 | 6.25 | 3.7 |
| 纳什中心中学 | 4.33 | 1.6 |
| 南纳什中学 | 3.88 | 2.7 |
| 麦克伦泰学校 | 7.33 | 7.6 |

表 8.2　八年级学生的进步情况测试结果

| 学校 | 参与麦克李菲学者项目学生在 1999 ～ 2000 年的发展进步得分 | |
|---|---|---|
| | 前测 | 后测 |
| 期望值 | 3.8 | 3.7 |
| 优秀值 | 4.3 | 4.2 |
| 爱德华中学 | 4.93 | 8.02 |
| 纳什中心中学 | 1.28 | 6.94 |
| 南纳什中学 | 1.33 | 9.71 |

在 1999 年的前测中，对这些学生的期望进步分是 3.8，而优秀进步分是 4.3。数据告诉我们，参与实验研究的学生中，纳什中心中学的学生分数为 1.28，而南纳什中学的分数则为 1.33。也就是说，在当年的测试中，只有爱德华中学的学生，他们在一定范围内采用了思维地图，达到了期望值。事实上，他们超过了期望值。

在 2000 年进行的后测中，由于在教学中采用了思维地图，纳什中心中学的学生平均成绩提高了 5 倍，南纳什中学的学生平均成绩则提高了 7 倍。跟我们预料的一样，在那些之前从没有采用思维地图教学的兄弟学校，学生个体的进步最明显。爱德华中学进步相对较小，这可能是因为有六周的时间，我没有教学，而是去做思维地图研究了。原本被认为表现较差的 133 名学生中，71 名在首次测试中就达到了熟练水平。

我们从这一时期进行的“高风险测试[1]”所了解的信息及其可信度还需要持续研究。但至少有两个发现是确定的：

[1] 高风险测试，指测试结果对考生有重大影响的测试，比如选拔性测试类似于我国的中考、高考。——编者注

1. 在日常数学教学中引入思维地图后，学生们的学习和州测试结果（证明掌握程度）超过了优秀发展进步值标准。

2. 在数学教学中应用思维地图策略是可复制的

## ○ 思维地图：通往成功的桥梁

上面的数据体现了学生在数学成绩方面的显著进步，那么思维地图究竟为何能帮助学生在这些测验中提升成绩，又是如何提升他们成绩的呢？定性测试结果（老师和学生们的案例报告及教学日志）表明，思维地图对学生数学能力的促进作用体现在，思维地图能以清晰的可视化形式让师生们解释、理解、监测和评价数学模型及数学问题。

那些喜欢数学、乐于学习新的数学概念的学生往往是具备较强分析能力的学生。按有些老师的话说："教会学生使用先行组织者的确有助于提高学生对重要信息的记忆力。这正是我们所期望的（Deshler, Schumaker, Lenz, & Ellis, 1984）。"不止如此，瓦拉斯（Wallace）和麦格劳里（McLoughlin, 1988）认为：有学习障碍症的学生"在解构、获取、检索、整合或关联、表达、排序、分析和评价信息方面有各种困难。"但借助思维地图，教师们能将分析思维以可视化形式模拟给学生看，这大大增加了他们发展、实践、提升和运用分析技能的机会，这些分析技能是理解及处理数学概念所必需的。

除了分析能力不足外，部分学生还有学习障碍、分辨能力欠缺或其他影响数学成绩的问题。在树状图中（见图 8.4），西塞尔·梅瑟（Cecil Mercer, 1983）融入了思维地图的应用举例。这样应用思维地图直接致力于帮助学习数学困难的学生，消除信息获取和行为控制方面存在的问题。从这张树状图中我们可以清晰地看到，语言和程序对学生的数学理解能力有很大影响。

学生不仅需要增强自己理解数学概念的能力，还需要理解构成数学概念的符号和多重步骤。下面的多幅思维地图（图 8.5a-c）演示了“坐标平面”的概念，在借助思维地图学习这一概念时，教师和学生共同协作以理解绘制和使用坐标平面的语言、过程、要点及目的。

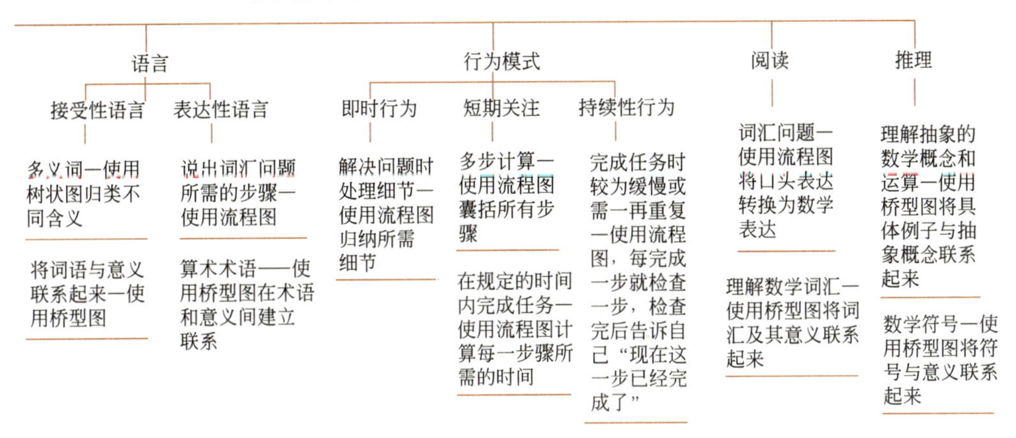


图 8.4 树状图：思维地图对消除学习障碍的作用

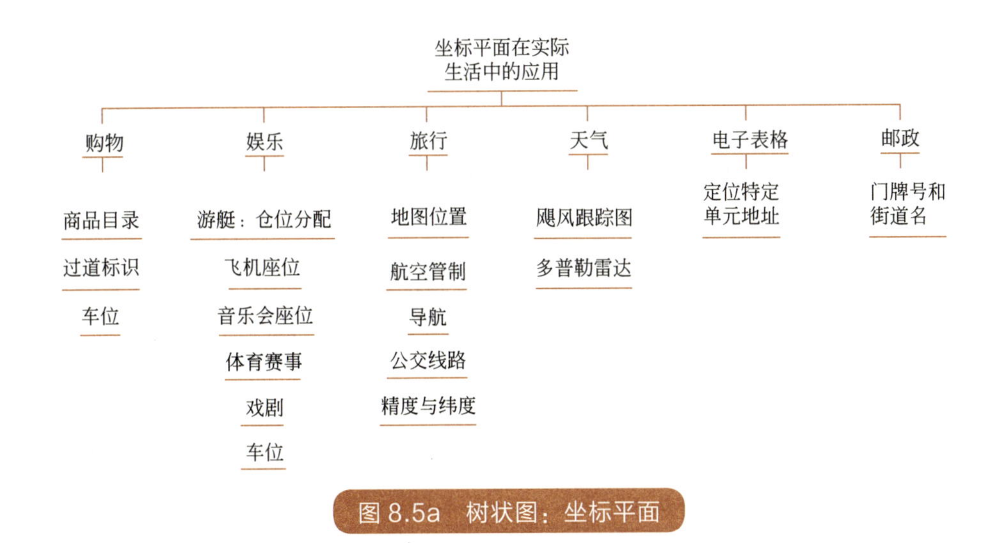


图 8.5a 树状图：坐标平面

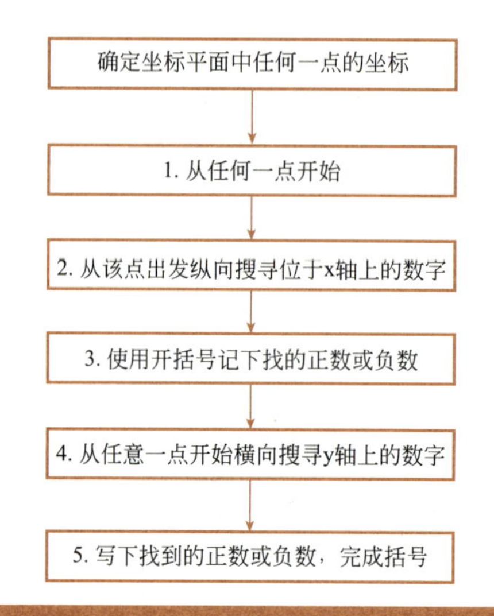


图 8.5b 流程图：确定坐标平面中各点的坐标

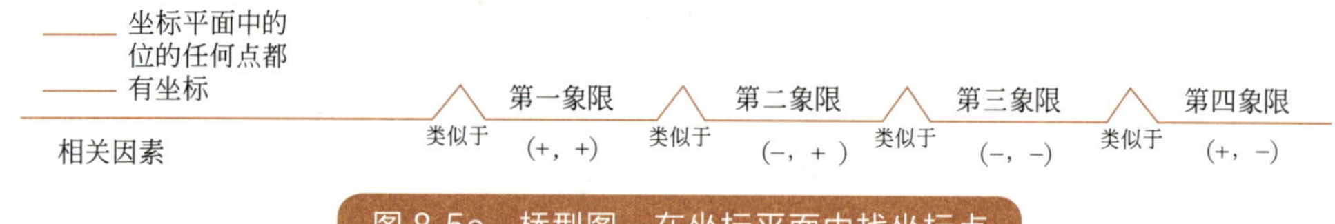


图 8.5c 桥型图：在坐标平面中找坐标点

我们也知道，根据大脑基础研究和情商理论（Goleman，1995），只有新信息对学习者有相关性、意义或情感联系时，有效学习才能发生。通过使用思维地图，特别是参照框架，我们能以与大脑天性（天然偏爱图像，建构模式、秩序、关联和流程的特性）相匹配的方式建构图表，将日常应用与数学目标联系起来。学生们也应该意识到：虽然通常我们只可能在数学课上被要求“找出某点的坐标”，但在现实生活中，这一技巧也会用到，只是我们不称之为“找坐标”。数学学习的每个目标都可以，而且应该跟现实应用相结合，以增强数学知识与学生的情感联系，增强他们掌握数学技巧的意愿。

我们可以看到，思维地图有助于培养师生之间清晰、有深度且有意义的交流。如果教学手段有效、教学目标清晰、学生有大量成功的机会，那么学生的自信就会提升，他们会更有意愿承担合理的学习风险，这最终会形成不断进步的良性循环。有种说法认为，一切知识无非是对数学的阐释或应用。基于这种说法，“对数学的阐释”应包括词汇、定律、公式、法则和数学家的贡献——总之，包括一切以事实为基础的真实信息或绝对真理。除此之外的知识统称为应用知识：如何将一个角平分，或利用毕达哥拉斯定理求直角三角形的边；如何在平面坐标中，确定某个点的位置；如何求得一组数的平均数、中间值、众数和值域等，所有这些例子都涉及程序性知识。由于数学固有的程序性，这样的例子还有很多。运用流程图来处理流程性问题，学生们能自我引导或被他人引导，从现有基础出发，以惊人的速度习得并进而掌握课程目标。

一名就读于爱德华中学的学生，这样解释思维地图将抽象思维和数学模式转化为具体的可视化图像的过程："思维地图能把数学课堂上复杂而抽象的概念变得简单。借助思维地图，你能看到你在哪里犯了错，而且能以简明易懂的词汇说明运算过程。真希望早就有人教我以这种方式学数学。现在，我能全部听懂数学课了。"这位学生又补充道："思维地图用得越多，我理解的知识就越多，做起作业来就越容易。"

学生们在组织能力、自我效能和学习态度上的变化，也让教师们欣喜不已："学生们很感兴趣，越来越擅长组织和改进思维地图笔记……总是主动随身携带他们的数学思维地图。那些认识到这种工具益处的学生，会主动用之前的思维地图来检查现在的工作。能帮助学生建立学习策略成为独立学习者，我备感鼓舞。"学生和老师们都认为，思维地图有助于学生更好地阐述自己的思维过程及在元认知层面上进行自我评价。原来组织能力欠缺的学生现在有了清晰的路线图可以遵循。

数学教师一般是条理性和分析能力都较强的人。由于我们习惯于这样的思维方式和参照框架，有时我们会忘记，别人并不必然与我们一样思考问题，特别是认知能力尚处于形成期的青少年。以思维地图为辅助工具获取数学知识的方式，将迫使有高度条理性和分析能力的教师，从学生的角度去看问题，从而了解学生真正需要的是什么，以帮助学生掌握所需的技能，同时针对特定的学生群体选择合适的语言。

用于排序的流程图，其图形设计在数学、英语、科学、社会学、体育、艺术、外语等不同科目中，同样可以发挥作用。与认知进行反复而连贯的连接，对帮助学生，尤其是有学习障碍的学生，使他们在教育的方方面面变得更加高效、井井有条，是极为有益的。学生在学习上的成功，转而又会增强他们的自信心和参与适当的学习活动的意愿，学生也会因此更愿意在教育中承担相应的风险。随着对整套思维地图语言的熟练和内化，学生们将能够名副其实地说：“我明白你的意思了。”

## 超越分数

上面提及的学生在发展和认知方面的收获，对学生的教学、评价、服务和期望，都有重大意义。在检查各实验组的得分数据（包含小数和百分数）时，我们也许会忘记这些数据代表的其实是一个个学生个体。这些数据打消了我对思维地图（作为学习工具）是否有效的疑虑。思维地图确实能增强学生的思维能力，并对他们的自我价值感产生涟漪效应。当我告诉一名学生他的测验成绩时，思维地图的巨大效果深深震撼了我。当时，他走近我的桌子时，非常紧张。他预期自己不会考过，低垂着头问我：“我没考过，对吧？”“事实上，”我回答说：“你考过了。”这名身材高大的八年级学生，眼中迸出了泪花，他一把抱住我转起圈来。我们立刻把这个好消息分享给了他的母亲。这名学生和他的家人都松了一口气，赞美像潮水一般朝他们涌去。他欢呼道：“我很聪明——我能做到！”正是这件事，让我理解了我努力的意义。

## 参考文献


- Deshler, D. D., Schumaker, J. B., Lenz, B. K., & Ellis, E. E. (1984). Academic and cognitive intervention for learning disabled adolescents, Part II. *Journal of Learning Disabilities*, 17, 170–179.
- Goleman, D. (1995). *Emotional intelligence: Why it matters more than IQ*. New York: Bantam.
- Mercer, C. (1983). Common learning difficulties of LD students affecting math performance. *In Arithmetic teacher* (p. 345, Table 14.2). New York: Reston Publishing.
- Wallace, G., & McLoughlin, J. A. (1988). *Learning disabilities: Concepts and characteristics*. New York: MacMillan.

# 第 9 章
# 科学探究：像科学家一样思考

洛 - 安妮·康罗伊　文学硕士
大卫·海勒　教育学博士

你是否注意过，在过去十年里，不同领域的科学家们——如生物学家、神经学家以及社会学家——在谈及自己对天气、生态系统、人类基因系统，当然还有人类大脑等复杂领域的理解和如何解决这些领域的相关问题时，使用“绘图”一词有多么频繁？

在研究、探索、发明、创造和分析型思维等方面，“绘图”已经成为一个无处不在的比喻。它是人类在 21 世纪以可视化方式呈现知识的新方式。甚至还产生了一个新学科：知识绘图学。科学家们越来越意识到，我们必须主动学习如何把零碎的知识和数据分门别类地绘成图表（就像我们的大脑在无意识状态下做的那样）。

科学家们正在为人类染色体、大脑和身体系统绘图。大脑运转的基础就是发现模式并绘图，因此，甚至我们对自己思维模式的探索也要依靠绘图。比如，我们用功能性磁共振成像技术（fMRIs）来呈现我们的身体器官。这些器官每时每刻都在或主动或无意识地为我们绘制着我们周围现实中的图像。这是因为现在我们已经接受了这一观念：只有当我们用联系而不是孤立的观点看事物时，我们才能更完整地理解世界。在21世纪，图表的广泛运用，体现了“内容性”知识生成和呈现方式的转变。从这个意义上说，我们呈现知识的形式也是科学流程、探究和创新的一个维度。

思维地图是一种简单的模式语言，它能为教师及学生探索并表征线性和非线性结构提供支持。这些可视化工具的基础是具有生成性的认知结构，如果能被融会贯通地运用的话，它们的运行机制与我们大脑的运转方式是一致的。接下来，我们首先会考察构成思维地图基础的认知模式与科研模式之间的关联，然后会对思维地图工具在从小学到高中的课堂教学中的运用情况做一番调研。

## ○ 科学流程与思维地图

在自然科学学科方面，我们该如何让从K12学校到大学再到职场的学生把自己绘制的图表转化为真正的知识？让我们从基础开始。图9.1清晰呈现了思维地图所依据的认知模式及科学研究的基本模式之间的直接关联。基于二者的关联性，师生们可以获得一些模式工具。他们可以借助这些工具理解科学概念并最终开展深入的科研活动及探究式学习。当你阅读二者之间的关联时，请注意这一点：正是我们平时所认为的简单而低端的认知技能，构成了科研活动的基础。

科学教科书中常用的科学方法由假设开始，以实证结束。这一方法是线性的，较为烦琐，往往很枯燥。但这一方法中包含的科学思维、科学发现、问题解决之道和科学创造却不是线性的，它们涉及信息内部复杂的非线性模式、依存关系和系统性。科学家们的思维方式包括：

- 根据具体情境定义问题（圆圈图）
- 描述事物的特性（气泡图）
- 对事物进行比较并建立评价标准（双泡图）
- 建立谱系和层次（树状图）
- 分析物体部分与整体之间的关系（括号图）

- 为事物安排次序（流程图）
- 分析来自生理层面的反馈（复流程图）
- 使用类比和比喻来理解概念（桥型图）

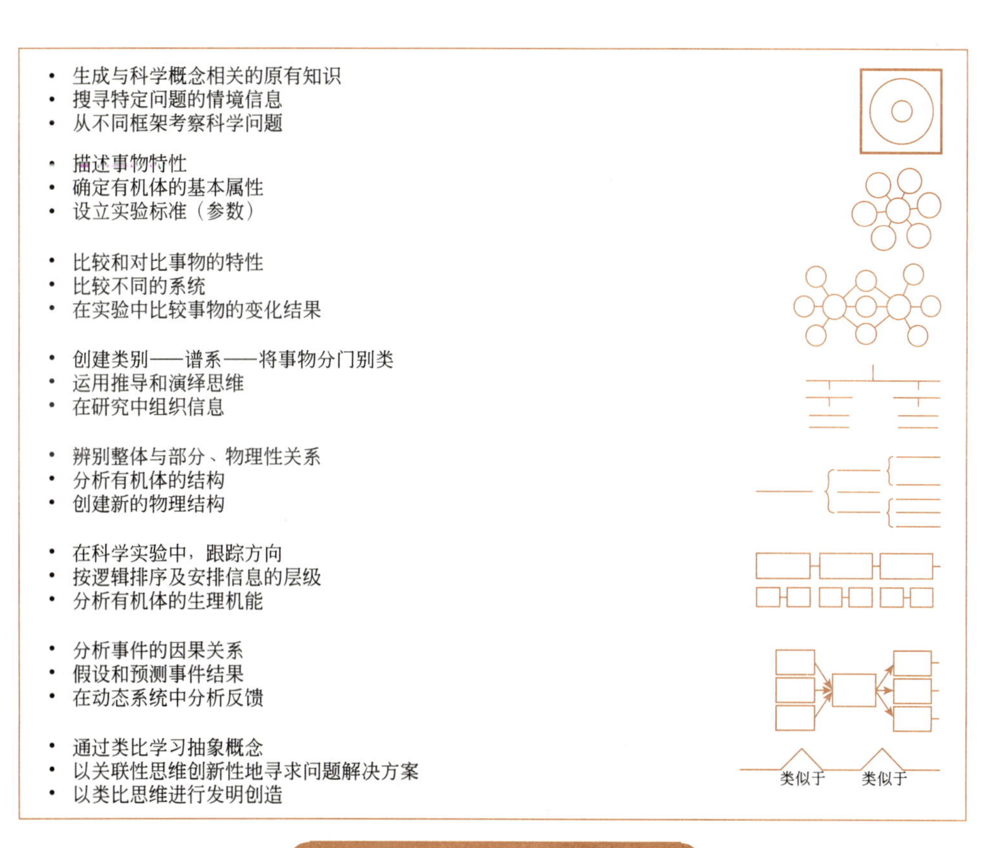


图 9.1　基本科研模式与思维地图

总的来说，科学家们常常受到其领域内固有研究和理论模式的制约和（或）助益。在最好的情况下，科学家们会尝试着反思他们的信仰系统和现有研究体系会如何影响自己的偏见、认知观念、研究方法及对证据的解释。在思维地图的语境之内，我们或许会在思维地图周围画上一个长方形的框（即参照框架），以确认或反思个体因素和文化因素对思维的影响。

这一切如何在课堂上实施呢？首先，让我们来看一份小学的个案研究。这份研究着眼于学生进行科学发现时的协作学习及如何为进一步的数据分析创建评价量规[1]。之后，我们会看到另一个高中生的例子，她把整本生物课本都绘成了思维地图。以这些个案为基础，我们将深度了解思维地图可以哪些方式融入科学探究模式。

## 用思维地图描绘科学流程、模式和探究方法

鲍勃·法蒂（Bob Fardy）刚开始对思维地图在课堂教学中的效果展开系统评价时，还是马萨诸塞州康科德市的一名科学教育协调员，参与多所二年级课堂的教学工作。他会记录学生们的协作学习情况并报告其结果。在我们将看到的下述报告中，鲍勃谈到了他使用不同的思维地图和参照框架帮助学生理解不同的岩石类型及为进一步的科学探索建立评价量规。在报告中，他展示一系列如何将思维地图融入课堂教学的实践方式，这些方式与学生的身心发展相适应，且具有反思性。

### 使用多重思维地图研究岩石分类

鲍勃·法蒂

在开始学习“岩石与矿物”单元时，我向学生介绍了三种类型的思维地图：圆圈图、气泡图和双泡图。在我们学区中，当学生开始学习新的内容或单元时，教师一般会使用 KWL 策略（Ogle，1988 ~ 1989）。在新课或新单元学习之初，这一策略能有效地帮助学生发现他们已掌握的知识（K）、他们需要掌握的知识（W）以及他们想要掌握的知识（L）。当师生双方都熟悉了这一策略后，我向学生们介绍了圆圈图，并问他们对岩石有什么了解。对学生而言，圆圈图（图 9.2）被证明是一种有效的头脑风暴方法。我把学生的反应记下来，并填写在气泡图中央及周围的圆圈之内。借助思维地图，我有意识地避免了罗列众多任何形式的线性条目或内容组块，也避免了将学生可能形

[1] 评价量规，是一套对学生的作品、成果、发展进步、表现或成绩进行评价的标准。——编者注

成的有条理或有层次的反应和（或）互有联系的发言以线性方式列出，这样一来，圆圈图便成为课堂活动的一面镜子，即时反映了学生对思维、观点和信息的熟悉度及运用灵活度。随着学生继续通过头脑风暴提出他们对岩石的了解，我开始意识到，圆圈图不止能反映学生的反应。思维地图同样是一扇窗子，透过它我可以了解和评价学生的思维方式。它让我得以确认学生已有的知识，并发现学生可能有的错误认知、找出替代性参照框架。事实上，圆圈图作为评价工具和头脑风暴工具都很有效。

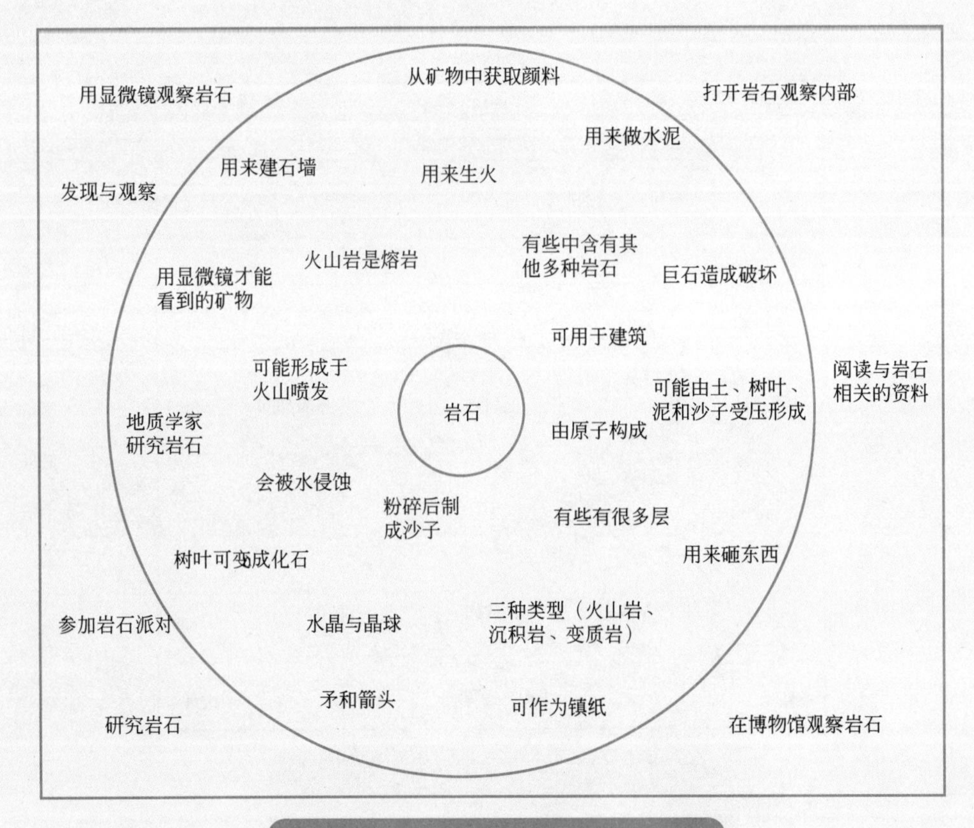


图 9.2　圆圈图：你对岩石了解多少?

对我来说，思维地图与其他可视化工具的显著不同在于“参照框架”。作为一种元认知工具，它为课堂学习又增加了一个维度。当我和学生们浏览圆圈图时，我们一致意识到：“原来我们对岩石已经了解了这么多了！”接着，我们把注意力转向参照框架。我问学生们："你是从哪儿获得这些与岩石有关的知识的?"为了回答这一问题，学生们开始思索自己的学习方式，同时他们也把自己获取知识、建构意义的多种途径告诉我。借助参照框架，学生们对自己"理解和学习"的方式有了更清晰的认识。

在了解并评估了学生原有的知识之后，我把岩石样本（花岗岩）发到每个学生手中并引入气泡图。学生们用放大镜从不同的角度对花岗岩样本进行观察，并用气泡图记下自己对花岗岩的描述。几分钟之后，学生们彼此交换了自己制作的思维地图（图 9.3）。

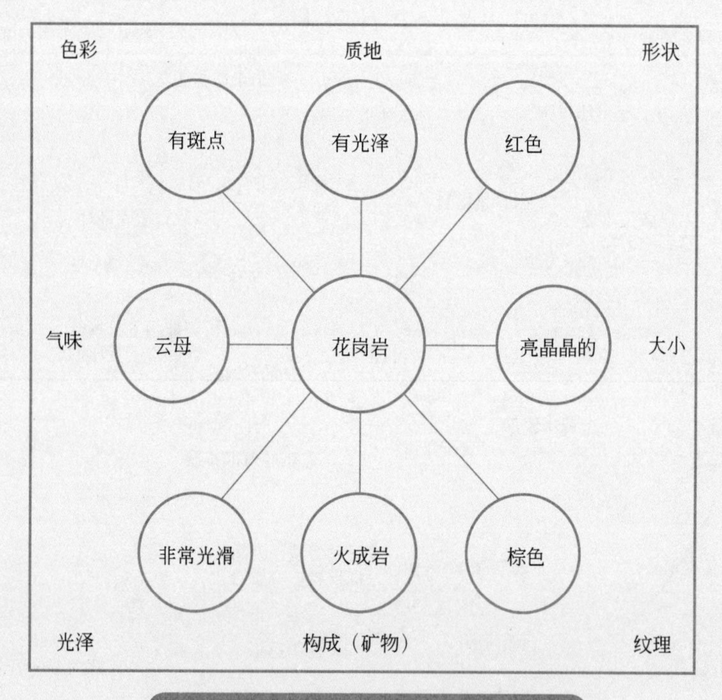


图 9.3　气泡图：描述花岗岩的特性

更为重要的是，通过分享彼此的思维地图，这些二年级的孩子们确认了他们原先观察到的岩石的各种特性：颜色、质地、形状、纹理、色泽、岩石中的矿物（构成）、大小和形状。我们总结了一份岩石特性表单，并把它称为"我们的岩石资料库"。学生们后续对更多岩石样本（片麻岩）进行观察时会时不时地回顾一下这份“岩石资料库”。他们把对新岩石样本的观测记录在新的气泡图和参照框架中。在与同学们分享了与花岗岩有关的气泡图之后，学生们以岩石资料库为指南，对片麻岩进行了更多观察和记录。随着学生对片麻岩的特性发现得越来越多，他们开始扩展自己的气泡图，添加了更多描述岩石特性的“气泡”。进行到这一阶段，学生已经能更为熟练地运用思维地图并根据自己的需要对其加以改动了。对学生们来说，气泡图并非是静止的“气泡填充表”，相反，它是一种动态的、多功能的、开放的图表工具，它具备适应不同思维的弹性。

在这堂课的总结部分，我问学生们：“花岗岩与片麻岩有何相同和不同之处？”为了比较这两种不同的岩石，每个学生手边都有两种岩石的样本。为了更好地进行讨论，学生们同样有两幅气泡图在手边。这两幅图可以融合成第三幅思维地图，即双泡图（见图9.4）。

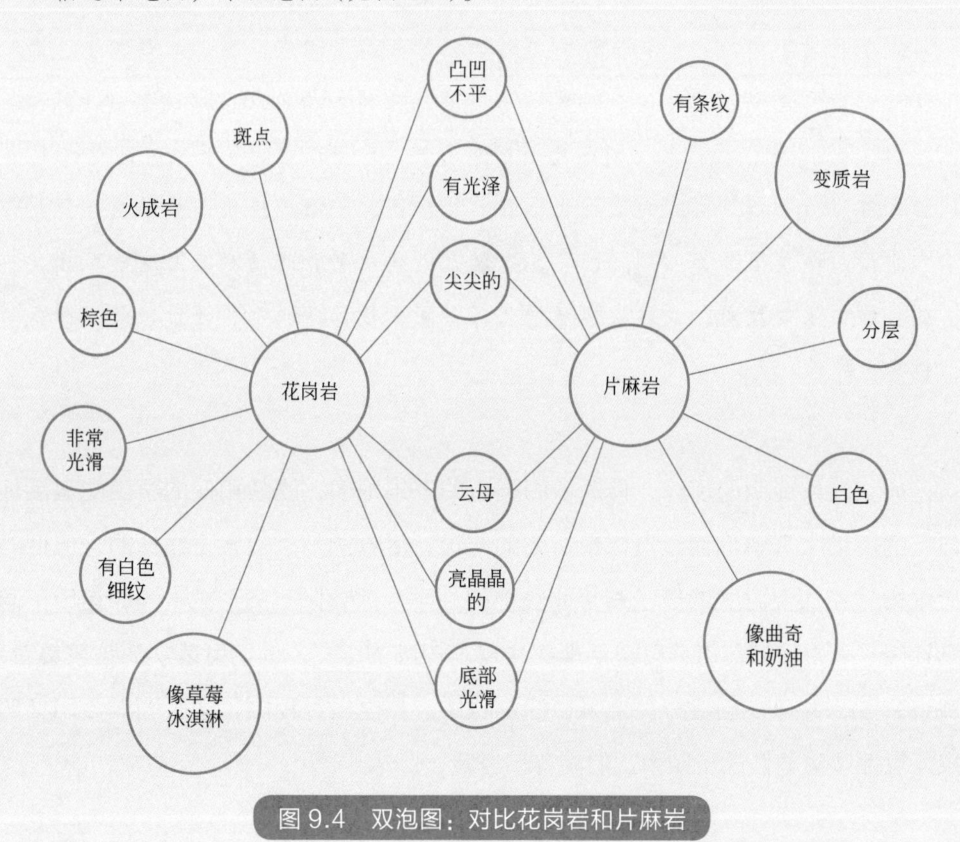


图9.4　双泡图：对比花岗岩和片麻岩

在科学领域，学生们经常需要比较自然界中的以及与自然界有关的物体、有机组织、现象、事件和观念。根据我的经验，教师和学生在进行比较和对比时，常常把韦恩图（Venn diagrams）当作他们需要的组织图。但据我观察，这类可视化组织图——比如韦恩图——往往有问题。孩子，尤其是年幼的孩子，作为具象思维学习者，有时会用到此类格式固定的图表。不过，如果用韦恩图呈现的交叉部分相对狭窄，那么是不是意味着，它能提供的比较范围也很有限呢？如果我让学生们使用韦恩图比较花岗岩和片麻岩，他们又该如何找出两者重叠的特性呢？在比较花岗岩与片麻岩的不同时，气泡图无疑更为“友好”。它首先会引导学生从创建单独的气泡图开始，这与建构主义的学习理念更加一致。

在“比较岩石和矿物特性”第一课结束后，学生们将有机会观察和描绘另外十种岩石的特性，包括砾岩、砂岩、浮石、黑曜岩、页岩、石灰岩、大理石、玄武岩和花岗片岩。对这些岩石的探索将成为第二节课的基础（第二节课将在一周后进行）。届时学生需要利用自己已经建立的分类系统来对这12种岩石进行分门别类。之后，我会引入树状图，并结合树状图教学生学习科学的另一个重要方面：划分门类，也就是创建谱系。通过对使用这些可视化工具的效果的反思，我发现把可视化工具用于授课、教学和评价，既有回报也有挑战性。

正如实践所证明的那样，借助不同类型的思维地图，鲍勃和他的学生能灵活地调动自己的思维去理解他们经过探索得到的结论。尽管鲍勃的教案是线性的，但他对学生思维模式和探究方式的要求却是非线性的。学生需要以不同形式——即运用不同的思维地图——去处理信息，以灵活地建构自己理解的意义。他们可以从头脑风暴着手，形成资料库，并最终创建分类谱系，即树状图。在这一过程中，学生同样会用参照框架来反思那些影响自己认知模式的内容和经验。

## ○ 用思维地图描绘生物书

现在，让我们把目光转向一个能熟练运用思维地图工具的优等生，她凭一己之力花一学年时间把整本生物教科书都绘成图表。几年前，我们收到一份资料，是一位在芝加哥郊区教书的老师寄来的。她和她的同事们在自己的学校系统地教过学生使用思维地图和思维地图软件（Hyerle & Gray Matter 软件，1997，2007）。他们的训练在很高的水平上展开（参阅第 10 章）。图 9.5、9.6、9.7 就节选自这份文件。它的内容比我们的节选更为丰富，包含 40 幅思维地图。这些地图是花了一年时间用思维地图软件生成的。随着学习的进展，师生们在不同的阶段使用到了思维地图的所有图形（8 种）对学习进行形成性评价。在绝大部分学习内容中，学生们会自行决定哪种思维地图能精准而清晰地反映出文本的关键信息。例如，学生们可以用树状图来呈现肌肉细胞及其特性，用流程图来演示细胞循环机制，用括号图来演示肌肉数十个组成部分之间错综复杂的联系。

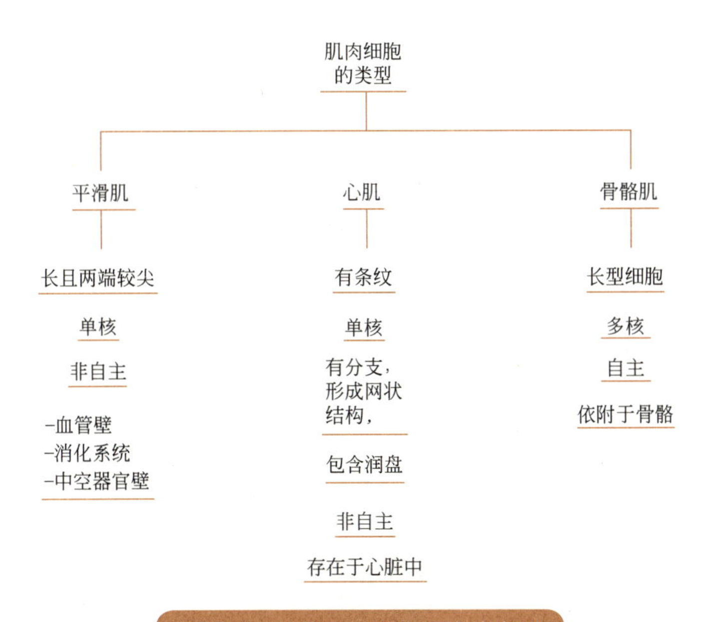


图 9.5 树状图：肌肉细胞的类型

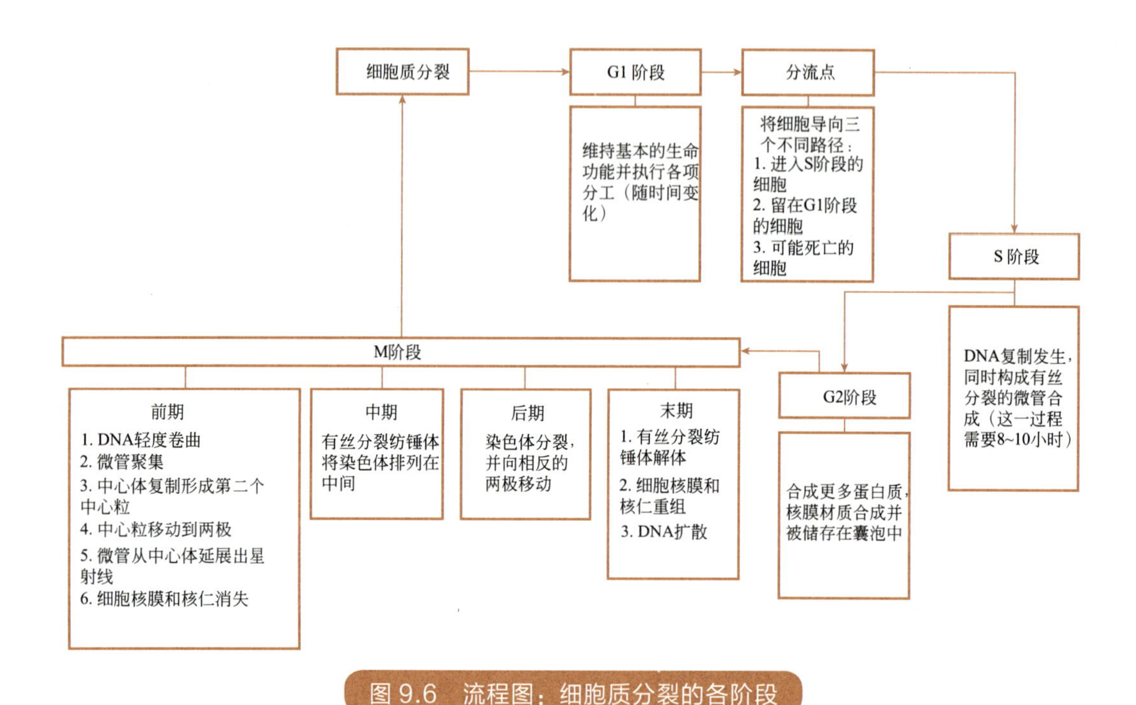


图 9.6　流程图：细胞质分裂的各阶段

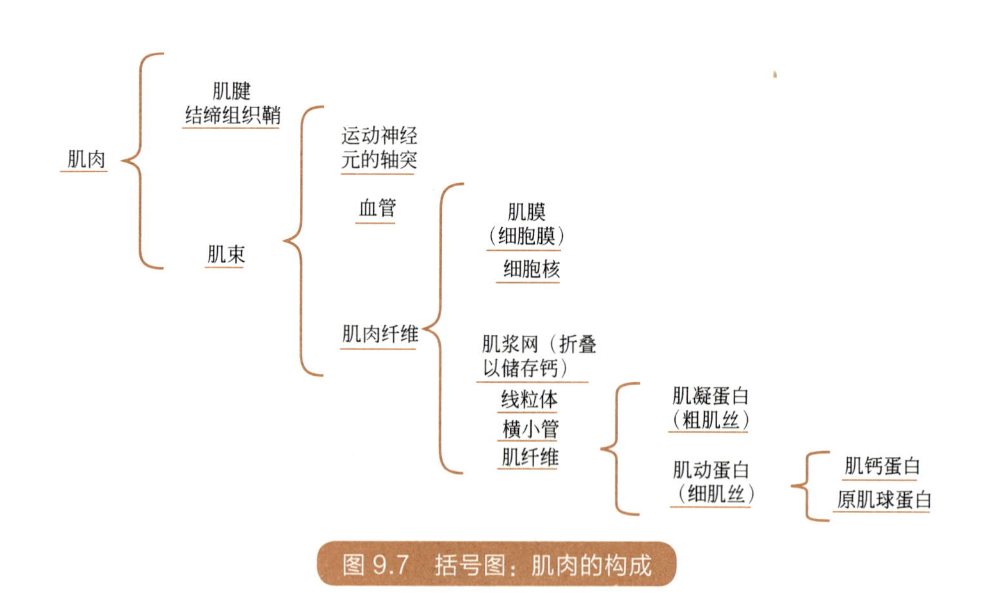


图 9.7　括号图：肌肉的构成

除了上面所举的例子，这位学生同样向我们证明，她可以用一张复流程图呈现身体不同系统的循环机制，用一张双泡图比较这些系统的差异，并用一张气泡图描述某一部分的特点。期中和学年结束时，她学过的术语和各章节的概念性内容都反映在她以思维地图形式记录的笔记里，她打开这些笔记就能为考试而复习。老师也能以此为依据，评价她在该学年不同阶段对学过的知识概念和科学术语的掌握情况。

## ○ 像科学家一样思考：从新手到能手

从岩石到人类的生理，上面两个例子中的二年级学生和高中生都用到了较为高级的思维模式。这些模式与学校教育和考试中涉及的科学概念息息相关。这两个例子也证实了思维地图语言所具有的五大特性，正是这些特性能帮助学生从思维新手成为能手级的思考者。正如我们在本书第 1 章所说，思维地图的五大特性是：图形的一致性、灵活性、发展性、综合性和反思性。这五个维度提供了一种方法，以分析学生从思维地图新手到能手的发展过程。

不妨以那位把整本生物课本绘制成图的高中生的积累性工作为例。思维地图所具备的图形的一致性和灵活性，使得这位学生在绘制思维地图时能选用不同的基本图形并加以扩展，同时又保留了基本形式。由于每种基本图形都有通用图形，该学生的老师和同学能轻松地“阅读”并评价思维地图的事实性内容、概念清晰度和解读。在这个例子中，借助思维地图软件，该学生也展示了从学习基本图形的基础要素到进行复杂运用的高级发展过程。如果对这个学生花费一年时间绘制出的 40 页思维地图都做一番考察，我们还能发现思维地图的综合性和反思性。她融会贯通地使用了不同的思维地图（例如，使用树状图呈现细胞类型，使用括号图呈现肌肉结构，使用流程图呈现胞质分裂的周期），她对这些信息之间的关联也有了更深刻的理解。这 40 页的思维地图也说明，该学生运用了多个基本图形来表征科学中的不同知识结构，如图 9.1 所示：性质（气泡图）、比较（双泡图）、分类学（树状图）、解剖学（括号图）、序列（流程图）以及生理学（流程图和复流程图）。

最终我们希望的是，学生们能获得自我评价和批判性研究的能力，包括去发现自己认知偏见的能力。高中的老师和学生可以将思维地图用于亚瑟·科斯塔所说的“元认知呈现”和“双焦评价”（参阅第 3 章）。这个例子展示了，通过专注于发展思维模式，学生得以真正理解内容或概念知识。多数时候，课堂上对学生大脑中的学科知识的评价，是通过这些方式——线性写作，填写孤立的问题解决表单、项目和多项选择题。

但这些是不够的，因为从终极层面上，我们应把学生视为有能力应对真正的科学问题和困扰现实世界问题的 21 世纪公民，他们不该只在课堂科学实验室里通过探究式学习和所谓的“科学方法”学习科学。前面所举的例子——一个小学水平的“资料库”和一个高中生从头到尾“绘制”整本生物课本的故事——为我们了解“像科学家一样思考”提供了基础。然而科学思维的本质在于探究，它意味着有能力独立或与他人合作以非线性思维模式去获得新发现。在接下来的内容中，洛 - 安妮・康罗伊将通过对思维地图实际应用的分析和反思带我们更深入地了解这一话题。

## ○ 探究式科学学习中的思维地图应用

洛 - 安妮・康罗伊　文学硕士

一个跟我学习探究式科学课程的教师，在家里浏览高中化学课的一段视频时，她十岁的儿子问：“这堂课的老师是谁呀？”这个孩子的问题正中探究式学习的红心。在探究式课堂上，教师只是学习的辅助者，为学生提供必要的大纲和指引。我看这个视频时，看到学生观察化学反应然后根据自己的问题独立设计探究方案。我发现自己不知不觉就把思维地图运用到了教学过程中，并开始思考我们怎样才能更深刻、更直接地帮助学生提升思维能力。

视频中的九年级学生，当他们在化学课上设计并分享自己的实验方案时，他们无疑就在使用思维地图背后的认知过程：包括为初步观察到的化学反应建立分类、为研究步骤排序、比较试验结果、整理实验所需的实验材料和设备、定义自己要研究的化学品、将本次实验与其他实验进行类比等。我立刻发现，使用可视化模型能清晰地呈现这些重要的过程，从而使学生们获得更为深刻的学习经验。

在我作为公立学校教师的大部分岁月里，我的暑假都是在伍兹霍尔海洋研究所、伍兹霍尔海洋生物实验室和达特茅斯学院进行科学研究。我喜欢被这样的人所环绕：他们总是在试图弄清楚生存和物理世界的意义、他们提出问题并为结果而争辩、他们鼓励彼此展开解释和说明，他们从貌似混乱的事物中找出秩序。我一直在致力于创建充满生机和热情的课堂。我把每次教学活动都当成将探究式学习与我的研究相结合的机会。我在古气候研究、头足动物生态学及河流生态学等内容上都开发出了探究式学习教学方案。这些教学经验成为我继续将自然科学教学与真正的科学研究相结合，鼓励所有学习者迈出自己的舒适区、承担学习的风险的动力。

我有 25 年的自然科学教育经验，我教过的学生社会经济地位各不相同，有的来自农村、有的来自郊区、有的来自城市。在我的教学生涯中，我发现，思维地图彻底改变了我的“教学工具包”。思维地图能让学生们以非线性的方式呈现自己的思维模式，并理解生态系统的复杂性和简洁性。这些生态系统影响着他们的生活，是他们居于其中、赖以生存的条件。

思维地图可以被运用到探究式学习的每一步。在学生们提出问题、为问题收集背景知识、形成假设、设计方法和数据采集方案、解决意外、改进步骤、分享结果和新问题等环节，思维地图能帮个人和团体学习者“看见”思维过程。在忙碌的自然科学课堂上，学生们始终在忙着讨论、演示、说明和修改。探究式自然科学学习鼓励学生们彼此分享自己的思维模式及共同展开科学探索。思维地图对帕特·克利福德（Pat Clifford）所说的“课堂公共空间”是一种补充。在这种空间里，学生个体不仅接受测验和撰写实验报告，还可以展开集体协作及分享彼此的想法（Clifford & Marinucci，2008）。探究式学习让学习的重心从老师转移到了学生，思维地图工具有力地促进了这一转变。

教师们在课堂上能感受到，大多数学生对科学和探究周遭世界中的问题充满兴趣。可惜太多事后，科学教育者们因为总是只使用一种工具——实验报告，来对学生在科学的不同学科取得的进步和成就进行形成性和总结性评价，使得这种探究过程热情消退。其实教师们不难发现，如果他们想让学生对科学保持兴趣，就必须运用多种工具帮助学生表达自己的想法和学习模式，此外还要帮学生以线性和非线性的方式呈现自己的思维。

思维地图天然就是一种能把所有学习者都吸引到科学探索中来的可视化语言，它能让人体会到科学探索领域应有的精彩纷呈。这种语言能直接辅助学生用非线性思维来真实地呈现他们在科学中的思考。思维地图使学生们能通过多种方式看到他们自己在探究某个主题的过程中的所思所想，而不是只为他们提供单一方式来组织并交流观点、问题和发现。思维地图帮助他们表达自己的想法，设计探索这些方法的方案，并分享他们的观点和结论，为他们撰写更为正式的科学报告奠定基础（如果需要的话）。

对我们提出的关于这个世界的问题展开深入的科学探索，需要具备探究未知领域的勇气及胆量。作为一名科学教育者，我的工作就是在每一位学生身上培育这种胆气，不论他们的学习模式如何，也不论他们刚成为我的学生时是否视自身为“探索者”。

## ○ 思维地图与教案

作为一名承担着生物和环境科学教学工作的高中教师，我在教学中运用思维地图的经验改变了我进行探究式教学的方式。我发现思维地图在课程设计、学生实地学习安排、呈现 / 引入科学概念及学生研究设计等方面极为有用。接下来，我将以我开发的河流生态学探究课程为例，对此加以说明。

我从问自己一些较为宏观的问题开始。我发现，在进行系统性科学探究教学时，思维地图是一种十分适用的工具。科学家们从未像现在这样面临全球范围内的系统性问题的挑战。气候变化、新鲜水资源减少、海洋生物多样性遭到毁灭性破坏……这只是我们现在和将来所面临的诸多问题的一部分。每个公民都需要理解这些问题。要应对这些挑战，人们需要超越各自所处的领域。如今，科学家们已经和经济学家及商业人士一道合作。基于这样的考虑，我们的科学课程可以借助思维地图，赋予学生想象并探索所处世界中的种种复杂联系的技能。

思维地图让我能清晰地追踪自己的思维。在设计教案的过程中，它们有足够的灵活性让我在教案成型的过程中补充并安排观点。它们可与其他图无缝衔接，故而充满活力，而且能反映我教案中所用的种种基础或复杂的思维方式。设计教案时，像图 9.8 那样的流程图，能让我看到我的思维过程；我也可以毫不费力地把树状图连接到流程

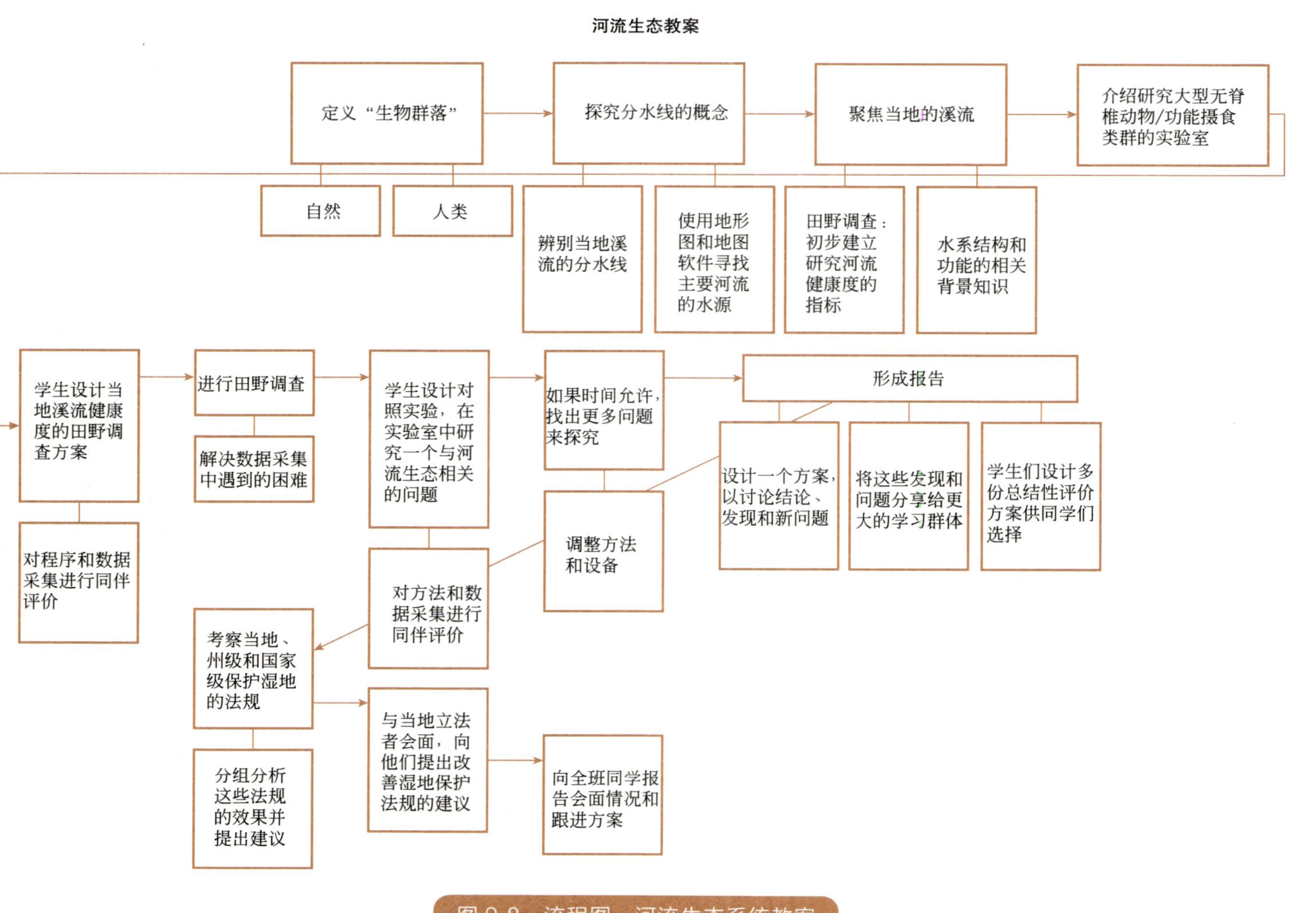

图 9.8　流程图：河流生态系统教案

图事项中，这样我便能辨别和审视不同的活动和任务的细节，确认基于特定地点或项目的形成性和总结性要素，了解这些活动中需要贯彻的州级教育标准。

写教案是个不断改进的过程，我随时可能在教案的不同部分改动和增加信息，我发现思维地图的灵活性让我得以采用这种方式设计教案。同样，我可以把流程图的教案挂在教室里，我的同事和学生看到它就能明白我的思路。任何时候，只要教育管理者走进我的教室，一眼就能看懂我教案的内容。

## ○ 在探究空间中使用思维地图

帕特·克利福德（Clifford & Marinucci, 2008）曾谈到设计科学单元来融合“探究空间”。接下来是一些我在高中生物学、环境科学和水生态学课堂上用的例子，展示了如何将特定的思维地图应用到河流生态学的探究式学习中。为了向学生介绍自然资源相关的利益冲突，我把带参照框架的圆圈图（图 9.9）发给了学生，以启发他们从不同

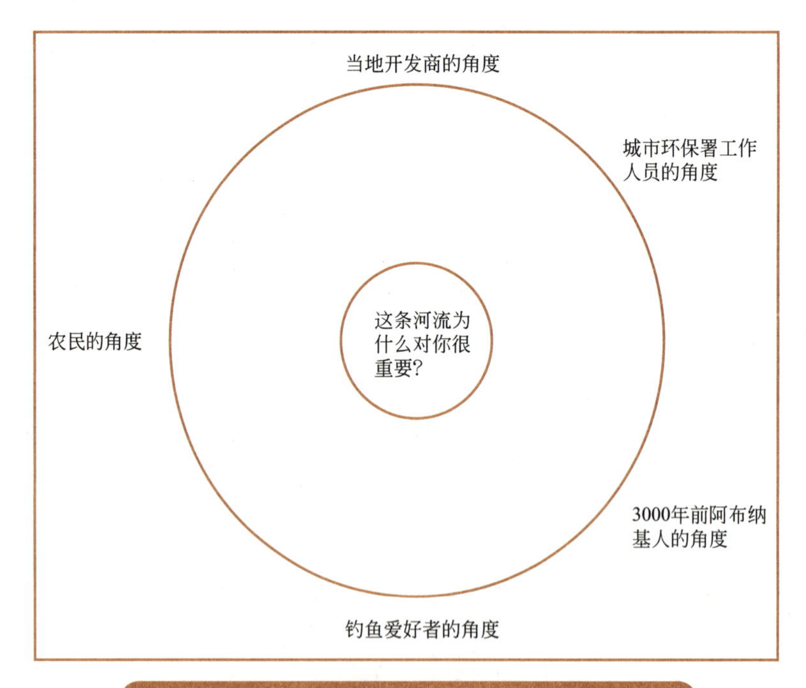


图 9.9 圆圈图：社区成员如何看待河流的价值?

利益相关者的角度去看待河流的价值。当今学生所处的世界，需要以理解、同情和宽容的态度去看待我们这个星球所面临的挑战。

将暗含参照框架的活动正式列入思维地图，这非常重要。思维地图和参照框架共同使用，可以成为强大的学习工具。圆圈图侧重于学生个体，但它能将学生导向集体活动。在这些集体活动中，学生可以使用双泡图比较不同的参照框架并辨别异同。这些思维地图会成为学生们，在后续阶段结合河流的不同用途和承压，讨论保护当地河流之最佳方案的基础。之后，学生们可以查阅环保署、该州和联邦政府的湿地保护条例，并判断这些条例是否有效地保护了他们正在研究的河流。

图 9.10 所示的桥型图，学生们用它来帮着理解河流食物链的生态意义。生态系统的功能，指的是各有机系统之间的复杂关系。这幅桥型图表征了一条河流生态系统中的不同大型无脊椎动物以及它们与其他重要摄食类群之间的关系。通过列出相关因素的可能食物来源，学生们随即发现了一些人类活动（在水源地周围开荒、一级及二级支流沿岸的砍伐活动、河流相关的湿地富营养化现象，以及在伐木作业中普遍使用“农达”等除草剂）的影响之间有着重要的关联。

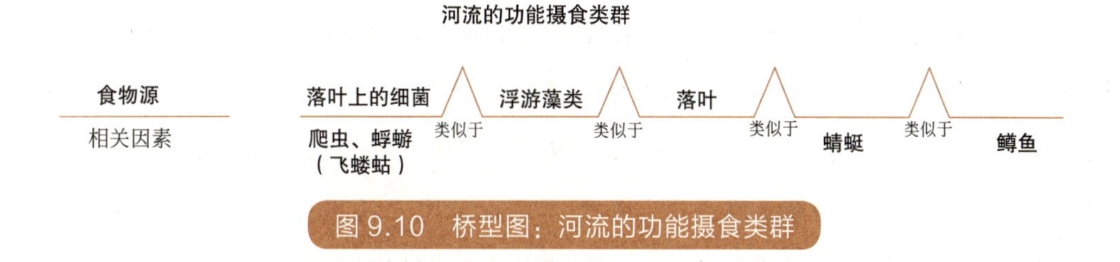


图 9.10　桥型图：河流的功能摄食类群

如果我先要求学生帮我描绘出了某种生物的不同食物来源之间的关系，接着我就可以问他们“不同的人类影响是如何影响生态系统的，为什么？”由此产生的新问题将激发学生的兴趣和好奇心，这对学生设计自己的田野和实验室研究方案都是有益的。

图 9.11 的桥型图以类似的方式进一步讨论了从河流源头到入海口的不同湿地生态系统中的食物链情况。由此，学生们发现了气候变化对大西洋三文鱼迁移路线的影响。这些三文鱼在康科德河及其支流的上游产卵，在它们从产卵地向大西洋中的采食地洄

游的途中，它们会每年花上部分时间在长岛的桑恩德地区附近停留。

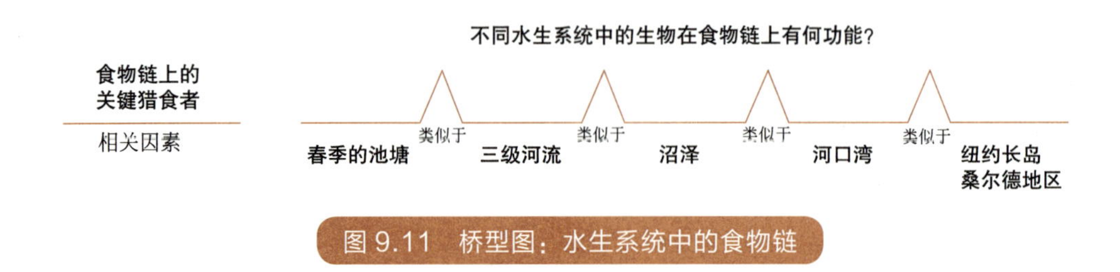


图 9.11　桥型图：水生系统中的食物链

我相信，分享自然界的知识，能吸引学生群体中那些“野孩子”的敬畏之情和好奇心。我同样希望能以这种方式培养他们对野外环境的主人翁意识。在学习河流生态学单元时，我会尽可能地把学生们带到河边去。事实上，我全年的课程安排取决于季节的变换。我们开展了一些把水样带回教室的活动，用水族箱和塑料儿童游泳池从水塘中取水。取回的水里还生活着水虱、会潜水的甲虫和小蝌蚪。随后我和学生们便着手计划来一次人类活动对环境影响的田野调查。这些年来，我们进行过的田野调查包括研究高尔夫球场对周围生态环境的影响、市政污水处理情况、开荒活动和农业活动对生态的影响等。

当然，田野调查的很大一部分工作是学生们用自己喜爱的工具进行调研、评价和样本采集。图 9.12 的括号图有条理地呈现了调查河流健康度所需的田野装备，水中的大型无脊椎动物是我们评价水质的指标。这张括号图可以作为模板使用，但最好是让学生们自己创建思维地图，然后展示给同学们提意见，以便改进和补充装备。同样，当学生们分享他们关于“进行田野生态系统调查所需的实用装备”的整体与局部思考时，思维地图调整起来很方便。

## ○ 复流程图的涟漪效应

探究式学习能将真正由学生主导的研究“空间”与学校课程相结合。学生的调研活动开始后，他们首先会研究与调研项目有关的宏观问题。在我的课堂上，学生们实际体验过河流的田野调查之后，我会为他们提供机会去探究一个与“人类对湿地的影

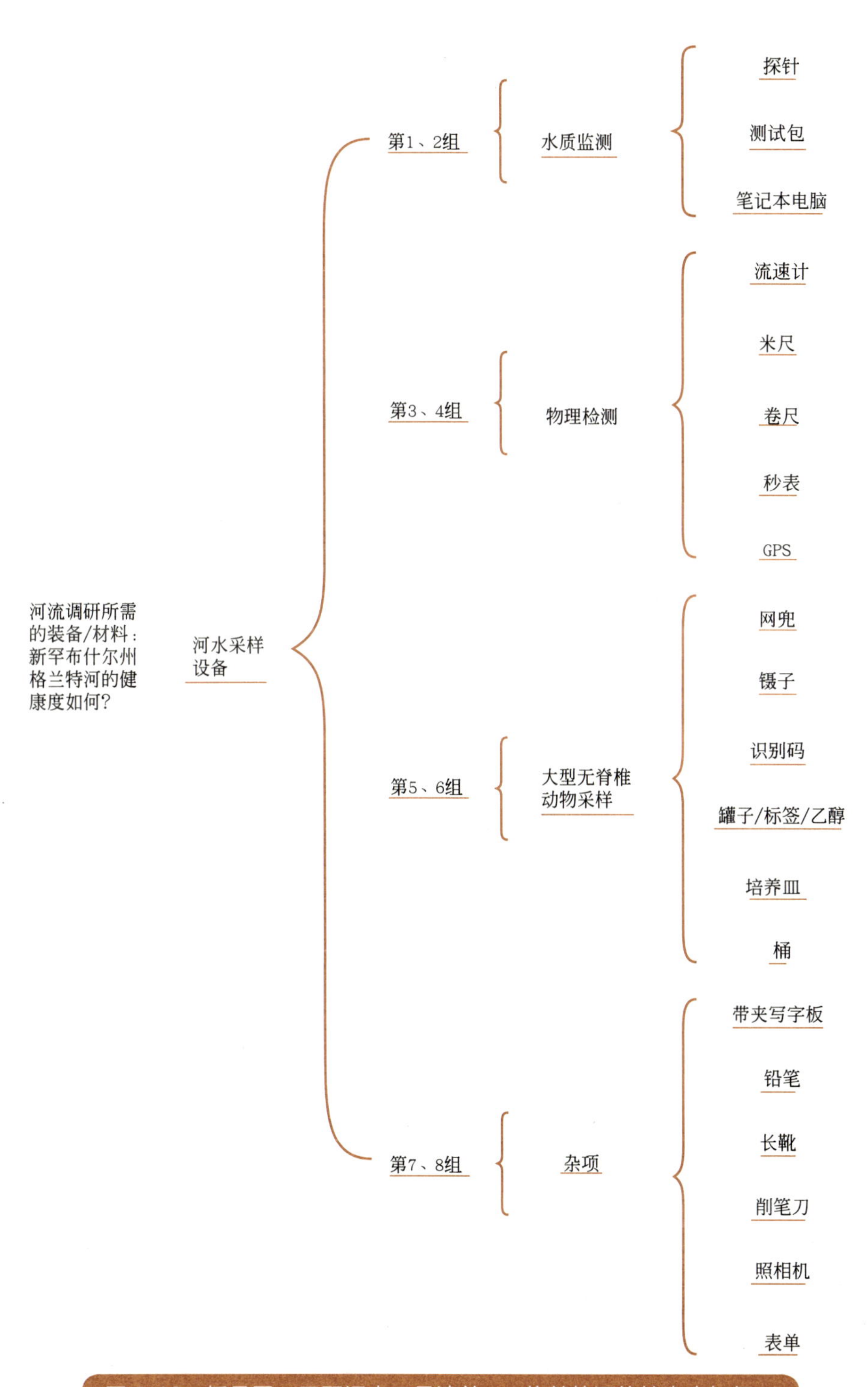


图 9.12 括号图：田野调查工具清单——格兰特河的健康度如何？

响”相关的具体问题。调查设计的第一阶段就是背景研究。学生需要探究并展示他们已经获得了设计一个有意义的田野调查所必需的背景知识，能反映自然界的真实情况。

图 9.13 是一张由学生创建的复流程图。其目的是考察当地湿地中的氮负荷与河流生物栖息地恶化之间的因果关系。氮负荷及其对湿地的影响是该学生选择的研究课题。作为这名学生“同伴评价组”的成员之一，我需要跟其他同学一道，分析二者的因果关系，并考虑课堂实验室的设备和可用时间，针对调查问题给出可行的建议。这个学生随后会借鉴这些反馈和建议来精炼自己的问题，设计调查方法和数据采集表，并将解决问题的经验和结果分享给其他人。

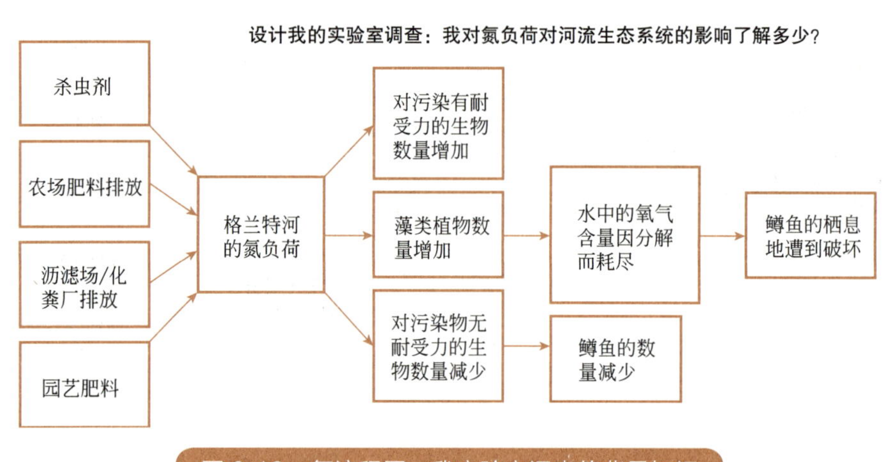


图 9.13　复流程图：我实验室调查的背景知识

学生获得研究某一课题所需的背景知识后，接下来便可用流程图来确定调查的主要步骤（见图 9.14）。流程图让学生以所有人都能理解的可视化形式分享自己的“设计”。创建思维地图的学生可以把自己的思维地图贴在墙上或用电脑展示，以听取别人意见，并根据同学的反馈对其进行调整。思维地图能灵活地反映创建者所做的改动和针对主要步骤的细节所做的补充，因此，对田野调查设计而言，它是十分有用的工具。若教师能允许并愿意为学生创造机会让他们真正地集思广益，学生们便能出色地提出调研问题，带来出人意料的视角和驱动实验的洞见。

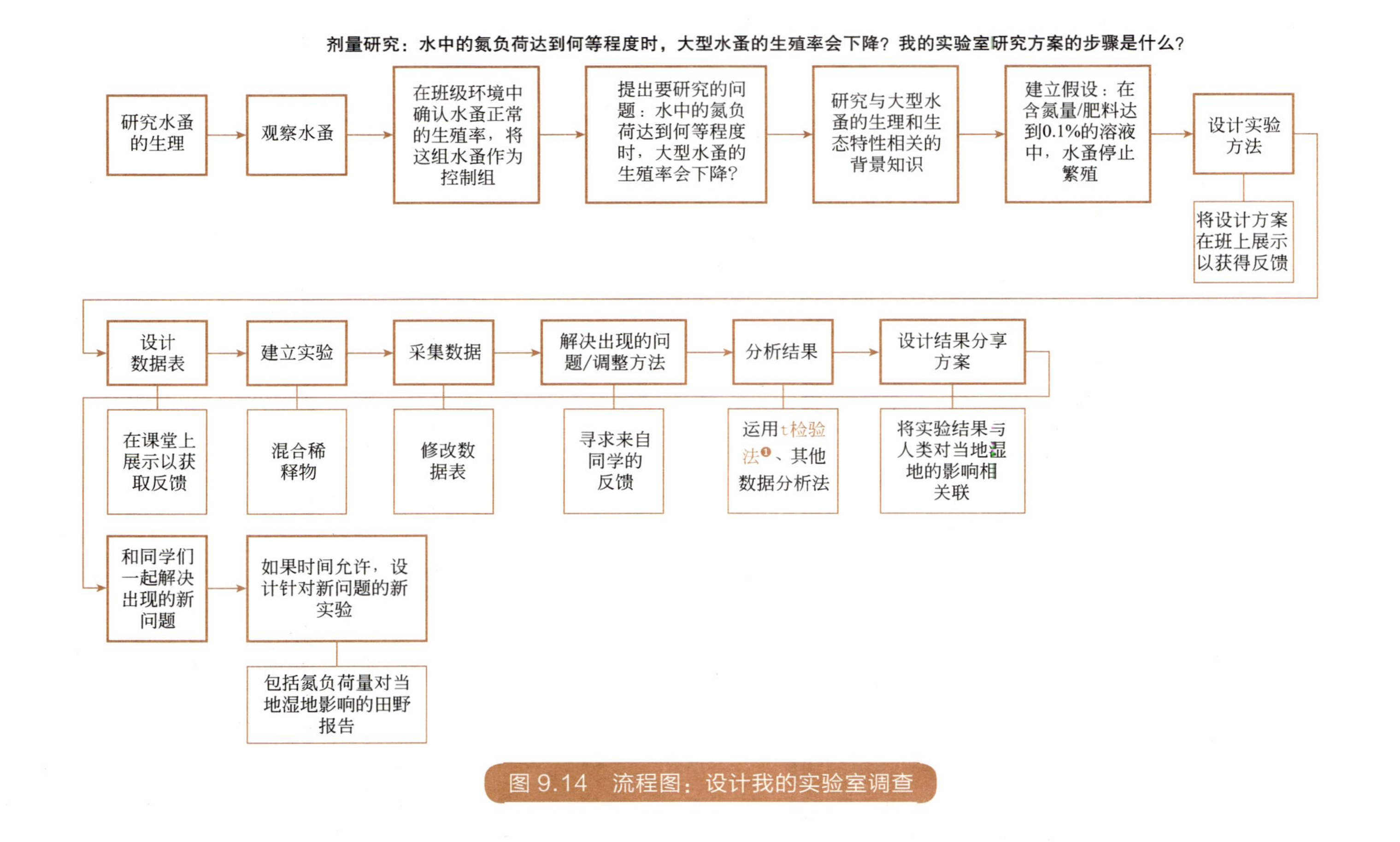


图 9.14　流程图：设计我的实验室调查

❶ t检验法，英文为 Student's test，统计学术语，主要用于样本含量较小（例如 $n<30$），总体标准差 $\sigma$ 未知的正态分布。——编者注

## 动态思考和探究的科学方法

最常见的学生自然科学入门材料，莫过于多数自然课本开头对“科学方法”的冗长论述了。因此学生们只会把科学思维当成单元测验中会考到的一系列步骤。而在现实中，科学家们无论是处理问题还是评估同伴的观点时，采用的都是非线性的图表。针对某个问题进行头脑风暴或背景研究时，往往使用复杂的、纵横交错的网络图或图表，连接并启发着解释问题或解决问题的新思路。

21 世纪面临的世界性问题，对我们教育者在全系统层面、跨学科地进行创新性的问题解决教学与合作提出了要求。重要的是，系统的基础是复杂的信息模式，本章列举了信息模式的不同类型。思维地图为教师与学生提供了另一种近距离了解这些模式的方法，假以时日，师生们还将能够借助思维地图审视自己的思维过程。思维地图同样也为师生们提供了一个机会，使他们能以科学家的方式思考。

在科学教育中使用思维地图，能让学生为洞察并探索他们所处世界的种种复杂关联做好准备，进而为我们这颗前所未有地渴求创意的星球贡献自己的智慧。

## 参考文献


- Clifford, P., & Marinucci, S. J. (2008). Testing the water: Three elements of classroom inquiry. *Harvard Educational Review*, 78, 675–688.
- Hyerle, D., & Gray Matter Software. (1997). *Thinking Maps* (Version 1.0) [Computer software]. Raleigh, NC: Innovative Sciences.
- Hyerle, D., & Gray Matter Software. (2007). *Thinking Maps* (Version 2.0, Innovative Learning Group) [Computer software]. Raleigh, NC: Innovative Sciences.
- Ogle, D. (1988, December–1989, January). *Implementing strategic teaching. Educational Leadership*, (46)，47–48.

# 第 10 章
# 应用思维地图软件

丹尼尔·切尔利　教育学硕士

## ○ 大脑、思维和机器

很快我们就要庆祝将个人电脑引入公立学校 25 周年了，这似乎有点怪。我还记得当年在 TRS-80 和 Commodore PET[1] 上使用盒式软盘的情景：我用 BASIC 语言编写过一个只有五行的程序，使我的名字显示在屏幕上。这当时让我十分惊奇。从我还只是一个初次接触教育技术的小学教师算起，到后来成为学区教育技术协调员，再到目前担任新罕布什尔州学习教育管理者科技促进会（英文缩写为 NHSALT，受比尔·盖茨和梅琳达基金会资助的全国 50 个领先项目之一）主任之职，我始终密切关注着科学技术在课堂中的应用进程。这一进程开始很缓慢，近年来却进展迅速。

电脑最早、最简单的形态只是一种输入信息、处理信息然后输出信息的设备。很多早期电脑被称为“思考机”，它们的终极形态将是成为能够以与人类感官相近的方式

---

[1] TRS-80 和 Commodore PET，这两种都是早期的电脑型号。——编者注

采集信息，能模仿人脑思维过程和输出模式的设备。在智商理论受到质疑和多元智能理论出现之前，人工智能已经开始挑战世界国际象棋冠军。在当时，大脑也仅仅被视为一个由两个半球构成的黑匣子。但后来新的核磁共振成像设备出现了。对大脑的扫描显示，要描述大脑复杂的神经网络，“全脑”才是更精确的词。

当一个人使用电脑时，大脑神经会通过视神经接受视觉信号，大脑以光速处理所有的形状、色彩和细节信息。电脑用户与电脑会形成互动，即数据的转移或交换。这实在令人惊叹。当电脑用户试图识别和在意识层面解读看到的信息时，大脑中的神经通路随时待命。这是什么意思呢？这意味着大脑能处理靠手工需要数周才能完成的计算、能识别各种不同形态、能创建项目、提供各种答案。想想种种可能性，想想对教育的影响，想想……

## ○ 等等，对教育会有什么影响？

现在有一个值得思考的问题。学校在电缆、网络盒子、路由器、插线板、显示器、探针、打印机等设备上花了成百上千万美元。尽管投入了如此巨大的人力、物力，在这个盛行高风险测试和责任归因的年代，在这个最优秀的科学研究就意味着经济效益的年代，当我们说出“把研究结果拿给我看”这句话时，却鲜能得到回应。

如果我们不放手一试的话，就无法真正借助电脑去提升学生的表现。“孩子们喜欢电脑”，但这话只说对了一半。那么我们该从哪里着手考察科技对高阶思维技能的影响呢？

吉米·麦肯兹（Jamie McKenzie，文献日期不详）是一个资深的领导者和教育技术评论家，他强调说，学生们需要有“信息能手”级别的能力，即能熟练运用问题处理工具，得心应手地排布信息，并能够发现不同形式的信息，从不同角度看待信息的能力。

教学的关键之一在于可视化领域，技术与图像表征的结合并不新鲜，事实上，这两个领域息息相关。除了一些花哨的功能以及下载和播放音乐，电脑输出的绝大多数信息都是可视化的。这意味着技术、图像表征和以视觉为主导的人脑能被可视化表征紧密地连为一体，成为完整的处理系统。

Inspiration 和 OmniGraffle 是两款广泛用于针对特定内容及模式创建可视化组织图的图形软件，它们有很好的灵活性和开放性，有超多初始模板。但它们的缺陷也正是图形数量过多，大量的可视化组织图往往使师生们疲于应对（Hyerle，2009）。这体现在它们创建的可视化图形上：它们提供的图形数量如此之多，给学生造成的认知压力（更不用说老师了）已经超过了它们能带来的好处。在很多粗浅文本和以可视化组织图为主题的书籍中出现的多数组织图并没有理论上的一致性。很多图形制作软件也有一样的问题，它们可以在电脑屏幕上生成无数个图形。

很多此类图形工具仅仅体现了布鲁姆分类法（1956）的一个方面：它们只抓住了特定组织结构中的事实性知识，这些图形只是为学生的思维提供了结构，并没有为学生提供工具来支持他们进行有意识的高阶思维。克里斯·莫什（Chris Moersch, 2002）指出，这只不过是为常规课堂增加一点科技的“亮色”而已，无法把教学提升到新的思维层次。

## ○ 思维地图软件

随着优秀的教育措施不断涌现，以及认知科学家对如何学习和大脑如何运转有了更多发现，教育者们必须着力于利用通用且便于在各环境中迁移的工具，向学习者提供高品质的教育机会。应用了思维地图语言的思维地图软件（Hyerle & Gray Matter 软件，2007）是通往高品质教育的一种路径。

当我开始使用思维地图软件和教师们一起工作时，我惊讶于，把同一套工具给一年级和八年级的学生，他们居然能一起讨论作者的写作风格；作品在走廊里展出时，对六年级内容并不熟悉的三年级学生，也能利用思维地图来命名信息交流的认知过程。学生们得到了组织信息、交流思维的工具，并受到电脑上图像表征中的思维的启发。就这样，我们在校园中创建了一种思维文化，科技接入学习社区的中心，改进了我们的教育，提升了我们的思维。

作为一名技术协调员，我发现，当家长、老师和学生们使用一种通用可视化语言来教学、分享复杂的思考和想法时，这种新的沟通方式非常有效，能够跨越学科和年级。我们也向家长们提供了思维地图软件，有些家长参加了学校晚间的正式培训，很多家长参与了非正式的课程——他们孩子做示范并在图书馆教他们使用软件。不仅仅学生们与家长分享思维地图，家长也把思维地图发送给老师。学校的行政人员在他们的新闻小报中用思维地图来介绍学生们的学习过程，他们也用思维地图来解释高风险测试项目的结果。在某个开放日，家长和学生在电脑上探究了思维地图的各种用途。甚至有家长带来了他们在工作时使用思维地图的例子。这一切将高阶思维的最佳实践、个人电脑的信息传递系统与一种基于思维地图蕴含的认知过程的通用可视化语言，融合在了一起。这也让一所学校——汉诺威街道学校得到了系统性的改观，直接导致学生们在新罕布什尔州的州测试中取得了更好的成绩。

## ○ 思维地图软件的构成

思维地图是一种可视化语言，它为学习者提供了易于交流和迁移的通用符号或元素，以及灵活的形式。对教师们而言，思维地图能在电脑环境中创建与教学密切相关的活动。思维地图的性质要求学生在学习过程中根据语境定义内容、为项目排序、进行比较和对比、描述事物特性、辨别整体和部分关系、确认因果联系、创建或发现类比或为信息分类。如果能把基于大脑认知模式的思维地图用作传递知识的工具，就能把教案设计和课程开发引向更深的层次。思维地图软件设计的对象既是老师也是学生，它的依靠的是“三扇窗户”。一扇窗给设计教学的老师；一扇窗给学生，帮他们动态生成思维地图；最后一扇窗帮学生将思维地图用于写作（见图 10.1）。在思维地图软件环境下，教师们可用与学生相同的方式使用思维地图，也可以创建教学计划或评价，还可以将自己总结的成功经验分享给其他教师。

思维地图是一个简单的工具，但它能应对十分复杂的任务。思维地图软件的灵活性能让学生得以灵活地编辑、重组、强调并描述自己的想法。这意味着学生能主动参与到学习活动中，并逐渐学会与信息互动。就像文字处理软件能让使用者灵活调动教科书中的内容，帮助使用者创建一篇文章的不同版本一样，思维地图软件也为师生们提供了一个编辑信息的公用平台。在吸收新知识的过程中，他们可以随时对思维地图加以扩充；在重新定义自己的想法时，可以对思维地图加以改动。

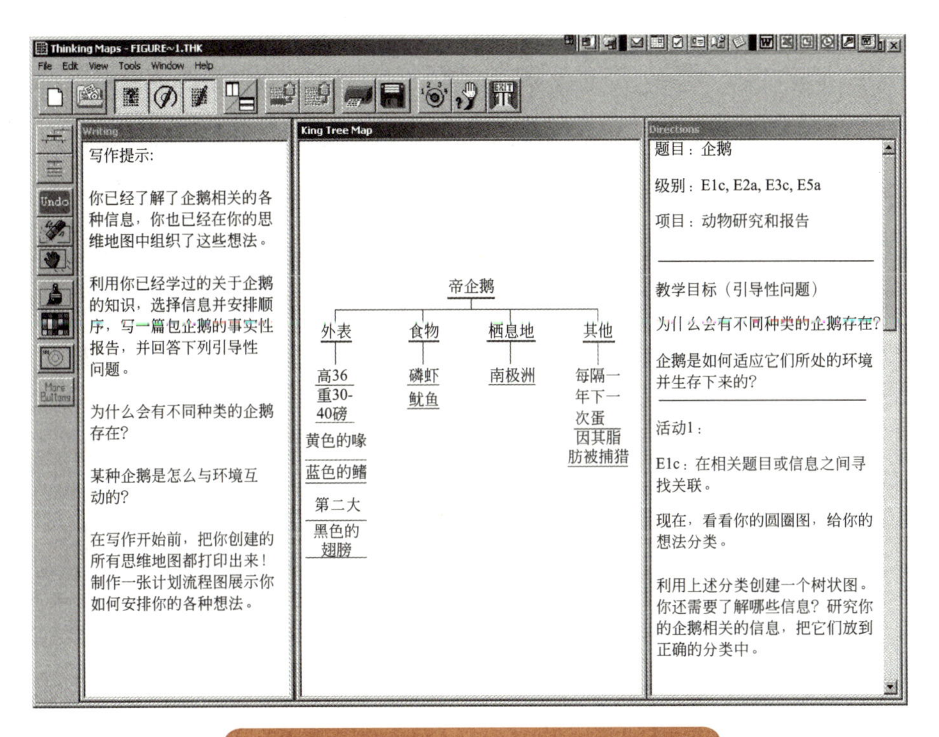


图 10.1 使用思维地图软件制定教育标准

## ○ 从个人到纽约市教育系统

有这样一个关于一所城市贫民区学校的案例，它利用思维地图软件融合了教学和州级教育标准。在学区重组之前，肯尼迪国际机场附近的纽约第 27 学区是当时最大的城市学区。它位于一个族群复杂、社会经济水平较低的地区。该地区存在 160 种正式语言或方言。当时正值标准化运动方兴未艾，该学区的 37 所小学和初中学校，大多都较为落后。在 1997 ～ 1998 学年，学区在尝试和评估了几种不同的教学措施之后，决定采用思维地图来帮助学生、教师和学校进步。在第 27 学区教育副总监肯・格鲁沃的支持和指导下，到 2000 年的时候，多数教师都接受了思维地图培训。

学年末评价时，学校要求所有教师提交若干学生作业和自己教案的样本，并在这些材料的每页顶端清晰地列出纽约市的教育标准。林妮·坎特尔 Lynn Kanter）是当时负责整个学区的思维地图协调员，之前是一位阅读方面的专家。她创建了整整 400 页基于教育标准的思维地图——全是电脑打印稿——覆盖了所有学科内容和所有年级。

教师们收集了学生的作业，并将教育技术融入课堂活动设计中。学区团队则开发了一个数据库，以便学区内的教师能分享彼此的成功经验。教师们甚至能在这个数据库中看到不同学生的作业样本。“给标准绘图”（Curtis，2004）是该学区的一个实验性项目。在这个项目的推动下，学区以基本认知过程为基础，持续性地展开了以成功学习经验为内容的电子数据库建设。使用者可以在这个数据库中根据教育标准、年级和课程内容搜索与之相应的优选课程。图 10.1 以一篇作文的成稿为例，以基本思维模式为基础，部分地体现了思维地图的“三扇窗户”在为教师创建符合教育标准的基本问题时提供的帮助。这“三扇窗户”也起到了促进思维地图发展的作用。

这一项目的重要性和启迪意义是多方面的。获得成功的教师能将他们教学、总结学生作业及进行学习反思的经验传播出去。在学校内部，教师们可以创建一个储存成功教案和教学活动的动态文献库。事实上，第 27 学区已经开始将此类教案和思维地图在全区范围内分享，教师之间也开始讨论学生作业和教学法。借助思维地图软件，教师们可以轻松地浏览、运用、修改和交换彼此的教案。这并不是全面的“课程绘图”，而是对基于内容的思维技能、学习模块和内容标准的绘图。

## ○ 思维地图带来变革

课堂中的科技应用还处于起步阶段。对第 27 学区的一些教师而言，这还是他们第一次使用这样与课堂教学方式直接相关，且以现有的课堂交流方式为基础的软件。这种软件因此成为一种与课堂和教学经验相关联的学习技术，而不是学一种毫无关联的新技术。

在我们的教育系统中，只有在校园氛围、教学实践和教育领导者三方面做出必要的改进，才能推动教育科技的进步。只有在这种高功能性的和谐环境中，我们的学生才有最大的成功机会。思维地图和思维地图软件为促进技术和教学的融合提供了一整套工具。这种融合以培养学生的高阶思维模式为重点，致力于为教育带来积极的系统性变革。思维地图在视觉上的灵活性带来了人脑与电脑技术的交叠。思维地图工具为大脑、思维和机器的融合提供了机遇（纽带），使我们能快捷、高效地在班级、全校和全球范围内组织、理解和交流彼此的思维模式。

## ○ 参考文献


- Bloom, B. S. (Ed.) (with Engelhart, M. D., Furst, E. J., Hill, W. H., & Krathwohl, D. R.). (1956). *Taxonomy of educational objectives: Handbook: Cognitive domain*. New York: David McKay.
- Curtis, S. (2004). *Mapping the standards*. Raleigh, NC: Innovative Sciences.
- Hyerle, D. (2000). *A field guide to using visual tools*. Alexandria, VA: Association for Supervision and Curriculum Development.
- Hyerle, D. (2009). *Visual tools for transforming information into knowledge*. Thousand Oaks, CA: Corwin.
- Hyerle, D., & Gray Matter Software. (2007). *Thinking Maps* (Version 2.0, Innovative Learning Group) [Computer software]. Raleigh, NC: Innovative Sciences.
- McKenzie, J. (n.d.). *From now on: The educational technology journal*. Retrieved October 20, 2010, from www.fno.org
- Moersch, C. (2002). *Beyond hardware: Using existing technology to promote higher-level thinking*. Danvers, MA: International Society for Technology in Education.

# 第三部分

# 建设思维型学习社区

# 第 11 章
# 多语学校的思维母语

史蒂芬妮·霍兹曼　教育学博士

## ○ 为变革破除枷锁

“但我已经在班上使用可视化组织图了呀！”这是当时我的下属们的抗议。当时我才当了一年的校长，却打破了新官上任最基本的规矩——刚就任便着手改变原有的思维定势，我迅速掀起了变革的风暴。作为一种能激发思维、直接影响学习表现的工具，思维地图也是这些变革的一部分。但是，这并非易事。这所五年制的学校坐落于城市贫民区，拥有 1200 名少数族裔学生（85% 的学生入校时的母语是西班牙语）。很多任职于该校的老师都认为他们已经最大限度地开发了学生的潜力。作为一个新来者，我却认为学生们还应在现有测试结果上有更好的表现。

我之所以对学生抱有较高的期望，是因为我明白许多有心学习第二外语的人都了懂的一件事：同时学习第二语言和学科知识，是一个复杂的过程。对于一个说某种语言的孩子来说，他的观点、词汇和丰富的思维模式，若在课堂上无法被老师立即解读出来并理解，将令人十分沮丧。这是因为第二语言的习得明显地妨碍了我们的思维和学习。思维地图成为一种把一种语言思维（西班牙语思维）译为另一种语言思维（英语思维）的翻译器。思维地图成为我们思考的首要语言，从而支持了我们多语言群体的语言学习、学科学习和认知发展。重点是，思维地图有助于提升批判性思维能力，甚至对那些仍在学英语的学生也是如此。

我曾在长滩联合校区（Long Beach Unified School District）的其他学校见证过思维地图的应用，这些经验让我相信，学生们会乐意学习思维地图，这将提升他们的学业表现，事实也的确如此。这些数字来自于加州的标准化测试。国家有一个非常复杂的公式来决定预期增长。罗斯福学校被期望在 2003 年提升 11 分，而我们提升了 60 分，超过了这个目标。不仅学校整体进步了，占我们大多数的亚群体：西班牙裔学生、英语学习者和领免费午餐的贫困学生，也取得了进步。除此之外，按照“不让一个孩子掉队”法案，全校 13.6% 的学生应在语言方面达标（包括阅读、词汇、拼写、语法和标点使用等），16% 的学生应在数学上达标（包括基本数学知识和术语问题）。如果学校达不到这些标准，那么就要进行整改。截至本文完稿时，结合四次评价测验（包括针对后进生及转入我校时没有英文能力的四、五年级学生的读写能力测验）中的两次成绩，很显然我们并不需要进行系统性的整改。

具有讽刺意味的是，作为罗斯福学校的教学领导，我最初的愿望，不过是借助这些工具快速、直接地提升学生的成绩。我并没有意识或预见到这些工具被老师们用于课堂教学后，会对这些在全年制多语种学校任职的教师产生更深刻的影响。从教育管理者的角度，我发现思维地图无论在实践层面还是理论层面，都超过了我的预期。首先，教师们教学和评价学生作业的方式发生了改变，尤其体现在第二语言学习者的差异化教学上。其次，我们学校的文化和氛围发生了转变。最明显地体现在如今随处可见的专业交流的质量上。第三，教师评价问责方面的透明度和话语权也达到了新的高度，由此带来了更优质的教师决策。所有这些改变——常被视为学校转型的关键因素——将继续为我校学生的学业表现带来长期的积极影响，这一影响超越学生在学习任务和考试中对工具的直接应用。

我有必要在这里再次强调，当初把思维地图引入我校的目的并不在于在这三个方面引发变革，而是为了立竿见影地提升学生的学业表现，否则这就会变得十分棘手。在以下内容里，我将描述一下思维地图在教师的学习能力、校园文化和责任归因等方面分别引发的涟漪效应。

## ○ 教师学习

教学工作不仅困难，而且节奏很快。只有出色的教师才懂得自我反思和主动地审视元认知模式（参阅第 16 章）。教师们往往只关心针对学生的教学工作，极少反思自己的思维内容和思维方式。但我认为，学生们应该学习成人大脑处理经验的过程。和我们的情绪状态一样，我们的内在对话和思考往往是隐秘的，不过教师们需要让学生知道头脑内部正在发生什么。如果教师意识不到自己的行为，他们就无法把头脑内部的过程揭示给学生。在初步学习了思维地图之后，我所在学校的教师突然意识到了自己的思维过程，也懂得了如何用思维地图将成年人的思维策略和模式展示给学生。

我的教师们意识到自己的思维模式以及思维地图将这些模式传递给学生的作用后，他们往往受到震撼，以至于他们需要询问别人“我这么做对不对。”在为自己一年级班上的学生讲英文课时，一位经验丰富的教师若有所悟。后来她来征询我的意见。她班上的学生展开了热烈的讨论，但直到那堂课结束时，她才意识到这可能是因为她采用了树状图来组织信息。

某学习小组创建的树状图（图 11.1）可以作为这方面的一个例子。这个树状图的主题是对朱妮·B. 琼斯系列丛书中包含的某种感情进行探讨。这五个学生借助树状图来组织自己对愤怒的看法：愤怒是什么，其他书中愤怒的角色（文本比较），愤怒的样态，以及刺激人们发怒的东西。树状图的顶端是“愤怒先生”。以自己的想法甚至对情感内容的分析为基础，通过可视化形式呈现思维过程，教师们能将自己大脑中组织信息的过程呈现给学生。学生们对思维过程有了直观认识后，便可以独立或协作使用这些工具。他们的语言和认知能力也将齐头并进地获得发展。

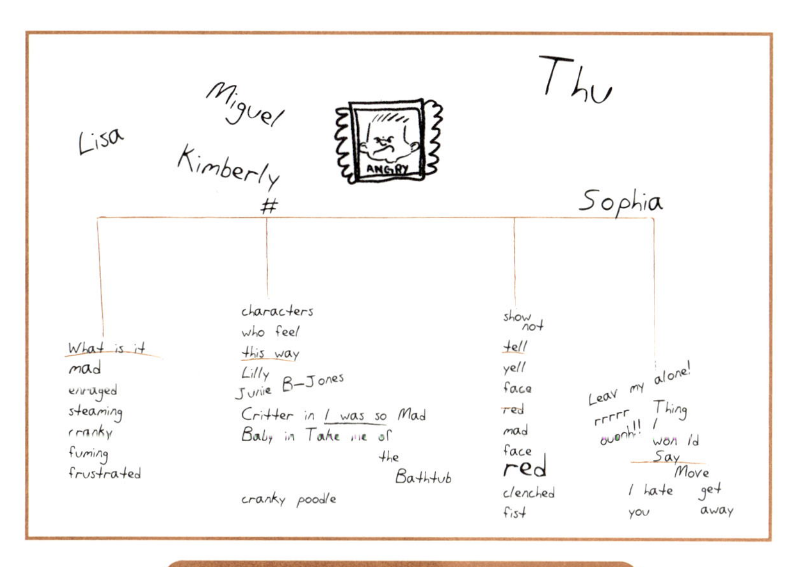


图 11.1　树状图：关于“愤怒”的作文

## ○ 用高阶思维教学

在课程标准、教科书、标准化测验中，学生的高阶思维技能都被认为是教育追求的终极目标。多数教师都知道布鲁姆的“教育目标分类学”所定义的技能层次。例如，他们知道，综合性问题比知识或事实性问题更复杂。然而，很多教师却意识不到与高阶思维技能相关的种种思维类型。对很多人来说，只是在学习思维地图时，他们才第一次清楚地意识到思维技能的类型，意识到这些技能如何内在彼此关联并能跨学科迁移，更重要的是，这些技能如何综合运用，以在日常学习中培养并促进学生的高阶思维。

在思维地图培训结束后，理解了这些新工具的教师们获得了正能量。他们立即把这种正能量迁移到了教室中的学生身上。这是因为，教师们意识到了教学的重点在于立即采用这些工具促成学生的转变。当我走进教室，想了解学生们目前在学什么思维模式，以及他们如何将这些基本的思维技能用于内容学习时，教师们已经能够回答这些问题了。因为他们现在懂得了思维地图。他们也能告诉我他们希望学生们使用哪些思维模式。更为重要的是，思维地图可用于提升学生的关键思维能力，即便他们尚未完全掌握英语。

1 ～ 5 年级的所有学生都参加了阅读和数学的标准化考试，其中 2 ～ 5 年级学生还参加了加利福尼亚州（简称“加州”）的标准测试。数学考试的大部分试题也包含了阅读。老师们教学生分析数学题的类型（例如，比较、整体到部分 / 部分到整体、关系、模式等）和与每个类型相关的思维地图；一旦学生理解了五种类型的“故事题”，他们就能够梳理出问题的关键特性并将其应用到测试中。举例来说，为了解决图 11.2 中的词汇问题。

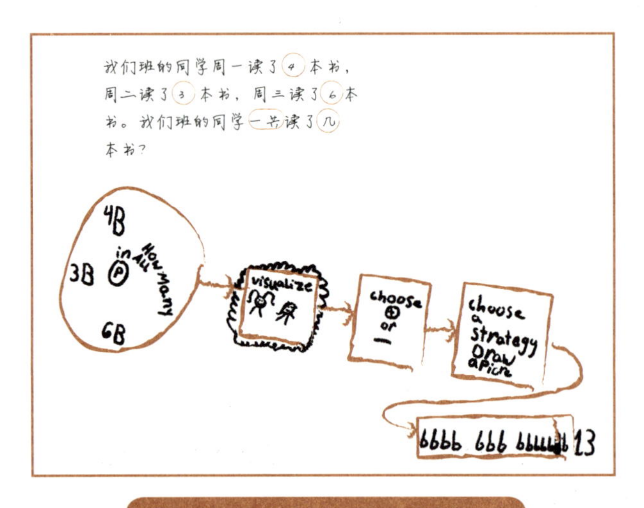


图 11.2　流程图：解决数学问题

一位一年级的学生用圆圈图从题目中找到关键信息，并以圆圈图提供的信息为基础，用流程图列出了解题的步骤和策略。由于学生们的能力提升，他们今年的考试成绩与去年相比了有了显著进步。

在我们的学区，学生们每年还要参加一次阅读测试，他们的成绩将会体现在总成绩表中。这一测试考察的是学生的语文水平，它与州级测试在形式上是一致的。虽然这一测试主要是一项阅读任务，但学生必须在读完一段文章后回答阅读材料中的问题。我校的一年级学生必须在读完材料中的故事后阐述他们对文本的理解。他们需要使用思维地图呈现故事的发展顺序，还要描述角色的性格是如何逐渐转变的。多数学生在回答问题时，首先会使用流程图，其次会使用气泡图。这种类型的任务既能让我们了解学生在知识层面的理解力（排序），也能了解他们更深层次的理解力（角色的逐渐转变），学生则免去了需要写复杂文章的负担。

这对教师了解英语学习者的理解程度特别有帮助。在这一任务中使用思维地图也有助于增强学生在标准化测试中进行批判性阅读的能力。克莉斯汀·塔克 Kristin Tucker）是位一年级教师。她认为，“思维地图能以一种简单的方式……将英语学习者的思维提升至最高水平。我并不要告诉学生我在做什么。我只需要把思维地图展示给学生们看，他们便能理解。因为理解思维地图太容易了，学生们很快就能学会综合使用思维地图。”这促进了学生学习学科知识的能力，学生获得的思维迁移能力也让她能腾出更多时间用于教学！

其他的教师也说，他们注意到某一科目中的思维可以迁移到别的科目中去。能建立这种联系的教师，同样也能教会学生建立这种联系。其结果就是，一旦学生理解了他们所需的思维类型，便能够更有效率地学习知识内容。教师们不再局限于某一学科的技能和策略，而是开始总结深层的、跨学科的思维技能和策略。

## ○ 差异化教学与作为第二语言的英语

我们学校 85% 以上的学生进入幼儿园时，都以西班牙语为母语。依据法律，我们必须根据学生的英语水平来有区别地教学。理论上，区别是很简单的：根据学生的个人需求，对他们进行不同的教学，但说起来容易做起来难。思维地图给学校带来的改变之一是，老师在课堂上向不同的群体教授同样的内容时，已经开始为学生提供另一种方式来学习学科知识和展示已学内容。例如，有些老师希望学生将思维地图作为过程，以便生成某个成品；而另一些老师则希望学生将工具作为成品，用于展示他们对学科内容的思考和理解。

在一个三年级课堂上，教师要求学生们理解两个行星的相同和不同之处。所有学生都被要求完成一张对这两个行星进行对比和比较的双泡图，这是这堂课的明确目标。但具体到差异化教学，教师要求流利掌握英语的学生在完成气泡图之外，还要撰写一份相关的报告，而英语尚不流利的学生则只需创建一张双泡图。教师可以选取两种策略之一（只用思维地图或同时用思维地图和写作）去评价学生对抽象概念和事实性知识的掌握情况。

对英语流利的学生，教师还可以对其书面交流能力进行评价。而她知道，英语不流利的学生还不具备这种能力。当然，鼓励英语不流利的学生以思维地图为基础来撰写报告也是十分必要的，因为这能为他们搭建从母语通往主流口头和书面语（英语）的桥梁。如果能把思维地图当作首要思维语言，那么思维地图将成为学生的词汇积累工具、可视化组织图和第二外语写作起点。

这里很重要的一点是，教师需要评估学科学习的情况如何，并以学生创建的思维地图为依据去判断语言是否有助于他们理解学科内容，又或者学生对某些内容的理解有误，需要重新讲授。要判断一个英语能力不足的学生究竟理解了多少内容，往往很困难。教师在尝试了解第二语言学生对内容的掌握情况时，如果学生使用第二语言进行口头和书面表达的能力不足，教师要注意自己是否有必要让学生用第二语言表达。如果要求这类学生写下他们已掌握的知识，用英语写往往会让他们感到茫然无措。因为他们需要弄清楚英语的词汇、句法、单词拼写和标点用法，同时又得记忆他们已学过的知识。这样一来，教师往往只会评价学生的英语技巧和造句，而非他们的学科知识或思维过程。然而，老师要求学生用思维地图来展示所学内容时，学生就不必专注于英语，他们可以用思维力来传达对内容的理解，甚至不需要用语言来传达信息。大多数情况下，思维地图借助可视化效果（例如杂志上的图画或图片）就可以交流内容。

## ○ 评价学生的作业

在我担任校长的第一年里，关于变革我强调的重要一点是，教师们需要评价学生对所教知识的掌握程度。在某些学科，例如数学中，通过一个前测和后测就能轻松掌握学生的情况，因为数学有自己的通用符号。我们不一定非得等到国家正式测验的结果出来才能判断学生的进步情况。思维地图能成为教师们评价学生学习情况的有用工具。教师们可以根据思维地图提供的信息评判学生的进步程度及调整自己的教学方式。

借助思维地图，教师们有多种方式可以评价学生学习的质与量。有些教师采用圆圈图对学生进行前测和后测，以此判断他们掌握的知识。还有的教师要求学生在学习任务中演示自己的思维模式。举例来说，一个一年级教师要求学生复述故事。她根据学生创建的流程图来评判学生的阅读理解能力。以这种方式，很容易区分那些能理解故事的学生和那些不理解故事的学生。教师们可以迅速再次向没理解的学生重讲一遍内容。不论是上述哪种情况，我们的英语教师都能够完整地把核心内容教给学生。

## ○ 校园氛围和校园文化的转变

在思维地图培训的最初阶段，思维地图工具的高速“传染性”给我留下了深刻印象。思维地图不断出现在其他班级中，尽管有些教师并未参与培训。似乎教师们在走廊里、在年级会议上随时随地都在交换看法。事实上，他们真的会在业余时间交流职业理念。我发现一个我之前并未料到的好处：由于思维地图工具非常易用，它很容易就会成为教师们交流的话题。这种交流不仅发生在同年级教师之间，也发生在很少有机会交流心得的教师之间，例如一个幼儿园教师和一个三年级教师。仿佛突然之间，教师们获得了一门通用思维语言。借助这门语言，他们可以不受年级或学科限制地谈论学生的学习情况。

思维地图引发的另一个转变就是，教师们意识到了终身学习并不仅仅是学生的事。这意味着，教师们需要学习能提升学生学业表现的新策略，而且“过去怎么教，现在也怎么教”已经行不通了。思维地图培训和其他职业培训手段的不同之处在于，思维地图模仿的是成年人的思维模式。这些模式随后会被教授给学生。因此，这些策略是真实的。教师们学到的不是与自己成年人的行事风格相去甚远的“模板程序”，这些程序也无法为学生提供所需要的东西。相反，他们学到的是终身学习的策略，并把这些策略教给自己的学生。当教师们开始把思维地图用于自己的生活后——例如用树状图记录购物清单——他们逐渐形成了一个学习社区。这是我一直想在自己的学校推行，但从未有想过有天能成为现实的事。

另一个我始料未及到但乐观其成的变化是，即使新教师也能同等地讨论优质教学工具。老教师们形成了自己独特的教学风格，而新教师和助教们还在摸索教育门道，但借助可视化图形和思维地图的通用语言，新老教师之间，由复杂而神秘的规范构筑的壁垒，将不复存在。在这种通用语言的帮助下，老教师能创建出连贯一致的能手级思维地图应用方法，而新教师则能轻松地领会和掌握这些应用（参阅第 17 章）。

## ◯ 教师评价和责任归因

思维地图不仅可被教师用于判断学生的学习程度，教育管理者也可以用思维地图评价教师对思维地图工具的认识和运用情况。这是因为这些工具是可视化的，能持续记录应用过程，也因为思维地图工具的终极使用者是学生，而不是教师。参加工作室职业培训的教师，在培训结束后往往觉得自己学有所得而满心欢喜。但学校很难对其所学知识在实践中的长短期效果进行评价。

不过，现在只要在教室里走上一圈，浏览一下学生们的思维地图，我就能知道学生们对思维地图的熟练程度、使用思维地图的语境及思维层次。学生们的作业——尤其是作文——无疑能为我提供更为清晰的证据。

校方会每月分析一次学生的作文。同年级的教师聚在一起，以学区创建的标准批改学生作业，之后会分析学生做得较好和需要再次为他们讲解的地方。在写作课上使用思维地图作为教学辅助手段的教师发现学生的写作水平有所提高（详情参阅第 7 章）。而且幼儿园和三年级的学生都有同样的效果。教师们会利用分析得来的数据研究如何使自己的教学更符合学生的需求。这是他们的自发行为，并未受到我的干预和压力。教师们的这些专业策略是基于学生的作业水平做出的——换成线性词汇表述的话，就是基于班级的具体状况做出的。

## ◯ 应用思维地图的启示

在我的学校，思维地图不仅影响了学生的表现（具体的表现已在前面做过表述），也影响了教育质量和校园氛围。我相信随着时间的推移，我校的学生依然能和其他学校的学生一样，保持较高水准的学业表现。我也知道，如今已成为教学常规一部分的思维地图同样会深深融入整体校园文化。

在我担任校长的头一年，有一些让我感到后悔的激进变革。但思维地图不在此列。我问过手下的教师他们觉得学生进步的原因何在。不用说，我的目的是确保我们能重复这些有效的策略。每个教师都回答说，学生的显著进步应归功于思维地图在教学中的应用。当我们分析教师使用思维地图的方式时，我们发现了两个规律。首先，思维地图在全校所有年级的课程中都有应用，包括幼儿园。第二，思维地图被用于提升学生的关键思维能力，即便他们尚未掌握英语。

教三年级的综合读写课的希瑟·克斯蒂希（Heather Krstich）老师（他的学生都是三年级的后进生和英语语言能力非常有限的四年级学生）认为，思维地图之所以有用，是因为它能赋予学生们一种贯穿所有课程的一致性。“学生会不会觉得（所学课程）是碎片化的。他们能把关注点放在自己的思维上，而不是每节课的单个活动上。思维地图能教会学生系统化的思维方法，使他们长期受用。”她补充说，她班上的英语学习者也获得了基于思维地图的连贯性策略。“思维地图语言的连贯性非常强。它让学生们得以把注意力放在自己的思维上，而不是自己手头的任务上。”

有了这些应用思维地图的经验，我就有了评价标准用来比较其他职业发展培训和我计划在罗斯福小学推广的其他计划。这些标准是，要像这门用于学习、教学和评价的通用语言一样，能提升学生的学习成绩、教师学习、反思、职责和校园氛围。

现在我们学校有已经拥有了这样的新标准——包括针对学生的标准——因为我们有了一种通用的思维语言，不论口语和书面语是不是英语，学生们都可以使用这一语言。这种语言能帮助我们思考及解决复杂问题——例如持续改善城市贫民区的环境——因为我们确信我们将能更清晰地理解彼此的思维模式。

## 参考文献


- Bloom, B. S. (Ed.) (with Engelhart, M. D., Furst, E. J., Hill, W. H., & Krathwohl, D. R.). (1956). *Taxonomy of educational objectives: Handbook: Cognitive domain*. New York: David McKay.

# 第 12 章
# 巴拉克中学及其附属学校的教学变革

爱德华·切瓦利尔 教育学硕士

在担任了十年教师后，我迎来了两个很棒但充满挑战性的机会：先是担任小学校长，后又担任中学校长。在这些职位上任职的经验加深了我对教育复杂性的理解。我亲眼看到教师们如何为小学生的学习打下基础。进入现在的岗位后，我同样也看到，我们许多中学生需要更坚实的技能基础以提升学习，这些技能将伴随着他们走过教育历程和职业生涯。

在我开展听课、走访和教育管理活动的过程中，我对这种需要有了更深的认识。我经常看到教师对在教新课时引导学生“记笔记”感到沮丧；我也听过老师们抱怨学生学习新知识、新概念时，不懂得“如何思考”。渐渐地，我意识到，在两个非常重要领域——一个是记笔记的技巧，一个是思维技能，我居然想不起任何外显式教学的范例，尽管教师们能明确地辨别并描述这些领域的问题。

显然，我很难在这些教室中找到我要追寻的学习的核心要义。我意识到问题不仅出在教师身上：他们讲解学习的思维技能时，缺乏通用而连贯的方式。我们的教师，需要在数年内持续、一以贯之、直接，并以差异化的方式向所有学生讲解这些技能。学生能力基础的缺失不是因为教师个体的疏忽，而是由于这是一个如此根深蒂固的系统性教育盲区，以至于很多学校都存在这样的教学结构性问题。在校园里，我们过去一直聚焦于学科知识和特定内容过程，却缺少可迁移的高品质心理资源[1]（mental resource)，以便清晰地为学生讲解超越单个教师的课程或特定科目的既有框架的学习过程技巧。当我热切地寻找能解决这些问题的方案时，我遇上了思维地图。我只能说这是命运对我的眷顾。思维地图并非迅速起效的灵丹妙药，但它在过去六年里为我的学校确立了一套能系统应用的通用语言。我日常所见的学业成功和学生的年终测验成绩都说明了这一点。我倡导在教学中采用思维地图的目的，是为学生提供一套有助于他们学习，并能让他们在以后的学习生涯中持续受益的工具，因为他们来自不同的小学。我当时并未预料到的是，思维地图还为学校带来一个隐形的、全校层级的益处：一种通用的集体话语，借助它，每个个体在融入学习型组织的过程中都能获得成长。

## 一所中学燃起的变革之火

巴拉克中学拥有大约 1100 名学生，坐落于得克萨斯州卡灵顿市。卡灵顿市位于达拉斯西北方向。卡灵顿 - 法穆尔独立学区原先只是一个郊区的中产阶级学区，绝大部分学生都是白人。但随着达拉斯市的日渐扩张，学生的族裔和经济社会水平也变得多样化。现在该学区的学生操 46 种语言，代表着 53 个国家。四个各有特色的小学成为巴拉克中学的附属学校，形成了融合不同社会经济、族群和文化面貌的学生群体。

每年有 400 名新生升入巴拉克的六年级，在这种情况下，挑战近在眼前：我们必须为所有学生建构和谐的团体——为学习和成功做好准备的团体，提供机会。我们必须帮助学生学会尊重多样性并欣赏新同学的优点。在这种情形下，思维地图的一

[1] 心理资源，人处理信息时消耗的资源。——编者注

个特性显得格外诱人：它能成为学生们的通用语言。对我们中学里的教师而言，“合众人为一体”这句话的意义再明显不过。在《差异化学校和课堂的管理》（*Leadership for Differentiating Schools and Classrooms*）一书中，汤姆林森和艾伦（Tomlinson & Allan, 2000）指出了一个严峻的现实，每隔三年，中学就要换一拨学生和家长，来自家长方面的新挑战也会随之升级。

在我的教师们接受思维地图培训之前，我首先参加了思维地图的基本培训。这真是令人眼界大开的体验。思维地图工具带来的益处体现在三个方面，在常年实践中，这三项益处已经被我们所证实。我相信这些益处对解决我校的问题有显著作用，甚至有助于解决全国所有中学面临的问题。

- **思维地图能帮助学生积极主动地处理信息。**思维地图能直接而具体地提出问题。中学课堂经常面临“怎样最大限度地调动学生的积极性”的问题。即便在最低限度，思维地图也能创建八个“预备”问题——即与八种思维能力有密切联系的问题。思维地图能搭建起从具体知识到抽象概念的桥梁。
- **思维地图能把具体知识与抽象思维联系起来，这是青少年学生的发展过程中不可缺少的一环。**思维地图为学生提供了灵活的工具，他们不仅能从无到有地在纸上创建自己的思维地图，更能创建自己的知识系统。所有思维地图都永远有扩展的空间，这种灵活性使得所有水平的学生都能将具体知识扩展到抽象概念，从而不断精进自己的思维力。
- **思维地图可用作授课、学习和评价的工具。**思维地图具有的灵活性，让所有教师都能在思维地图的单学科应用和跨学科应用中贡献自己的智慧。学生作为独立学习者和思考者，也可以将思维地图用于记笔记、做形成性评价和总结性评价。在学生思考、构思写作和回答多数课后问题时，很多教师会要求学生创建一幅或多幅思维地图，以展示他们的掌握情况。

## ○ 革新的初级阶段和重点

有人认为《掌控变革》（*Taking Charge of Change*, Hord, Rutherford, Huling-Austin, & Hall，1987）是关于教育变革的开创性著作。本书的作者们在此书中介绍了“关注为本采纳模式[1]”（CBAM）。根据这一模式，人们对新事物的运用可分为不同的阶段：从尚未使用、导向使用的初级阶段，到准备使用、机械式使用和日常使用的中级阶段，再到精深使用、融会贯通、升级使用的高级阶段。我们对思维地图的运用也是依照这一模式展开的。

在早期阶段，教师们对思维地图的适应程度和参与度各不相同。有的教师一开始就充满热情地投入使用，很多教师在很短的时间内就从导向使用阶段跃升到了精深使用，甚至融会贯通的阶段。也有的教师更为谨慎，他们只是偶尔才会使用思维地图，因此他们只能停留在机械式使用阶段。但思维地图的推广是全校性的，所有教师都把思维地图用在了自己的教学活动里，只是程度有所不同。因为思维地图培训的重点就是培养学生独立使用这些工具的能力。

我们学校的某位管理者，在某学年之初，没收过一本学生的手抄本[2]，其内容淋漓尽致地体现了思维地图以学生为中心的实践特色。一本手抄本的起点往往是中学生们认为自己找到了“终身好友”。他们把笔记本做成手抄本，经常性地用它跟好友交流，在咖啡厅或走廊里传来传去。一天，学校的一位管理者拿到了一位学生的手抄本，并在里面发现了三张高质量的思维地图，如图 12.1a-c 所示。那位学生在组织派对时，一开始用一张圆圈图确定了她的“密友圈”，随后又用两张树状图把有恋爱关系的同学安排在一起。

作为一名教育管理者，没有什么比这让我更开心了。我一直在寻找能帮助青少年学生独立做笔记和运用思维技能的工具，现在我终于找到了这些工具。

---

[1] 关注为本采纳模式，由美国学者霍尔（Hall）提出一种研究教师关注的理论。它包括三个维度：关注阶段、课程实施水平和革新构造。——编者注

[2] 手抄本，这里对应的英语原文是 slam book，指在美国青少年中比较流行的一种融合了日记和便签的自制笔记本。孩子们把这些手抄本在同学、朋友之间传来传去，以此交流。——编者注

图 12.1a　学生手抄本中独立绘制的圆圈图

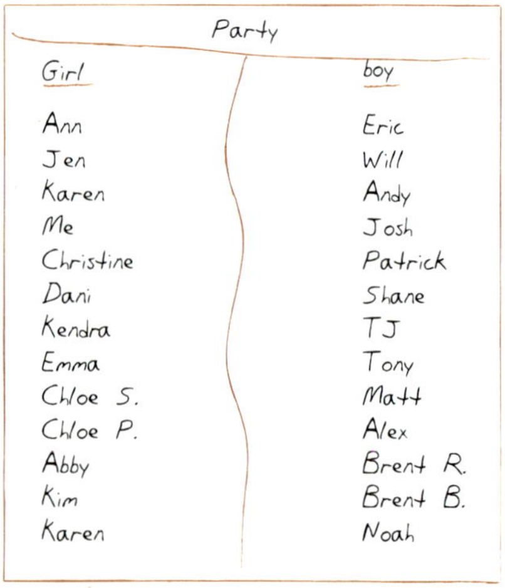

Party

| Girl | boy |
| --- | --- |
| Ann | Eric |
| Jen | Will |
| Karen | Andy |
| Me | Josh |
| Christine | Patrick |
| Dani | Shane |
| Kendra | TJ |
| Emma | Tony |
| Chloe S. | Matt |
| Chloe P. | Alex |
| Abby | Brent R. |
| Kim | Brent B. |
| Karen | Noah |

图 12.1b　学生手抄本中独立绘制的树状图

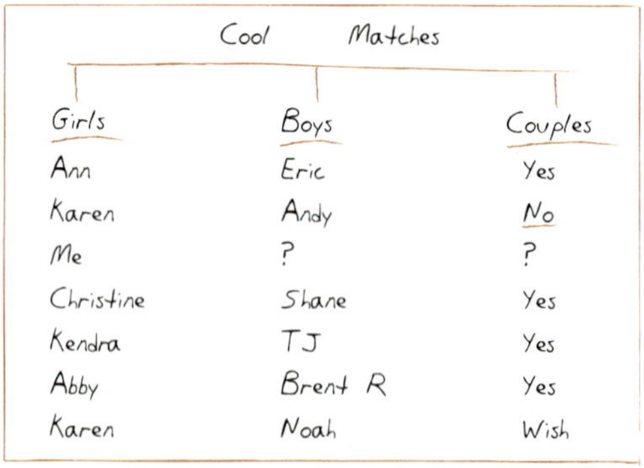

Cool Matches

| Girls | Boys | Couples |
| --- | --- | --- |
| Ann | Eric | Yes |
| Karen | Andy | No |
| Me | ? | ? |
| Christine | Shane | Yes |
| Kendra | TJ | Yes |
| Abby | Brent R | Yes |
| Karen | Noah | Wish |

图 12.1c　学生手抄本中独立绘制的树状图

## ○ 差异化交流

所有这些都有助于我们转而面对思维地图推广中的挑战：从点燃使用新发明的热情之火，走向“送风”阶段（让火焰燃烧得更旺盛）。为了增进思维地图的有效性，需要持续送风，推动热情和学业上的成功。在《差异化学校和课堂的管理》一书中，汤姆林森和艾伦（2000）强调了交流作为维持变革的一个重要因素的重要性。交流之所以重要，是因为它与学生家长和外界关系密切。优质交流的五个特征是：避免使用术语，关注学生的表现；保持一致性；坚持；在实践中保持互动；运用多种形式来分享和庆祝。在我们学校实施思维地图的过程中，这五个彼此独立的特性得到了充分体现：

### 1. 避免使用术语，关注对学生产生的效果

在这个标准和测验占主导的时代，我们不可忘记，作为教育者，我们必须为学生创造成功的机会，并为他们下一阶段的成功做准备。得克萨斯州和全国的教育者往往对学生的测验结果和他们在“不让一个孩子掉队”项目中的表现充满关心。令人欣慰的是，我们鼓励我们的学生使用思维地图，因为我们知道这些技能有助于他们在更深的层次上处理信息，对他们在国家级考试及其他标准化测试中的表现也有直接帮助。为了和我们的教师一块验证这一点，我们创造了一个机会来评估特定的州级课程标准，并搜寻能用于讲授和评价这些标准的特定思维地图。

我们邀请教师们检查自己所教科目和年级的课程，需要根据每一个课程指标（或标准），找出有助于学生掌握这些指标的潜在思维技能和思维地图。一位六年级社会科目教师詹妮弗·法洛（Jennifer Farlow）和她所教的学生为我们提供了一个例子。借助如图 12.2 所示的树状图，她的学生对信息进行了分类，并得到了一个用于划分国家类型的“经济发展三阶段”的可视化描述（及理解）。他们也清楚地呈现用于划分阶段类型的生产要素。以布鲁姆的教育分类体系为纲，教师们能同时看到学生在测验问题中用到的思维模式，以及他们（必须掌握的）应用与课程指标对应的思维地图的情况。

图 12.2　树状图：发展中国家社会学研究

## 2. 保持一致性

我们鼓励学生们有创意地、灵活地使用思维地图，同时我们也要确保可视化语言的一致性，这样它才能被用于解决复杂问题。举例来说，遇到测验中需要排序的情况——例如，“一个法案需要几个步骤才能成为正式法律？”——我们希望学生们能将流程图当作理解这一过程的通用语言。

布迪尼・布拉格（Brittnie Bragg）是一位语言教师。她分享了两个她经常在班上引用的例子。学生们每天来上课时，她会要求他们用一张思维地图把他们上节课学过、读过或做过的东西温习一遍。这是正式授课前的热身活动。过了一段时间之后，她从指定学生使用某种思维地图过渡到了要求学生“使用八种思维地图的任意一种，将上节课讲过的故事中你还记得的内容呈现出来”。这些热身活动为学生练习使用思维地图并独立自主地进行思维迁移提供了机会。

第二个例子涉及更高级的思维。辨认作者的风格、语气和情绪是一个富有挑战性的任务。在教学生辨认这些要素的过程中，布拉迪老师会让学生创建一个分成三部分的圆圈图（如图 12.3 所示）。学生们把故事的标题写在中间的圆圈里。风格、语气和情绪各占圆圈的三分之一。她鼓励学生们对故事中的这三种要素进行定义，并在参照框架内直接引用故事中内容或例子来证实他们的观点。这个例子体现了让中学生掌握通用而连贯的词汇的重要性。这是他们掌握思维技能和工具的基础。尽管学区有统一的课程，我们四所附属小学的学生对作者的语气、情绪和风格等抽象概念做出的解释却各不相同。

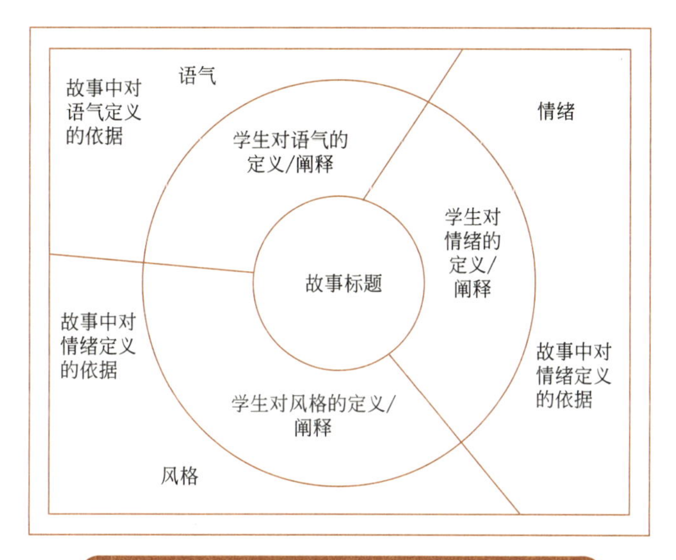


图 12.3　圆圈图：作者的语气、情绪和风格

## 3. 坚持

坚持是大脑的一种习惯（Costa & Kallick, 2000），它能够提升思维和沟通能力，而这对思维地图在校园中的成功推广至为关键。我们推广思维地图的努力已经持续了六年，为了实现推广，我们每年都会公开强调和执行某些标准。

首先，思维地图的运用是全校性的。每学年的前六周，我们都会对 6 ～ 8 年级的所有学生进行八种思维模式和思维地图的再培训。其次，所有新加入我们学校的教师都要参加“首日”项目——思维地图的入门培训项目，由有资质的培训师负责。第三，学校管理者会积极参与所有思维地图培训，并在此过程中，为教师学习运用思维地图提供支持。

## 4. 在实践中互动

在思维地图的应用过程中，应用效果有赖于参与者之间的互动。在过去的六年里，学校各学部、领导团队、规划团队对思维地图的有效性进行过很多讨论。教师们认为他们有推广思维地图的主导权，因为他们是班级活动的创建者。一个由教师和家长组成的团队制定了一个校园提升计划，这个计划包括了在教学活动中运用思维地图。近年来，思维地图也成为我们的管理和职业发展工具。举例来说，近年来我们在研究当代专业文献、州级测试得分数据的拆分和全校目标设定等项目时，就用到了思维地图。过去几年来，思维地图在巴拉克中学的附属小学里促成了一种持续的“规划 - 执行 - 研究 - 改进”模式。每年，小学的五年级教师与中学的六年级教师都会聚在一起开小升初会议[1]。巴拉克中学的六年级教师会兴冲冲地分享思维地图的益处和它在帮助学生在更高年级的学习中取得成功的作用。他们这么做的结果是，所有的附属小学都转而用上了思维地图。现在几乎所有进入巴拉克中学的学生都是使用思维地图的“老手”。

## 5. 运用多种形式来分享和庆祝

来我校参观的人到处都能看到思维地图的存在：它们被张贴在教室的白板上，散布于学生的笔记本里，展示在走廊里。综合运用思维地图软件（Hyerle & Gray Matter 软件，2007）使学生能以新方式来运用自己掌握的知识，并将自己的思维模式和学科知识存储在电子档案里。我们常用的另一种沟通方式是给家长们发送订阅消息。

我是在对为学困生提供协助的专职辅导员进行思维地图培训时意识到与家长沟通的巨大作用的。当时，学习中心的一位经理走过来跟我确认刚才讨论过的一件事。她的孩子恰好也曾是巴拉克中学的学生。

在讨论中，她问我她的女儿能否把思维地图究竟是什么解释给她听。作为一个充满荣誉感的校长，我回答说当然可以。几天之后，我碰巧又遇到了这位家长。她满心

[1] 小升初会议，该学校的小学是五年制，六年级就对应着中学阶段了，所以是小升初会议。——编者注

欢喜地告诉我，她的孩子的确知道什么是思维地图，还能说出与每种地图对应的思维模式。我一直相信即使在学生毕业后，他们依然会使用思维地图。这件事更加坚定了我的信念。

## ○ 让火焰更闪亮：信心与持续的成功

我们学校的学生人数一直在变动，我们面临的挑战也在增加，学生们的成绩也一直在提升。这让教育者、学生和学校管理者都备受鼓舞。我们的教师致力于让每个孩子都能从备感挑战走向成功应对，并获得这种成功的内在心理资源。玛丽·勒诺伊（Mary LeRoy）是巴拉克中学的一位数学教师，也是一位思维地图培训师。她这样表达自己的信念：

> 当我看到一位曾在数学上一直存在困难的学生后来信心满满地去解决数学问题时，我和那位学生都体验到了成功的滋味。思维地图把这种自信带给了很多学生。思维地图成为我的学生们组织信息、创建并解决多步骤问题、规划项目的工具。它的作用还不止这些。以前，一位表现不佳的学生看到数学试卷时，看到的只是白纸黑字和难以避免的失败。而现在，这位学生看到的只是一个个问题，每个问题都指向思维地图。

从那天起往前倒推七年，当我第一次意识到老师们抱怨学生记笔记的能力不足和缺乏思考能力的问题能用思维地图解决时，我并没有预料到，这种基于基本思维模式的工具竟然能使我的学校发生彻底转变，使它成为一个更富学习精神的机构。

教师们需要耐心，才能既见森林又见树木——不同的学生构成了学生整体，而每个学生个体都有共同的成长需求。思维地图这一通用语言，使得一位曾对数学功课倍感头疼的特殊学生，最终向老师提出一个小问题：“我能用思维地图解题吗？”

## ○ 参考文献


- Bloom, B. S. (Ed.) (with Engelhart, M. D., Furst, E. J., Hill, W. H., & Krathwohl, D. R.). (1956). *Taxonomy of educational objectives: Handbook: Cognitive domain*. New York: David McKay.
- Costa, A., & Kallick, B. (2000). *Activating and engaging the Habits of Mind*. Alexandria, VA: Association for Supervision and Curriculum Development.
- Hord, S., Rutherford, W., Huling-Austin, L., & Hall, G. (1987). *Taking charge of change*. Alexandria, VA: Association for Supervision and Curriculum Development.
- Hyerle, D., & Gray Matter Software. (2007). *Thinking Maps* (Version 2.0, Innovative Learning Group) [Computer software]. Raleigh, NC: Innovative Sciences.
- Tomlinson, C., & Allan, S. (2000). *Leadership for differentiating schools and classrooms*. Alexandria, VA: Association for Supervision and Curriculum Development.

# 第 13 章
# 建设思维型学校（新西兰）

吉尔 · 胡博　艺术硕士

我一直坚信所有的学校都能成为“思维学校”——那种有意识地、系统性地通过各种方式培养学生的认知能力和批判性思维的学校。本章涉及的学校，是位于新西兰奥克兰的圣库斯波特学院（St. Cuthbert’s College）。一开始，这所女校试行并评估了一系列思维策略和运用方法，此后学校意识到，彻底引入思维地图、展开培训并推广，是理解认知策略的基础。我先在该校担任副校长，后又成为该校的研究员和顾问，其间我逐渐认识到，这一基础将使得其他思维策略也能得到运用，实际上强化了各种思维策略的组合运用。随着时间的推移，教师和学生们将能够根据自己的需求，独立地选择最适合的运用策略。学生运用思维地图只是一个开端，而我们的终点或长期目标是——成为一所思维学校。在过去三年里，我们见证了（通过与伊斯特大学认知教育中心合作）思维地图融入英格兰的十多所学校的过程。这一过程，完善了他们对 21 世纪学校的定义——专注于广泛的思维过程。

圣库斯波特女校发展了很多学习策略，而其中最关键的就是通过思维地图深入理解基本思维过程。其他的补充学习策略，包括在行为领域运用科斯塔和卡利克（2000）

的心智习惯理论和利用布鲁姆教育目标分类学向学生解释进行复杂思考时可以采用的步骤。此外，学校对哲学也有关注，这最初源于由马修·利普曼博士（Dr. Mathew Lippman）发起的“儿童哲学课”，不过现在提问、立论、逻辑思维与横向思维、假设、生成概念和伦理思辨都在该课程中占据了不少学时。有些学时被特意安排来教学生手机和博客的使用技巧，以便让学生在课堂之外也能运用思维地图。这导致学校信息技术部门的规模扩展了不少。该部门致力于回应学生，在复杂而灵活的思维社区中联通老师与学生，尊重他人的观点并做出响应。

学校采取的这些措施，使学习和思维在学校的一切事务中处于中心地位。学校之所以将自己视为一所思维学校，是因为它所提供的所有机会都以提升学生的思维能力为目的。

## ○ 开启征程

我们学校在 20 世纪的最后几年开始了一场变革，以期形成一个学习者社区，学习者们能超越“有默契地使用思维技能”。多年来，我们通过研究、实践、个人探索和大量对话，致力于将思维地图融入校园活动。经过近年来的努力，我们相信我们的学校已经实现了对这些工具的“省思式运用”——即包含反思和评价的元认知应用（Swartz & Perkins，1989）。我们也确信，如果学生能省思式地运用思维地图，将大大提升他们的思维技能、激发他们思考和合作的自主性。这些能力无疑是每个学校重要的培养成果，如果不是必须的话。

外显式思维教学是基于这样一个假设，教授思维技能（比如，你能辨识并教给学生有意识决策所需要的全部技能）会促进学生思维能力的全面提升。狭义来说，针对某一问题来教思维技能策略和工具并测试学生对这些技能的认知理解或应用这些技能的能力，是可行的。从广义上说，过去数十年来，很多教育者和思维技能研究者都认为，直接向学生传授思维技能不仅可行，也是教学改革中培养学生的跨学科思维能力以及更深层次的学科思维能力的必要步骤，最终的目的是让学生具备解决跨学科问题和终身学习的能力。我们学校同时有这两种需求：直接、正式地教授思维技能，以及把这些技能迁移到学科知识中。

圣库斯波特学院是一个独特的K12女校，有1500名5至18岁的学生。学校的目标不仅是培养学术、体育和文化素养等方面出类拔萃的学生，对学生的品格和价值观同样也有较高要求。学校长期致力于开发一种系统而综合的思维技能运用策略，这促使我们最终选用了思维地图，以持续地聚焦于我们的上述目标。

所有参与其中的人都有这样一个期待，我们要满足学生的个性化需求，培养能进入心仪的大学和专业的毕业生，培养实现高等教育和成功人生所需的态度和技能——鼓励成功和个人实现。家长们一方面希望学校能保持自己的传统，另一方面又希望学校有创新精神。通过我们的自我革新，我们从一所学术表现优异的学校转变为一个真正的学习型组织，把我们凝聚在一起的正是对优质思维模式的重视。一路走来，我们的学业水平已经跻身于新西兰最出色的学校之列，但对一直力图更深刻地理解大脑工作机制和致力于推动学校成为一个思维乐园的我们来说，这只是附加效益而已。

## ○ 第一阶段：发现了太多的可能性

1992年，变革之初，我校的教师和管理层首先通过这些问题审视了我们的校园理念：我们学校想要培养什么样的学习者？他们应具备哪些行为、态度、技巧和知识？我们都希望自己的学生能成为有终身学习能力的自主学习者，我们希望他们以积极的态度去面对各种境遇和问题，执着地追寻解决方案和答案。

而一直以来，学校（比如我们学校）教师的标准是设计出精彩的课程，为学生提供必要的参考书、笔记并对学生进行测试和培训，总之，他们要为学生提供学习机会。教育的重点是传播知识，期望学生学习并记住这些有用的知识，从而能在国家考试中取得好成绩。尽管我们的学生在全国高中统考中的成绩相当不错，但一些教师总觉得我们培养的学生没有自主学习能力：他们的记忆力十分出色，愿意为阅读和学习付出努力，但他们的作业拘束、呆板而平庸，不具备原创性、新意和冒险精神。反映在现实中，我校的很多优秀学生都能拿到75～85的分数，但只有很少一部分人能拿到90

分以上的分数并获得大学奖学金。我们认为我们有责任改变学生的现状。于是在 1992 年我们开展了一个项目，希望借此培养学生的自主学习能力。

首先，我们列出了自主学习者应具备的所有素质。我们这么做的依据是因为我们相信，高效的学习者同时也是优秀的思考者，他们拥有一系列可以用于工作的内在策略。之后我们就以下问题进行了辩论，以实现变革，创建学习型社区：

- 如何改变我们的教育实践？
- 如何改变学生对教育的态度？
- 如果我们的目标是“更好的思维能力”，学生需要具备哪些能力或策略？
- 在现存的与思维相关的大量理论、实践和最佳教学策略中，我们要选择哪种作为我们的模型，选择哪种策略？

1992 年底，我们为那些有意鼓励学生进行深度和独立思考的教师，提供了众多有趣的策略、方法、框架和项目，以便他们选择。我们的一群教师把所有能找到的相关文献都读了个遍，并参加了最佳教育实践课程的培训。很快问题就出现了：可供选择的太多了。每个参加过培训或阅读过相关书籍的教师回到学校后都满怀热情地尝试他们新学到的方法，各自为战。纵观整个学校，我们能看到不同的教师在“实践”着不同的模式，比如爱德华・德博诺（Edward de Bono）的“认知研究信托基金会”项目、思维地图、多元智能和学习风格理论。

所有这些都让我们这些教育革新运动的参与者万分激动。在 1993 至 1994 年之间，我们全校的教师们举办了多场职业发展培训活动。有些教师还成了某种模式的专家。然而，1994 年年底时，我们清楚地认识到，虽然我们个人的教学实践有了很大改变，但在全校层面根本没有影响到学生。学生虽然能从富有创新意识的教师那里听到精彩的课，但并没有辨识出课程中或其他地方运用的策略。学生的思维模式和思维习惯依然没有改变。他们也没有获得一套策略可以日常地用于学习，使之更有意义。我们清楚地意识到学生几乎无法将这些策略迁移到概念学习中或内化为自己的能力。

## ○ 第二阶段：聚焦思维迁移和“双重作业”

后来，我们全体教师决定把重点放在迁移上：我们聚焦于一些选出的策略，同时在所有学科中讲授、练习、辨认，以便让学生们看到它的可迁移性以及在不同情境下它们的不同运用方式。我们从少数项目中挑出了一些课程并坚定地相信，如果学生能以各种不同的方式去执行一项任务，那么他对任务的内容将有更深刻的理解。我们将这种方式称为“双重作业”：如果某节课需要学生以线性方式记笔记，那么该堂课的作业就可能是让学生与父母讨论自己的笔记；如果课堂上使用了组织图，那么接下来则可能让学生以线性方式做笔记。在当时，我们使用过诸如鱼骨图、韦恩图、序列框等的组织图，以及思维导图（或概念图）。当时我们谁也没有真正在意这些宽泛的、彼此孤立的图表与认知功能有什么联系。教师们只是用它们来整理要讲授给学生的内容或要布置的家庭作业而已。它们是预先设置好的：教师们会要求学生在固定的格式中填写内容。

1998 年，我们开始重新审视我们的思维能力培养项目。虽然我们投入了很多精力，但它依然像是一个提升教师教学技巧的项目，而不是为了培养学生的自主学习能力而存在。我们做错什么了吗？更好的教学的确让所有学生有所进步，但对我们来说，并没有使学生有显著改变。我们再次转向科斯塔（Costa，1991）的理论，他认为学校应该是个思维乐园。依照这个愿景，学校集体的每个成员都应该努力协作，将思维置于一切事务的中心。我们需要的是一种通用的、全校级的、能被所有人使用的语言。学生可以从 5 岁学起，一直到 18 岁依然能继续探索它。我们可以在学生还很小的时候就向他们介绍某种优秀的思维技能，并在接下来的许多年里继续拓展这种技能，这样才能促成学生的真正转变。但究竟哪种思维技能才能实现这一点呢？

## ○ 第三阶段：以一种通用语言凝聚全校力量

1999 年，我们决定开展为期一年的研究。在这一年里，对思维能力有兴趣的教师将对不同的措施、项目和策略进行考察，以判断它们能否成为高效思维模式的基础。

我们从批判性、创造性和关怀性 / 情感感染度等方面聚焦思维的主要元素。显然，思维地图似乎是种不错的策略，聚焦八种基本认知模式和并运用参照框发展元认知能力。我们面临的挑战是如何能让教师和学生都将这些图形视为有效的思维过程工具，作为通用语言融合运用，而不是彼此孤立的组织图。当时，我们的目标是通过三到五年的实践让学生掌握一系列运用策略。

## 第一年：引入思维地图（1999）

将一种通用可视化思维语言纳入圣库斯波特学校的十二个年级的所有教学活动，是一项充满野心的举措。我们决定以三年为一个周期初步在校园中实施思维地图教育。一开始，我们先在正式授课之外教学生使用思维地图。之所以这样开始是因为，有研究显示（Perkins & Salomon，1989），认知技能无法自动习得，只能以外显的方式教给学习者。这是个所有人都参与其中的正式计划：所有教师都看好它、针对它做了规划，并一致同意在教学中使用它。

接受了基本培训后，教师们被分为不同的组，在学科和单元范围内探索思维地图的运用，并在他们收获自信时提供后续培训课程。一开始，他们局限于不同类型的思维地图的作用以及组合使用时的效果——我们鼓励他们聚焦于培养学生的自信心和跨学科运用。

我们也建立了一个专门的“思维部”，聘请了一位思维地图协调员来管理项目并使用“六步法”撰写培训课程。这六步分别是：标注策略（认知技能和思维地图）、阐释目标、实践（提供实践经验和反馈）、迁移（迁移到不同的内容语境中）、评价和反思。教师的态度至关重要，凡是教师自信满满、准备充分的情况，教学策略就能取得良好的效果。

低年级的学生和老师对思维地图策略持积极态度，但一些高年级的教师则持更为谨慎。高年级的教师对自己在非正式课程中的教学能力比较关切。他们不喜欢为概念迁移创建“人为”或“刻意”的机会。还有一些高年级的学生质疑将各个类型的思维地图分开讲授的合理性，因为：“我们的老师已经在课堂上教过我们如何创建思维地图了。”这些年龄相对较大的学生说：“我们知道如何思考，不用你来教我们。”一般来说，如果教师较为自信，也善于说服别人相信他们采取的教学模式的确能带来改变，那么他们就能轻易解决这一问题。相反，如果教师自己都对把这些策略纳入教学的效果感到不确定，那么这一过程就可能变得非常困难。

尽管遇到了困难，但最终我们还是达成了“用外显的方式把思维地图介绍给学校里的每一个孩子”这一目标。学生们能按要求在一系列情境中非常灵活地融合运用所有思维地图。多数教师模拟元认知过程时，会问学生：“我需要分析这则信息——你们觉得用哪种思维地图最合适？”我们发现，学生们往往能做出更好的选择，灵活运用，包括运用一系列思维地图来做决定或扩展观点。

我们相信，我们一开始鼓励教师让学生做双重作业的方式是有回报的。在上某些课时学生用思维地图做笔记，而做家庭作业时则会用线性笔记处理这些信息，要么就是反过来。我们看到学生之间合作良好，有些学习小组负责在课堂上以思维地图的形式做笔记，以团队形式共同合作最大限度地扩展各种观点。当学生能用可视化形式把自己的想法呈现出来时，扩展自己的观点就会容易很多。学生们也喜欢对集体创建的思维地图进行补充。

在和各学部合作将思维地图融入学科的单元和课程方面，我们也相当成功。这些“迁移课程”几乎总是受到教师和学生的欢迎。这些课程的目的是让大家明白，思维工具如何恰如其分地运用于跨学科课程——怎样用于作业和学习、评价、解决现实生活中的问题和做决定。

教师们开始认识到思维地图在导出已有知识方面的有效性。他们经常会要求学生在讲课开始和结束时各画一幅思维地图。通过对比这两幅思维地图，学生们能看到自己的进步，体会到自己作为学习者的自我效能。这就是元认知和评价带来的效果！由于学生能自己选择用哪种思维地图去处理任务，他们也因此而获得了良好的自我感觉。 有些教师一开始对思维地图不怎么热心，因为他们觉得在自己所教的科目上，他们有自己的一套方法。但当这些教师看到思维地图能清晰地呈现学生们思维有误的地方后，也变得更为积极了。仿佛突然之间，所有的学生们都获得了分析彼此的思维模式并从中收益的机会。

## 第二年：独立使用思维地图的例证（2000）

在将思维地图引入教学的第二年，我们已经很清楚：学生明白了思维地图是怎么回事（思维地图的隐性应用阶段），但我们不知道学生们独立运用思维地图的能力如何。我们想知道学生在多大程度上已经从思维地图的隐形应用阶段过渡到了主动运用甚至策略化运用的阶段。当我们提出要求时，学生们能遵从我们的要求运用思维地图，但我们觉得他们并没有明确的目的性。在 2000 年时，我们决定收集现阶段学生独立运用思维地图能力的案例。

为了考查学生解决问题时能在多大程度上熟练而“反思性”地运用思维地图，我们会要求学生在 20 分钟时间内使用思维地图解决一个长期问题。比如，有一位教师，在给学生播放加里·罗森的动画时，幽默地向学生提出了一个与濒危生物有关的活动，很有挑战性：

> 想象你是一位研究者，你和同事们承担这一项任务：扭转濒临灭绝的“气球动物[1]”的颓势，这一物种的生存环境已经十分恶劣了。请使用思维地图列举、组织和评价可能影响气球动物数量的因素（如环境因素、灾变因素、食物供应、疾病、竞争、生态旅游等）。请根据你创建的思维地图设计一个扭转该物种灭绝趋势的方案。

教师对学生的行为进行了评价，并对他们熟练而灵活地运用思维地图的能力给予了表扬。有一个四人学生小组利用不同形式的思维地图对这一问题进行了分析，并创建了图 13.1- 图 13.5 所示的思维地图。

这项活动的目的是评估学生以合作小组的形式，如何通过使用思维地图，运用多种思维过程，解决动画和自然中发现的科学问题。透过这些学生的作业，我们能够了解思维地图训练的效果以及他们借助思维地图解决多步骤问题的能力和决策能力。结果表明，尽管一些学生已经能从策略层面运用思维地图，甚至达到了反思层面，但多

[1] 气球动物，指动物形状的气球。这里有点小幽默，教师在题目里虚构了“气球动物”这个濒危物种，让学生用思维地图来设计扭转该物种灭绝趋势的方案。——编者注

数学生仍未达到我们“熟练运用思维地图”的期望。

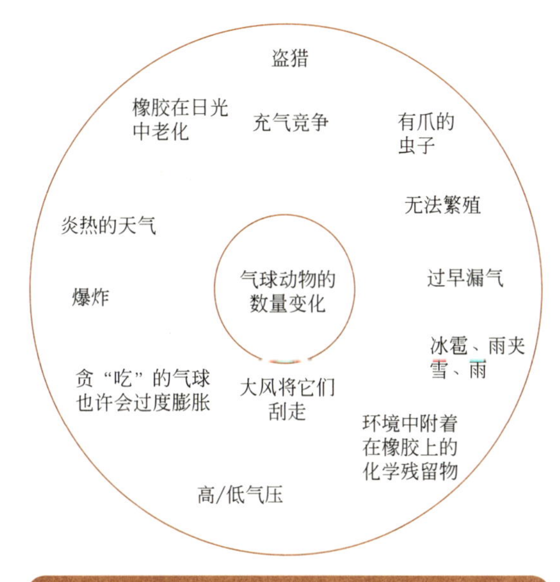


图 13.1 圆圈图：影响气球动物数量的因素

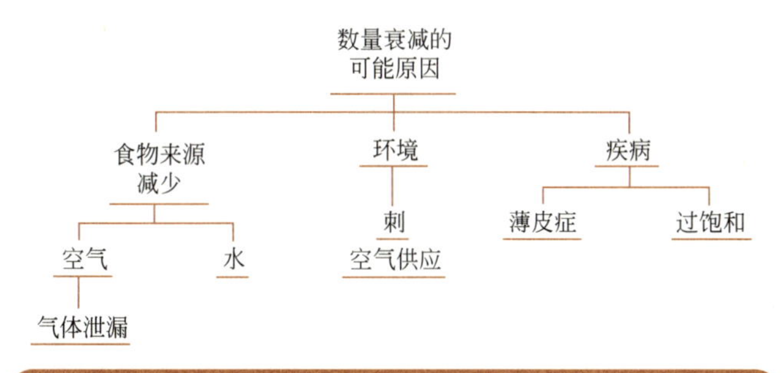


图 13.2 树状图：对影响气球动物数量的因素进行分类

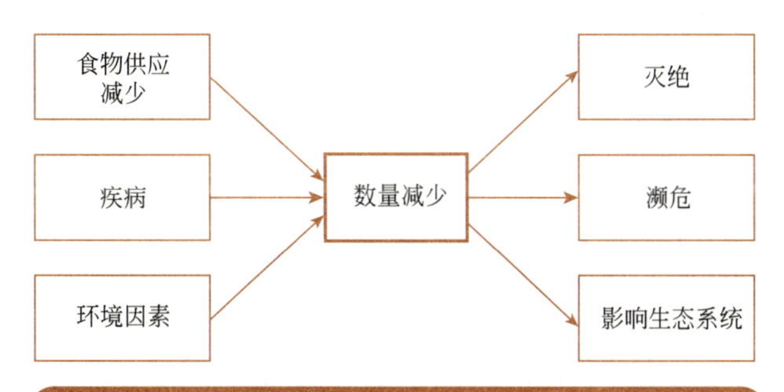


图 13.3 复流程图：气球动物数量减少的前因后果

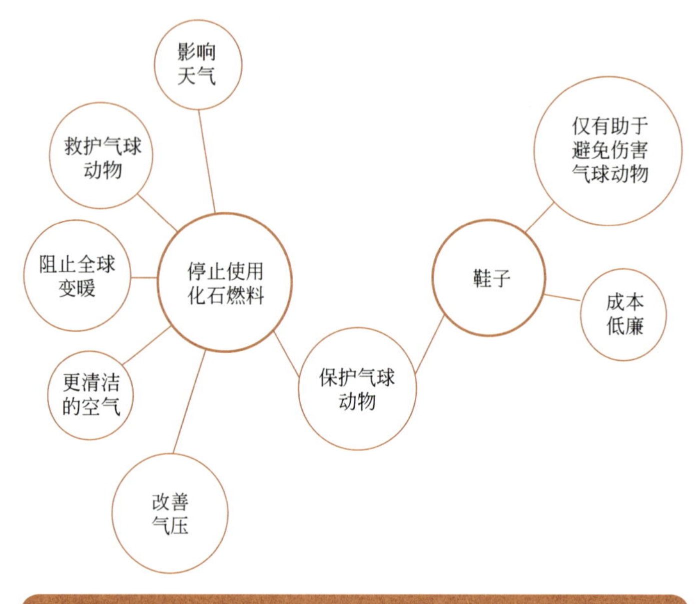


图 13.4　双泡图：比较气球动物衰减危机的不同解决方案

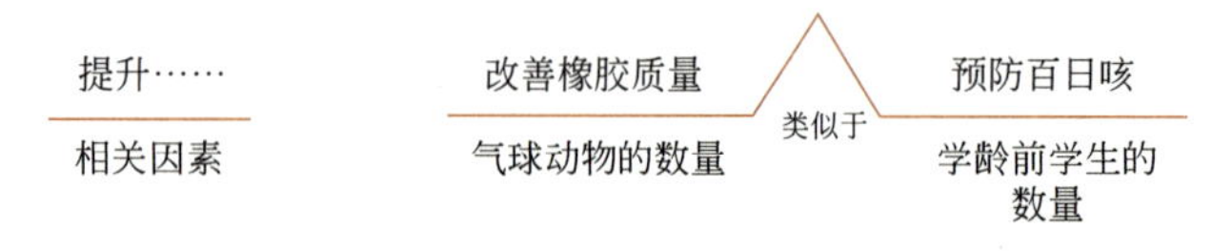


图 13.5　桥型图：在类比关系中考察各种可行方案

## 第三年：回顾与前进（2001）

从对学生的考察中我们意识到，还需要继续以外显的方式把这些工具传授给学生。学生自主思考能力的培养不是一两年就能完成的。它需要在学生的学习生涯和终生生活中慢慢养成。我们在 2000 年对学生进行的评价显示，很多学生和教师都未能如我们预料的那样，成为熟练而自主的思考者。为了促使学生熟练地掌握思维地图，我们需要对学生的思维地图培训进行调整。

尽管让教师和学生重新来过，存在一定的风险——很多学校不愿为长期改变而努力——我们还是针对高年级学生创建了一个更贴合实际、主题更明确的学习机会。这一计划以学生们对“大日子”（长达 12 小时的一个音乐节）的感想为基础。很多学生和他们的朋友都参加了。我们还在校内进行一项问卷调查，询问的内容包括：学生使用过哪些思维地图，他们是否在校外情境中运用思维地图组织自己的观点，以及他们是否认为思维地图对促进他们的思考能力有帮助。

在小学中，学生们对思维地图普遍持积极态度。他们曾在不同情境中使用思维地图，而且会在学校和家里借助思维地图提升自己的思考能力。而对于中学生来说，结果在预料之中。有些学生从教师那里得知了思维地图的价值，在不同学科中接受过使用思维地图的训练，这类学生对思维地图的效果持积极态度，对思维地图能提升他们解决问题或整理相关课题的能力持积极态度；另一方面，那些很少有机会在各科学习中使用思维地图的学生，以及那些其老师很不情愿使用思维地图的学生，则认为思维地图“无聊”“浪费时间”。由于没有机会练习思维地图，这些高年级学生对思维地图较为漠视，认为它们毫无意义。

教师们在推广思维地图方面的努力和思维地图显现的效果又一次出现了差异。2001 年，我们赋予了高年级教学组的教师更多自主权。我们向中学教师们提出以下问题：你的教学组最看重哪些思维模式？在鼓励学生获得这种思维模式的过程中，你最深刻的体验是什么？你打算采取什么思维地图活动来促进学生这些思维模式的发展？如何呈现这些思维模式的效果和价值？

校方要求教学组把“思维关注点”列入自己组的教学计划中，教师可以查询这些关注点。各教学组选择的关注点各有特色，很有意思。科学组将提升学生的元认知能力视为关注点，他们的方法是将排序能力（流程图）与设计模式联系起来；艺术教学组希望借助思维地图加强学生的问题解决能力和元认知水平；社会科学组的教师更为重视规律，他们的关注点是借助流程图排序和借助双泡图进行比较和对比；而在音乐组，教师们则在探索利用括号图改善音符和音程教学的可能性。

## 第四年到第五年：一种通用语言（2003）

经过持续的强化和再培训，到 2003 年底，思维地图已经成为我校的通用可视化语言。教师和学生运用思维地图的能力大幅提高。思维组也扩充成了一个拥有两位全职教师和一个助理团队的部门。教学区所展示的学生使用思维地图的例子不断增加。思维地图已经成为常用的评价和课程工具。在我校中学部，我们看到，能灵活使用思维地图的学生数量比早些年增加了。这些学生已经能够综合运用思维地图来解决任务。在小学部，大部分学生到六年级时已经能够熟练使用思维地图。他们同时也能得心应手地使用思维地图软件（Hyerle & Gray Matter 软件，2007，参阅第 10 章）。

我们继续在小学以外显式的教学方式推广思维地图。在推广了三年思维地图之后，我们只需要向新入学的中学生讲授不同思维地图的使用方法就可以了。每年我们都会向新加入学校的学生和教师提供速成思维地图培训。思维地图协管员也会向学生个体和教学组持续提供帮助。

截至 2003 年年底，我们看到，师生对思维地图的运用有了显著进步，特别是在圣库斯波特学校将每周的职业发展培训时间扩展到一个半小时之后。我们会培训教师如何将思维地图与其他思维或学习策略结合起来。这能帮助学生在学习学科知识时综合运用多种策略。如果我们能融合几种不同策略——例如将科斯塔的 16 种心智习惯与思维地图相结合——我们就能减少这些策略的孤立性，强化思考和学习过程的整体性。思维的质量也会由此提升。以下是我们推行的教育革新所带来的一些衍生效益。我校的教师开展的探索性实践包括：

- 研发培养学生元认知意识的教案，在教案中教师们列出了明确的学习目标及他们要问学生的问题，这些问题致力于引导学生自主选择合适的思维地图。
- 通过在内部网络上举行学习活动，鼓励学生投入其中。学生们可以选择某个页面上的课程活动作为任务，点开超链接，一系列指向高阶思维、思维地图和多元智能的各种活动的链接便展露出来。他们可以直接下载这些资料，纳入自己的解答中。
- 通过在全校层面形成主动应用思维的风气，鼓励灵活运用思维地图，使用思维地图和探究式技巧处理现实情境中的问题。

上述的这些例子反映了思维地图的一致性和灵活性，也反映了变革过程推动学生对思维地图逐渐得心应手这一特质。借助基础思维过程和学习策略，我们学生的成绩变得优异。我们学校在新西兰国家教育联盟的排名持续上升，逐渐成为全国学业领先的学校。在过去五年里，我校在新西兰中学会考中各项排名的成绩都位列前两名。我们的学生在国际测验和 PAT 测验（阅读、听力和理解测验）中的成绩也不断进步。我们得到了学生和家长的高度认可。我们已经升入大学的学生，也依然持续运用思维地图与线性写作相结合的双重编码方式。

不过，最大的进步在于，我校建立了协作、互动式的课堂模式，学生和教师能充满自信地讨论并彼此学习。我们了解到，当学生们借助灵活的通用思维语言，与同学合作以可视化形式完成作业（这是学习社区变革的基础）时，他们更愿意在班上分享。对学校的教师和领导者来说，当我们专注于团队协作时，我们能在各自的学科内更深入地工作。十年过去了，我们依然在变革的浪潮中起起伏伏，为我们的学校成为思维的家园而不懈努力。

## 参考文献


- Bloom, B. S. (Ed.) (with Engelhart, M. D., Furst, E. J., Hill, W. H., & Krathwohl, D. R.). (1956). *Taxonomy of educational objectives: Handbook: Cognitive domain*. New York: David McKay.
- Costa, A. L. (1991). *The school as a home for the mind. Palatine*, IL: IRI/Skylight.
- Costa, A., & Kallick, B. (2000). *Activating and engaging the Habits of Mind*. Alexandria, VA: Association for Supervision and Curriculum Development.
- Hyerle, D., & Gray Matter Software. (2007). *Thinking Maps* (Version 2.0, Innovative Learning Group) [Computer software]. Raleigh, NC: Innovative Sciences.
- Perkins, D. N., & Salomon, G. (1989). *Teaching for transfer*. Educational leadership, 46(1), 22–32.
- Swartz, R. J., & Perkins, D. N. (1989). *Teaching thinking: Issues and approaches*. Pacific Grove, CA: Midwest.

# 第 14 章
# 密西西比的故事
## 从幼儿园到大学的成果

马杰恩・卡乐霍夫・保尔　教育学博士

密西西比河的源头是伊塔斯卡湖，一个位于明尼苏达州的冰川湖。在泄湖口附近有一处水流湍急的浅湾，大约有 2 英尺深，一个人摸着石头就能涉水而过。河水继续朝南奔流，由于遇到的阻碍更少，水势变得更加汹涌，河流也变得更为深邃辽阔。一路上不断有支流汇入，密西西比河的水势愈加汹涌。进入新奥尔良境内后，它已有 200 英尺深，半英里宽。河水浩浩汤汤，奔向墨西哥湾。

从密西西比河三角洲到墨西哥湾沿岸，跨越整个密西西比州，思维地图在这片土地上广泛而深入地被应用着，从一个社区到另一个社区，从教师到教师，从学生到学生。过去几年里，当密西西比州的学区将思维地图融入教学后，教师们便开始了我们所说的“摸着石头过河”的过程。第一年里，他们走得并不顺畅。但密西西比州各个学校的教育者都是他们的“踏脚石”，为他们提供依靠和帮助。在坚持使用思维地图几年之后，教师们已逐渐能够得心应手地运用不同类型的思维地图，同时也赋予了自己所教的内容更深刻的意义。在这一过程中，我们为教师提供了多方面的帮助，包括将思维地图与年级目标、写作模式、阅读理解策略、州级教学标准结合起来，以及将这些富有价值的工具以新颖而多样的方式传授给学生。教师们在教学中持续使用思维地图的结果是，学生们也逐渐掌握了思维地图，他们的思维变得更为深刻、开阔、丰富而高效。

本章列举的例子来自从学前教育到大学课堂的广泛成果。在本章结尾部分，一位名叫苏珊妮·伊斯的中学教师讲述了帕斯克里斯廷学校的故事。2005 年 8 月 29 日，该学校被卡特丽娜飓风完全从地图上抹去。但重建后，该学校重新屹立于成功的巅峰。

## ○ 思维地图在大学的应用

1981 年，我加入了琼斯县专科学校的教职员队伍，担任学校的阅读、学习技巧和英文科目指导教师。该校位于密西西比州的艾利斯维利。我面临着解决学生个体需要、在保证学校课程统一性的同时照顾学生的个体差异的挑战。我所在的学校需要融合不同的能力层次、一系列潜在课程和高等教育规划。由于美国的多数社区大学 / 专科学校都奉行开放政策，不论学生的能力、年龄、经验背景和职业目标如何，都可以进入此类学校学习。这就带来了学生面貌多样性的严峻问题。学生的高等院校入学考试（ACT）成绩从 8 分到 32 分不等。要求接受教育的学生的个性也更为张扬、更不合传统。优渥的政府补贴和奖学金的鼓励、对高等教育效能的广泛信心，再加上复杂的技术型社会的需求，这一切使得这类学校的学生人数空前增加。

在琼斯县专科学院执教之初，我就被学生们的表现惊得目瞪口呆。他们根本无法把我在课堂上讲授的思维技能迁移到其他学科中去。我花费了近 10 年的努力寻找更为有效的思维策略，但并未找到。直至后来我遇到了思维地图，局面才明显改观。当我开始使用思维地图时，其他科目的教师告诉我：“你的学生在我的课堂上涂鸦。我讲课的时候，他们却在画圆圈和方块。”“不是这样的，”我充满自信地回答说，“他们不是在涂——他们在思考！”我意识到，我获得了一整套可用于学习的可视化工具，但我还需要帮助学生们培养运用这些工具的能力，并将其迁移到不同的科目上。

伴随着对思维地图的运用，学生们的学习方式也发生了转变。他们对教科书的厚重不再感到畏惧，而是开始将阅读任务绘成思维地图，对这些材料进行组织和简化。通过将思维地图用于特定的文章，他们逐渐能够辨认段落和章节中的规律。进一步将思维模式与思维地图结合起来之后，他们便能够发现特定任务所需的思维类型。我的一位女学生很小就被诊断为患有注意力障碍。多年来她不知换过多少老师，这些老师向她介绍过各式各样的学习策略，但都没什么效果。在我教她学习思维地图之后，她说："我喜欢思维地图，因为我就是这么思考的。现在我有办法组织所有的信息了。"她把历史课材料也绘成了思维地图，并在她的第一次美国历史测试中取得了完美的成绩。

## ○ 成果报告：社区大学层面的阅读理解

在我任教的学院推行了数年思维地图教育之后，我觉得有必要考察一下已融入现有阅读课程的思维地图对学生的阅读分数是否有明显提升，以及学生的类型（传统 / 非传统）对思维地图的效果有何影响。我以 92 个学生为样本，将他们分为控制组和实验组，进行了为两个学期的考察。我以使用思维地图的控制组学生和不使用思维地图的实验组学生，在阅读成绩、快速阅读表现、语音、理解、浏览、结构、词汇和单词要素等方面的差异为主题撰写了一份分析报告。我基于威尔克斯统计量标准（Wilk's lambda criterion）运用多元协方差分析法（univariate analyses）进行必要的计算。接着，运用单变量分析来解释所有重要的多元结论。

从数据上，我们发现了用思维地图分析阅读理解的重要的几个主要效应。在针对快速阅读、理解、结构、词汇和单词要素的 7 个细分测验中，共有 5 个测验在 01 级体现出明显差异。使用思维地图的组在所有 5 个变量上都超过了未使用思维地图的组。通过协方差状态分析进行单变量分析，所得各项结论与多元变量分析的结论是一致的，即只有主效应在统计上才有重要作用。这些主要发现反映了我对自己所教的班级的观察：思维地图对学生在阅读理解测验中的分数有较大影响。学生的年龄、社会角色或其传统性与非传统性等因素对其阅读分数影响并不大。

这些发现作为我的学位论文在南密西西比大学发表（Ball, 1998）。这些发现连同学生的进步，都增强了我对思维地图作为一种不可替代的教学可视化工具的信心。每学期末，我都会询问学生他们认为哪些策略对他们的学习最有帮助，90% 的学生都认为，思维地图在研习教科书、组织材料、提取信息和应对考试等方面最有帮助。

学生们的回答包括："为什么上了大学，我才遇到思维地图呢？""思维地图真的很有用，它帮我提高了成绩。""思维地图让我找到了做事的窍门。"

## ○ 超越期待

我永远记得戴安娜走进我在琼斯县专科学院的阅读和研究技巧课的那一天。她有着工作后回炉深造的老学生所具备的全部拘谨。她似乎很聪明，但离开学校这么多年后，她对自己的学习能力很没自信。

戴安娜 16 岁那年被诊断出了关节炎，20 多岁的时候又被诊断出多处骨硬化。由于她的身体状况，曾有人断言她永远不可能成为一个高效的学习者。尽管离开了学校这么多年，尽管她缺乏自信，但是在我的班上，她表现得很出色。借助思维地图，她能有效组织材料用于讨论和测试。随着时间的流逝，戴安娜把思维地图带给她的成功与喜悦分享给了更多的人，不仅在我的班上，还有身处其他领域的人。她相信自己找到了可以帮她超越自身局限和负面预言的可视化工具。

得益于基础课上的良好成绩带给她的鼓舞，戴安娜为自己设立了一个目标：她想成为一名执业护士。为此她参加了护士培训课程。然而，仅仅两周后，她便带着遗憾告诉我，她要从学院退学了。我惊讶地问为什么。她回答说："我在第一次护理测验中考砸了。现在我明白了，别人说得对，以我的条件，是达不到大学教育标准的。"我了解她的潜力，因此不像她这么肯定。我问她在学习中使用什么策略，她回答说："笔记学习法、SQ3R 法（调查、提问、阅读、回忆、复习）和思维地图。""你使用思维地图的频率有多高呢？"我问道。她回答道："几乎不怎么用。"我说："不要不怎么用——要经常用！"那天她离开我的办公室时，又恢复了饱满的精神状态。她承诺说她会把思维地图用于自己的学习。两周之后，她满面笑容地出现在我面前，告诉我她决定留在学校。我问她是什么让她改变了想法（且有可能带给她成功）。她回答说："我每天都使用思维地图。"这让她在最近一次护理测试中拿到了 A。她高兴得不得了，从那天起，她不断在自己的课程测验中取得好成绩，并考上了执业护士培训课程（LNP），在该课程上她同样有良好表现。在自己学业持续进步的同时，她也开始帮助同学组织学习材料。

不仅她的同学对她充满感激，就连她的老师也被戴安娜在测验、班级活动和州级会考中的出色表现所打动。戴安娜以优等生身份完成了执业护士培训课程，并很快在一家医院找到一份执业护士的工作。后来，我校讲授护理的教师提议并创建了一个实验项目：所有学习执业护士课程的学生，必须学习如何运用思维地图。

## ○ 专科学院的护理专业实验项目

思维地图引发的涟漪效应，令人印象深刻。鉴于我所教的班级学生所取得的成功，我的学生戴安娜的表现，也鉴于其他正在学习的护士及其老师们的兴趣，2002 年，琼斯县专科学院开展了一个实验项目：向所有学习执业护士课程的新生讲授思维地图的运用方法。在人体结构和功能课结束后进行的测验中，全部学生都通过了考试。这是十七年以来的头一次。另一组学习执业护士课程的学生在 2003 年春天接受了思维地图教育，在该学期期末举行的护士综合基础测试（由教育资源有限公司组织）中，所有学生都达到了及格标准。临床护理系的主任桑德拉·瓦杜普说："我们临床护理系的教员一直在寻找能让学生更为轻松地学习和记忆的方法。他们要记忆的东西太多了。思维地图为他们提供了一个组织概念和建立概念网络的方式。这一方式是可控而连贯的。从学生的测验成绩就能看出思维地图带来的好处。"

2003 年，当我开始对学习职业护士课程的学生开展第四期思维地图培训时，一位学生在课后对我说："我母亲在本校修完了执业护士的课程，如今她是一名成功的执业护士。我跟她说了你在教我们使用思维地图的事。她说她从戴安娜以思维地图形式记录的笔记中受益很多。我母亲教会了我使用思维地图的方法，我想它会为我带来成功的。"

思维地图第四期培训班的一位学生海瑟尔·路易斯写道："我正将思维地图用于执业护士课程的学习。我希望你知道，我的成绩从 C 上升到了 B，又从 B 上升到了 A。我非常高兴。现在，无论做什么我都会用到思维地图。"

## ○ 从大学到学前教育

见证过思维地图为我的学生带来的积极变化后，我觉得很有必要把这套可视化工具分享给其他人。我想，如果那些觉得自己缺乏学习能力的大学生最后能借助思维地图获得成功，那么思维地图能否改变从学前教育到 K12 学校中的孩子们的命运呢？这样一来，他们便不会在学习中屡屡受挫而自认为是失败者了。

于是，我开始在密西西比州的会议和工作坊中，向其他人分享我在教学中运用思维地图的经验。我联系了我校很多学生的生源地学区，在那些学生升入大学前同他们讨论并讲授思维地图带来的益处。琼斯县学区被我称作"密西西比州使用思维地图的先驱"。该学区率先表达了向学区中 K12 学校的教师介绍思维地图的意愿。琼斯县学区位于密西西比州一个面积很大的农村地区，由七所小学、三所初中和三所高中组成。

首先，学区内的所有四年级班级试行了思维地图教育。25 名四年级教师采用了思维地图，一年之后，学区的得分从 3.5 上升到了 4.3（最高是 5），四年级的分数进步最为明显。托马斯·皮瑞尼是琼斯县学区的前任学监。他说："思维地图能帮助学生在遇到问题时组织自己的想法，并获得解决该问题的能力。因此，我学区的学生在全区都有良好的表现。"

截至 20 世纪 90 年代中期，思维地图有助于取得学业成功已经被更多人知道，人们对思维地图的兴趣也更加浓厚。在 1995 ～ 1996 学年，布兰顿中学的校长苏珊·鲁克尔博士开始在她学校的 4 ～ 8 年级推行思维地图。鲁克尔博士说："身为布兰顿中学的前任校长，我认为使用思维地图是一种帮助学生整理自己的思维过程的好方法。事实证明，培训项目对那些在实操性思维技巧上遇到困难的学生而言，非常有益。所有能力层次的学生都有进步。"

在鲁克尔博士的学校里，思维地图随处可见：在地面上，在天花板上，在陈列柜里，在走廊上，在教室中，甚至在餐厅里。在进行过思维地图入门训练之后，鲁克尔博士要求教师在自己的教案中列出他们计划如何运用思维地图；他还要求教师列出师生之间、教师之间和学生之间讨论及运用思维地图的例证。当年举行的州级实践的分数公布后，除了一个年级之外，布兰顿中学的学生成绩比上次提高了 10 分。布兰顿中学也因此成为当年密西西比州五个获得蓝丝带荣誉的学校之一。

佩妮·瓦林博士是皮卡约尼学区的前任学监。她是密西西比州和美国国内第一批获得全美教学专业标准理事会认证的教师之一。在她担任老师时，她在自己的课堂上使用思维地图。她说：作为一名全美教学专业标准理事会认证的教师和教育管理者，我懂得让学生掌握正确的学习方法的重要性。尽管学生的学习方式和学习能力各不相同，但他们都必须思考和处理问题。思维地图能让学生真正终身受益，为他们提供连贯而通用的可视化工具，使他们在已被研究证实的八种思维模式上有更好的发挥。

帕斯·克里斯廷是一个坐落于密西西比州墨西哥湾沿岸的小型学区（包括两所小学，一所中学和一所高中）。它开始对自己学区的中学教师进行思维地图培训。一年之后，该学区七年级学生在州级协作测验中的分数水平从 2.2 上升到了 3.0（最高分是 4）。2002 年只有四名学生拿到了 4，而 2004 年拿到 4 的学生有 40 名。

为了弄清楚这一转变的原因究竟是什么，有必要指出，多数拿到 4 的学生都接受过思维地图培训，他们的班级也一直在使用思维地图。鉴于这些学生取得的成功，该学区开始在全区范围内从小学到高中全方位推广思维地图。在本章接下来的部分，我们将讨论该学区采用思维地图九年来的状况。思维地图对密西西比州学生的影响是深刻的。时至今日，密西西比州境内已经有大约 350 所学校（234 所小学，69 所中学和 47 所高中），15 000 名教师和 429 000 名学生接受了思维地图培训。

## ○ 大河幽深且辽阔

思维地图之所以能在密西西比州产生良好效果并被长期认可，是因为除了培训，它在实践层面也得到了深层次的推广。当学校使用思维地图满一年，每个学校的教师通过考核后，都有机会成为自己所在学校的专业培训师。考核的内容包括使用思维地图的熟练程度、能否以创新的方式运用思维地图，以及与同事有效沟通和合作的能力。一个遍布全州的思维地图培训师网络已经建立起来。他们之间定期召开会议，以保持信息更新及为自己的学校持续提供新鲜理念。

随着基于教师的思维地图培训专家组的扩大，2002 年 10 月，在琼斯县专科学院召开了首次年度思维地图大会。与会的教育者超过 300 人，涵盖了从学前教育到大学的各个教育阶段。他们来自密西西比州各地。在这次会议上，他们分享了通用的思维地图语言的强大作用。与会者纷纷发表主题演讲，但更重要的是，教师们在开会的间歇展示了一批基于思维地图的应用作品。“思维地图展览馆”中包含的学生和教师项目为与会者提供了一个机会，让他们在交流心得的同时，见证思维地图在不同教育阶段和科目中的融合。

来自全州各地 K12 学校的思维地图作品表明，思维地图这种通用语言具备联系所有学习者的能力。图 14.1a–d 展示了学生对思维地图边界的拓展之广。这里所涉及的思维地图工具只有一种，即括号图；所涉及的内容只有一个，即眼睛的部分构造。像这样的思维地图，那次会议上还有很多。

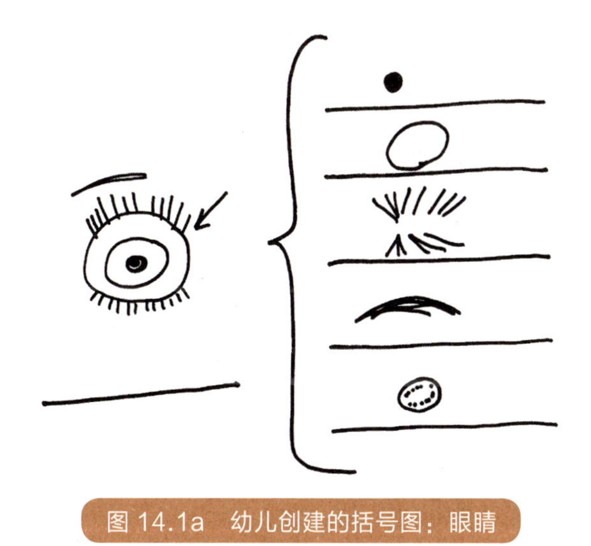

图 14.1a　幼儿创建的括号图：眼睛

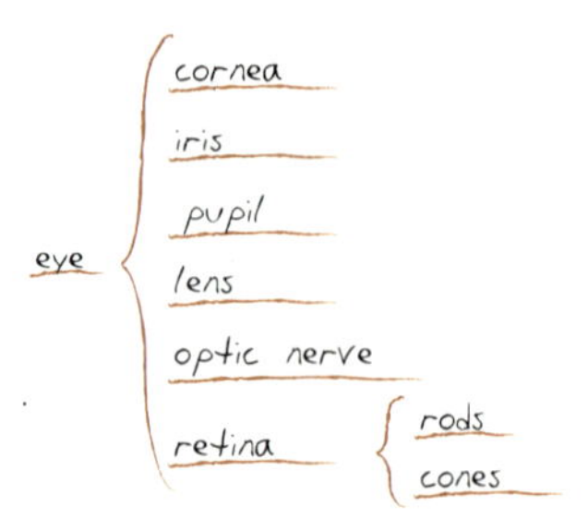


图 14.1b　五年级学生创建的括号图：眼睛

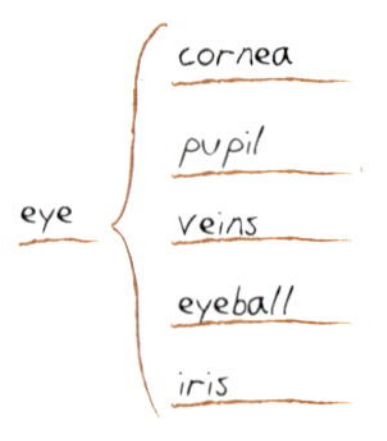


图 14.1c　八年级学生创建的括号图：眼睛

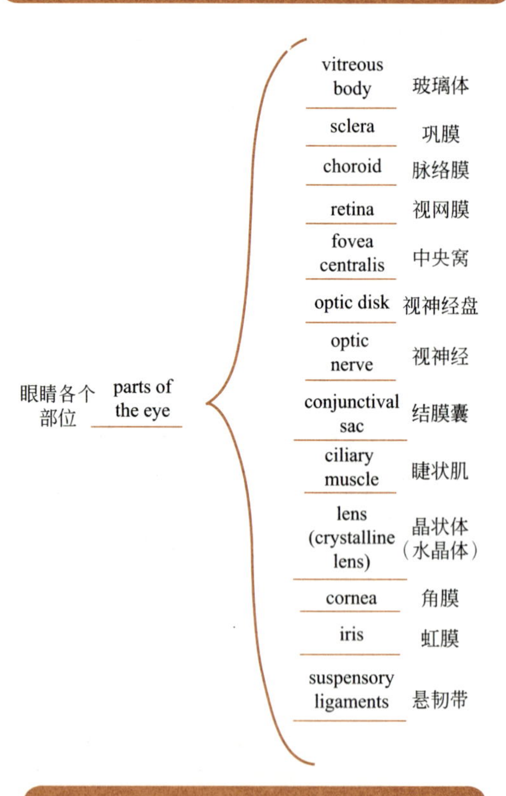


图 14.1d　大学生创建的括号图：眼睛

以上是词汇量和学习能力各不相同的学习者，就同一个概念创建的思维地图。这些例子表明，思维地图作为一种通用可视化语言，能拓展学习者的学习深度，并能把学前教育、五年级、八年级和大学水平的学生联系在一起。

作为一名教育者和校园变革推动者，我经常能看到，学生和教师一次次为思维地图的应用开拓出新的边界和可能性。在考察本州不同学区时，我发现思维地图已经被用于从学前教育到 12 年级。我向教师们分享了我对思维地图的认识，也从他们那里学到很多教学中应用思维地图的新方法，这些方法令人振奋。在我 25 年的执教生涯中，为了帮助学生学得更出色，我尝试过很多策略，并且不断改变策略和教材。但只有一种策略从未变过，那就是使用思维地图。当有学生问我“我能把这些教给我的孩子吗?”或对我说“昨晚我用孩子的气泡图帮助了他；他也用我的气泡图帮助了我。”时，我确信，思维地图不仅是超越学科的，也是超越代际的。

令人欣慰的是，在思维地图的帮助下，我们全州的学生和教师取得了令人满意的成就。过去，我曾要求身处不同教育系统的教师，将自己学校的现状、对学生在标准化测试中表现的分析反馈给我。当然，由于学校、学校系统相当复杂，各学校的表现存在很多维度，直接估测思维地图运用与学生在标准化测验中取得的成绩——这二者之间的关系，即便并非完全不可能，难度也相当大。

尽管这样，教育者们也依然有必要探讨他们从教学实践中获得的第一手经验，因为思维地图已经在各个学校的所有年级推行了很多年。思维地图在部分学区的实施从一年多到九年不等。思维地图的实施情况如何，思维地图的效果又如何，来自这些学区的教育者的描述和认知，有助于我们理解思维地图的长期效果。在师生表现的复杂转变这一课题上，这些教育者有着自己的声音。

## 帕斯卡古拉学区 2010

安·帕瑞丝　课程和教学专家

2009 年，帕斯卡古拉学区开始在学区的两所六年制小学中推广思维地图教育。每所学校都配备了受过训练的思维地图培训师，四名课程专家在接受培训之后，也承担培训师的工作。随着时间流逝，我们看到，思维地图为教师们带来的改进日益明显。培训师在放学时间为教师们提供小型职业发展培训服务，与此同时，我们也会通过听课和浏览教师教案为教师提供相应的建议。思维地图也为学生们组织自己的思维和知识并加以运用，提供了一种高效手段。对教师们而言，他们有了一种把新技巧或新概念介绍给学生的生动方式；对学生来说，思维地图的不同形式，让他们得以对所学内容进行扩展和应用。

在2009～2010学年，学校的教室、走廊和布告栏张贴的学生作品和来访者指南，都用了思维地图来呈现。当时我们决定，接下来的学年一开始，我们就要全面推广思维地图。我们对第一年实施思维地图的成果相当满意，因此打算第二年在另外四所学校里应用思维地图。这样做，在财务预算大大缩减的那一年，显得很不寻常。我们的目标是把思维地图应用到本学区教学活动的方方面面。

## 图佩罗城市学区 2010

戴安娜·伊泽　助理学监

2009年7月，图佩罗城市学区（TPSD）的管理团队接受了思维地图培训，全区的20名指导老师受训成为思维地图培训师。学区的计划是，2009～2010整个学年，学区管理者要在会议和团队规划中使用思维地图。与此同时，指导老师们要将思维地图贯彻到教学引导中。

在对教学管理者和指导老师进行培训的过程中，我们一致决定，从2009年秋天开始训练整个学区的教师使用思维地图，不再等待。学区的老师们已经意识到学生们（从学前教育到12年级）对通用语言的迫切需求，他们不想再等一年。思维地图培训师们与保尔博士合作，共同制定了一份在教学中引入和强化思维地图应用的规划。开学第一天，我们将规划的思维地图张贴在走廊里。接下来整整一年，我们都在做这件令人振奋的事。学区把思维地图纳入了教学计划中，因此每个科目的教学都用到了思维地图。这一年，全区的学校在基础教学测试中都取得了进步。

### 格尔夫波特学区 2010

卡拉·J. 伊芙斯　联邦项目教导主任

鉴于格尔夫波特学区的教师们，从2003年就开始使用思维地图和《从头开始学写作》(Buckner，2000)，他们拥有这种专业的学习经验，因此在帮助学生使用思维地图组织想法和深层处理信息方面，取得的效果更好。这里所有年级的学生都习惯了运用思维地图来帮助自己梳理写作结构和思维过程，来进行跨学科应用。对于贫困生较多的学校，思维地图的辅助作用尤为明显，大大促进了孩子们的词汇量和写作技巧。

## ○ 密西西比的智慧

距卡特里娜飓风登陆至今已五年多了。位于路易斯安那州的新奥尔良是飓风肆虐的中心地带，遭受的损失最为严重。当时，飓风和海水涌入室内，夺走了很多生命，摧毁了很多社区。外界知之甚少的一点是，卡特里娜飓风登陆的地点是墨西哥湾沿岸地区，首当其冲的便是沿着狭长海岸分布的岛城帕斯·克里斯廷和格尔夫波特，这两个城市都属于密西西比州。在卡特里娜飓风登陆之前，帕斯·克里斯廷学区的学校已经在推行思维地图并取得了很大成功。接下来我们将读到苏珊妮·伊斯的个人和职业回顾。从中我们可以了解到，灾难过后，得益于对学生思维能力培养的持续关注，帕斯·克里斯廷学区从零开始，最终成为该州最优秀的学区之一。

## 帕斯·克里斯廷学区 2010

苏姗妮·伊思　帕斯·克里斯廷中学教师

在所有的教育环境中，教育者都在渴求“神奇弹药”，以便赋予学生获取、加工信息的能力，使他们把学到的知识应用于生活的方方面面。

但有一种内在能力常被我们忽视，那就是学习者在日常生活中思索和关注信息的能力。这种能力是所有学习者与生俱来的。只要有一种通用的语言能让人们分享彼此的经验，不论外部环境如何，当机会降临，不同年龄、处于不同社会位置的人，都会成长并聚到一起。我要讲述的这个故事发生在密西西比州南部、墨西哥沿岸的一个小城市。面对卡特里娜飓风，故事中的人不仅在最严酷的环境中存活了下来，而且茁壮成长。

思维地图是在 2002 年被引入帕斯·克里斯廷学区的。分析学生在标准化测验中的进步情况，我们发现，在思维地图实施前，我们的学区在全州的排名处于中游水平。将思维地图用于指导学生学习一年后，成果惊人。针对七年级学生的写作测试成绩发布后，拿到最高分 4 分的学生人数从 3% 跃升到了 30%，这让我们欣喜若狂。测试前后唯一的变量就是在教学中运用了思维地图。

2002 年到 2005 年，我们的学生在各项测验中都取得了显著进步。在整个密西西比州，从学前教育到高中，我们获得最高分的学生，越来越多。虽然从人文地理的角度看，我们学区本应该达不到数据所展示的良好表现——要知道在遭受卡特里娜飓风袭击前，我们学区 60% 的学生都符合领取免费或优惠午餐的条件[1]——不过，我们学生的成绩依然在持续提升。学区的高中获

[1] 符合领取免费或优惠午餐的条件，意味着这些孩子来自贫困家庭或低收入家庭。——编者注

得了蓝丝带学校的荣誉，两所小学和一所初中也因为自身成就而赢得了广泛尊重。一切充满希望，我们成为学习社区令人骄傲的关注点。

随着学生们的升级、升学，他们逐渐掌握了思维地图蕴藏的通用语言。不论他们处于何种学习情境中，学习对他们来说都是一回事。其他学区的很多教师都来帕斯·克里斯廷学区观摩。它成为一个持久成功的典范。短短几年之后，我们学区便达到了州级学术测试的最高标准——5级。

## 一切都变了

2005年8月29日，一切都变了。帕斯·克里斯廷连同其他很多墨西哥湾北岸的小城被从地图上抹掉了。

卡特里娜飓风裹挟着前所未有的浪潮，席卷了沿岸地区，改变了当地社群和学区看世界方式。在噩梦般的12个小时之内，大量的人、建筑和物品都被卷入了墨西哥湾。帕斯·克里斯廷学区有85%的教师都成了无家可归的人。尽管如此，他们必须清理废墟，并设法为学生们重建校园。尽管所有的建筑物都已经被摧毁，但师生们依然团结在一起。他们唯一的目标就是——活下来，并壮大自己。没有书本，没有设备，残留下来的只有一座建筑，而这仅有的建筑还在袭向陆地的高达4英尺的巨浪摧残下，破损不堪。维持基本的生存成为大家的第一要务。寻找食物、为无家可归者提供庇护所、搜索失踪者、确认遇难者身份成为“新常态”。学校和学习似乎只会给劫后的人群带来干扰。然而，帕斯·克里斯廷学区认为，如果社区丧失了学习能力，那么整个社区也就不存在了。只有每个人——学生、教师和家长——都被共同的纽带连接起来，社区重建才有可能。这根共同的纽带就是元认知语言——思维及对自己的思维进行评价的能力。无论灾难发生前还是灾难发生后，思维地图都在。它始终没有因混乱而中断。帕斯·克里斯廷学区面临的重建任务十分艰巨，因为差不多一切都被摧毁了。好在师生们能以思维地图为通用语言，共同踏上追求卓越的征程。

作为一种学习和元认知语言，思维地图让整个学习社区在面对浩劫时，依然能克服艰难的环境，疗愈伤痛、重新壮大。克里斯廷学区从巨大的损失中获得了意义。

学区的教师们开始团结在一起，一点点地重建学校。在一个失控的世界里，教导学生和教师把控所面临的艰巨任务就显得十分必要。学区生存的一个关键因素是，它意识到了一个通用框架——思维地图在整个学区的应用——的重要意义。虽然帕斯·克里斯廷被从地图上抹去了，但师生们依然有自己的“心智地图”。而这一认识的起点正是思维地图。学区内的个人和集体把关注点放在了他们拥有而非他们失去的东西上。

为了恢复教学活动，教师们辛勤工作，为学生们重建校址。他们找来了一些拖车，把它们改造成了教室。走进新环境的师生们明白，很显然，传统的“学校”一词的定义已经发生了变化。学校不再是：砖瓦筑成的实体建筑中，整洁的走廊里装点着勤奋学生的作业。如今的学校只是一群人和对生存的共有记忆。飓风过后，一点点刺激便能引发情绪的波动。此时的学校是一个让学生宣泄和处理自己情绪的地方。一切都与以往不同了，甚至连教室的布置都因部分师生的离去而做出了改变——由于卡特里娜飓风的袭击，很多教师和学生都转到了别的州和别的学校。学区该如何修补创伤，确保学生没有丢失他们已经获得的东西？答案再明显不过——那就是思维地图这一“舒适区”。

本斯·约翰是帕斯·克里斯廷学区负责课程与测试的主管。他说：“思维地图不仅是一种学校工具，也是一种生活工具。”正是在这个意义上，学生和教师们开始重建整体性的学习环境。他们以自己对思考和学习的了解为基础，探索出一条新路，取得了比卡特里娜飓风来袭前更为出色的成就。他们下定决心，不让飓风影响他们对自己学习者身份的认知。在这一过程中，真正的学习精神显现了出来。学习已经内化为师生的自觉行为。虽然外部遭受了很多损失，但学区的每个成员依然拥有前行的力量。

帕斯·克里斯廷学区很快便把思维地图确立为重建校园的关键手段。对卓越的追求不限于课堂。学区的每个教师都誓言要与所有人一起重建学区。在日常规划、评价和建立长远目标的过程中，思维地图起着战略性作用。由于在灾难来临前学区拥有一套共同语言，重建时，个体和集体便能达成默契。这种默契使整个学区都凝为一体。各项事务逐渐汇聚。在风暴中倒塌的设施和房屋的废墟逐渐被清走，得益于个人和集体的思索，学区内师生们一度混乱的情绪也渐渐平复。团结带来了秩序，秩序带来了内心的平和，让原本看似不可能的东西也变得可能。

在卡特里娜飓风彻底改变学区面貌的四年后，帕斯·克里斯廷学区在重建上已经取得巨大进步。在后卡特里娜飓风时代，帕斯·克里斯廷学区茁壮成长，它的故事成了“每个人”的故事。“回归学习”不仅是飓风来临前学校的常态之一，也是通向未来的桥梁。学区的师生们很快也意识到，帕斯·克里斯廷学区的故事值得分享给全世界。于是他们决定以视频的形式把自己重建学区的努力记录下来。

帕斯·克里斯廷学区想把自己的故事讲述出来，于是向思维地图基金会提出了资金申请，并于2009年获得批准。学区的管理者、教师和学生以口述历史的方式讲述了思维地图在学区重建中发挥的力量。这部纪录片也包含了学生们为获得持久成功，在教室中使用思维地图的情境。在纪录片中，大卫·海勒博士以问答形式与学区教师展开互动。对视频进行剪辑之后，师生们的愿望成为现实，纪录片《密西西比的智慧：帕斯·克里斯廷学区的故事》诞生了，并于2011年1月发行。这时距离卡特里娜飓风登陆已经过去了5年。这部纪录片展现了学区的过去和未来，它已经不仅仅是一部纪录片。它见证了所有为该片做出过贡献的人的决心和毅力。

正如帕斯·克里斯廷学区的某位成员所说，“对世界上的其他人来说，卡特里娜飓风已经结束了。但对帕斯·克里斯廷学区的所有教师、学生和成员来说，卡特里娜永远会作为我们过往记忆的一部分，留存心间。”思维地图将继续为帕斯·克里斯廷的成功发挥其巨大作用。2009年11月，根据国家教育标准，结合实际考察情况，在密西西比州对州内学区进行的年度考察中，帕斯·克里斯廷学区获得了第一名的殊荣。

### 超越伤痛

为了比较本州学生与美国其他州学生的水平，密西西比州针对学生的测试要严格得多。QDI（质量分布指数）反映了不同州级评价手段测到的学生成绩。该指数的范围是从0到300（300为最高分），州内特定学区与州内或全国其他学区的差别将因其得分不同而有所体现。在2008～2009年度的考察中，帕斯·克里斯廷的得分是203分，而密西西比州的平均得分是149。如下图所示，帕斯·克里斯廷学区的表现远远优于周内其他学区。

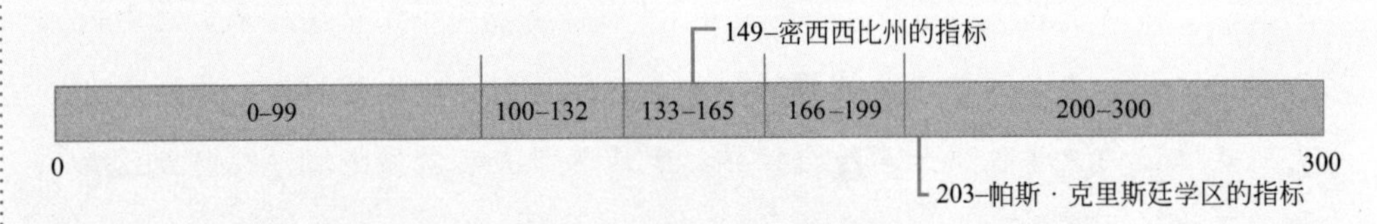


这清晰地体现了思维地图在推动克里斯廷学区从灾难中恢复元气到达标再到持续进步这一过程中的作用。现在，走过克里斯廷学区的教室，你会看到，师生们都在积极主动地借助思维地图进行学习和交流。

思维地图也被用于教学计划中，对学生的学习层次进行中介。目的是帮学生克服自己的劣势，在全校层面提升教学手段的有效性。佩奇·麦克卡罗是帕斯·克里斯廷小学的一名教学中介策略专员，她创建了一份思维地图以帮助所有学生在教学中获得正确的排位，并对教师提供全程指引。

帕斯·克里斯廷学区希望借着《密西西比的智慧：帕斯·克里斯廷学区的故事》纪录片的发布，与世界分享他们在卡特里娜过境之后，为保持学区的团结所做的努力和取得的成功。他们的经验适用于任何试图克服危机的群体、文化或人群，不管是何种程度的危机。如果面临危机，秩序和情谊有助于建立某种通用的评价和规划手段，那么生存就将是可以实现的现实目标。思维地图能打破藩篱，带来持续进步。通过进步，秩序将得以确立，共同的目标将得以达成。

实践已经证明，在最严酷的环境中，帕斯·克里斯廷学区八年前引入的思维地图通用语言成功地维系了学区的团结。在整个学区遭到灭顶之灾后，思维地图帮助帕斯·克里斯廷学区重建、复兴、重获成功。这一过程今天仍在继续。

## 奔流不息

我们欣喜地看到，由于将思维地图融入了学校管理和教学活动中，整个密西西比州的学生表现都日益提升，教师和管理者们的反馈也十分积极。我们无意借助灾难性事件去刻意强调 21 世纪的学生所需的素质。密西西比州从河口三角地带到墨西哥湾沿岸地区的教育环境各不相同，但思维地图为这些地区的学校提供了一种通用语言，从而提升了整个州的教育水平。在密西西比河流淌过的地区，思维地图已经成为教育系统中密不可分的一部分。如密西西比河一样，密西西比州的故事生生不息，在思维所具有的无限可能性中奔流向前。

## 参考文献

- Ball, M. K. (1998). *The effects of Thinking Maps on reading scores of traditional and nontraditional college students*. Doctoral dissertation, University of Southern Mississippi, Hattiesburg.
- Buckner, J. (2000). *Write... from the beginning*. Raleigh, NC: Innovative Sciences.

# 第 15 章
# 新加坡的经验
## 以学生为中心的培训

何宝春　教育学硕士

新加坡是一个坐落于亚洲海域中心的小小城邦国家，作为该区域的经贸中心，它拥有缤纷多样的历史。因其商贸枢纽的重要地位，在过去数百年，它曾一再被殖民，直至几十年前英国殖民当局才将政权移交给新加坡人。不难理解，其人口有着多样的文化和语言背景，受到中国、印度、马来西亚以及英国等不同文明的影响。新加坡的面积仅为华盛顿特区的四倍，人口约有四百万。我们的主要语言是英语。在过去数十年间，我们新加坡发展成为亚洲重要经济体之一，凭借的主要是金融和科技的力量，而不是自然资源。

与我们的亚洲邻国不同，新加坡可供发展工业、制造业的自然资源并不丰富。它甚至需要从马来西亚进口饮用水。因此不难理解，在 21 世纪，我们唯一的自然资源就是国民的脑力。新加坡迅速成为一个信息化国家。

在这一背景之下，新加坡政府做了一件有意义的事：它于 1997 年主办了第四届国际思维大会。这一会议每两年召开一次，举办地点包括：美国麻省理工学院、新西兰奥克兰等地，由思维发展领域的领军人物担任组织者。新加坡主办的那届会议主题为“重思考的学校，爱学习的国家”，可谓十分恰当。这次会议是一个调整我国教育界人士——及整个国家——心态的契机：从传统的死记硬背转向另一种学习，在这种学习中，重视思考是不可分割的一部分。

在这次会议的开幕式上，新加坡总统畅谈了新加坡国民在教育方面重新投资自己的需求和必要性。这一投资的目标是获得最优质的教育，以有目的、有系统地培养新加坡国民的创造性和分析思维能力为基础。来自全球各地的与会者聆听了总统的发言，其中包括 400 名新加坡各个学校的校长。显而易见的一点是，发言者可以换成任何一国的领导者，因为当今的世界依赖的是公民的思考能力、问题解决能力、利用现代科技的能力和国际协作能力。

新加坡忠诚高中是一所成功地将思维地图在教学中加以应用的学校。阿兹·特巴里（Aziz Tyebally）是忠诚高中人文科的教师和教学部主任。他最近向某全国性学术研讨会提交的一份研究论文就反映了总统所说的需求：“在以知识为基础的经济中，信息大量存在。让一个人比另一个人更成功的不仅仅是信息，还有他有效处理信息的能力。因此，我们的计划应该是让学生们为未来的经济做好充分准备。”总统的发言和这位教师的论文共同体现了一点，那就是，所有新加坡人，包括那些其子女未来将成为本国工作者和公民的父母，都需要提升自己的思维能力。这一需求成为我们训练学生成为思维地图熟练使用者的出发点。

## ○ 推广思维地图：以学生为中心的训练

部分与会者，如彼得·圣吉（系统思维法）、爱德华·德波诺（横向思维法）以及亚瑟·科斯塔（心智习惯）等人分别谈到了系统思维的需求、运用横向思维多角度解决问题以及调动心智习惯（如反思和元认知）等课题。大卫·海勒博士同样在会议上提出了借助思维地图融合思维技能培养与内容学习、思维地图与科学技术、授课、学习与评价的策略。这次会议提出的包括思维地图在内的很多新方向和新模式，让新加坡的教育者们十分振奋。作为第一步，教育管理与课程发展协会新加坡分会决定邀请海勒博士明年再次莅临新加坡，用三天的时间向来自新加坡中小学和大专院校的约 400 名教师，展示可视化工具，尤其是思维地图的理论和实践基础。

我们在一些学校展开了思维地图初步试点，结果表明，虽然思维地图的确有效，但首先在全校层面开展思维地图培训，继而对教师进行培训的美国模式并不适合新加坡的现行教育体制。新加坡的校园和班级规模较大，课程有明确的时间限制，教师的关注点是通过持续努力让学生在以内容为基础的考试中不断取得好成绩。得益于这些特点，新加坡学生在国家数学和自然科学方面有出色表现。因此，我们采取了与大多数职业发展规划截然不同的举措：我们决定把学生作为思维地图培训的首要目标。同时，我们也争取与总统在发言中提出的国家战略达成一致：让每个家长为自己的子女提供世界级的教育。

在多数国家，职业发展计划都以培训教师为第一要务，这样教师才能将新的教学方法用于学生。然而，由于思维地图是一种以学生为中心的方法——也由于我们学校在组织结构与资金来源方面的特点——我们提出了一个独具特色方案：我们的顾问将用一到两个学期的时间，每周定期对整班学生开展思维地图和思维地图软件（Hyerle & Gray Matter 软件，2007）使用方法的直接培训。

学校为每位学生每年提供 160 美元的补助，以为他们提供更丰富的课程。然而，在对学生开展培训前，学校需征得家长的同意。每所学校另为该校的每位学生提供 80 美元，这笔钱专门用于满足学生特定的学习需求。资金拨下来之后，很多家长同意自己的孩子参加我们的思维地图训练课程。通过我们的专门训练，学生们很快就熟悉了思维地图的使用方法，比依靠教师在日常教学中实施思维地图指导效果要快得多。这种情形与教学生学习使用电脑很类似：学生们对新技术持有更有开放的态度，因为他们不需要在一个复杂的、以知识内容为主的课程体系中刻意做出改变或选择替代方案。此外——这一点可能会让外部人士感到奇怪——在其他国家，初中生会从一个教室转移到另一个教室，但新加坡的教师则不一样。在这里，教师对不同班级轮流授课，除了部分课程之外，如母语（中文、马来语或泰米尔语）、音乐、艺术和体育，学生多数时间会在自己的“本班教室”上课。这意味着，教师没有自己的专属教室，学生始终是教学的中心。

当时共有 11 594 名小学生和 1 629 名中学生参加了由我们的思维地图顾问直接主导的培训。730 名教师接受了为期三天、共 12 个小时的深度培训，成为各自学校的思维地图专家。通过这期培训，我们了解到，这些工具能否发挥作用，最终还是取决于学习者。

## ○ 学生工作坊

学生工作坊各方面都很成功，正如我们当初设想的一样。每节训练课结束后，我们都会让学生们填写一份反馈表。以下就是一些参加过我们的工作坊的 6 年级学生的留言。

> “思维地图对我的阅读理解有帮助。我能按顺序列出文章的大意了。”
> “写作文时，复流程图能帮助我看到宏观图景。”
> “思维地图能帮我扩充词汇。”
> “思维地图能帮助我保持关——让我‘不走神儿’”。
> “思维地图节省了我的时间。”
> “使用思维地图后，我的词汇量增加了。”

为了帮助学生顺畅地思考，我们设计了一些活动。上面这些留言，就来自在这些活动中积极、主动地将思维地图与自己的日常学习结合起来的学生。这些活动具体、系统、有层次、内容深刻；它们能直接训练学生独立运用不同类型的思维地图去创作，如完成老师布置的作文或有创意地完成作业。我们创建的综合活动具有连续性，首先是对不同认知技能的入门介绍，接下来是不同类型的思维地图，思维地图在特定学科内的综合运用。很重要的一点是，这些灵活而新颖的活动，其效果都已被学生们远超预期的表现所证实。我们相信，我们之所以能取得这样的成功，是因为我们在新加坡实践思维地图时，采取了以培养学生熟练使用思维地图的能力为重点的方式，而没有等教师们年复一年地慢慢习惯于将思维地图用于教学。

我们以精简形式呈现了一个旨在帮学生理清思维、让思考更为顺畅的综合活动（图 15.1）。在第 10 节思维地图培训课上，我们带领小学四年级的学生参与了这一活动。在这之前，学生们已经上了九节培训课，每节课长度都是一小时。他们已经对八种类

第10节课
主题：盗窃案
小学四年级教案
看图作文

**目标**：复习气泡图、圆圈图和流程图的用法。

1. 学生们观看图画，设想不同的场景（5分钟）。（小偷不一定是陌生人，也可能是熟人作案）

2.学生们进行头脑风暴，在圆圈图中写下自己的想法（5分钟）。（例如：小偷闯进屋子；穿着黑色外套；在黑暗中不易被发现；在屋子里翻箱倒柜；花瓶破碎的声音惊醒了全家人；他们用棒球棍和扫帚当武器抵御小偷。）

3. 学生使用气泡图描述场景和角色的情绪（5分钟）。（别忘记使用参照框架）

例子：

场景——夜晚、安静的房间、混乱的房间、打碎的花瓶、碎裂声、仔细搜查
情绪——强盗、紧张、失望、惊吓、恐慌、警觉、慌乱、壮胆
外貌：黑色外套、可疑的面孔。
家人：震惊、迷惑、气愤、怀疑、紧张、惊吓、担忧

4. 学生使用流程图为故事中的事件排序。

5.一个可能令人意想不到的结尾。（5分钟）

- 小偷留下了某些东西；这家人发现了这些东西。
- 发现了原来藏在花瓶里的东西。
- 无价的花瓶。
- 发现了一直都没找到的传家宝。

（35 分钟）
学生独立创建思维地图。
学生们完成第二份草稿。下节课要交上来。

图 15.1 教案

型的思维地图和参照框架有了初步认识。本次活动的目的是让学生借助自己选择的思维地图写一篇故事，我们为学生们提供的提示材料是四张图画，它们描述了一个小偷溜进单元房的过程。最后一张图呈现的是一家人出现在屋子里，却发现房间乱七八糟，一个美丽的花瓶也被打碎在地。确切地说，这次活动希望达到的效果是：学生借助圆圈图独立构思和选择合适措辞；借助气泡图熟练描述角色的情感反应；借助流程图创建合乎逻辑又有新意的事件进程。最终的成果是学生们借助思维地图完成一个以该事件为主题的故事。

在下一堂培训课上，培训师会为学生们布置一份创意写作作业。学生们需要描述一个自己参与的冲突场景。培训师会告诉学生，他们不需要复制前面三节课讲过的三种思维地图，也不需要按照同样的方式使用这些思维地图。在图 15.2b 呈现的一篇学生作文里，一位学生描写了一个虚构的场景：一位小男孩破坏邻居家的花园的各种打算。他在草稿阶段极具创意地使用了五种不同的思维地图，堪称使用思维地图的榜样（见图 15.2a）。如你所见，从圆圈图对“恶意破坏”的一般描述到对“犯罪现场”更为具体的描述，所有的信息在思维地图中都有基本体现。这位学生借助一张气泡图描述了弟弟对这么一位哥哥的情绪反应。他使用的形容词包括害怕、担忧、不悦等。

接下来该学生使用了一张树状图来组织各个段落的细节。最后，他使用一张复流程图分析这一事件的因果联系，为草稿画上了句号。最后的成稿直接体现了学生最后创建的树状图。在成稿中，细节串联起了所有的事件，不同的信息在不同段落中得到了安排。如果我们仔细分析一下草稿和最终成稿（见图 15.2b），不难发现，并不是思维地图中的所有信息都进入了最后的故事。这是因为，在培训中我们告诉学生，不要照搬思维地图中的信息，而是要把思维地图看作是写作的基础阶段。一般来说，当学生在写作中使用静态的视觉先行者时，他们写出的作品就显得呆板。而在这个例子中，尽管这位学生并没有使用流程图，他的作文依然很流畅，因为他的构思既丰富又有整体性，他使用的词汇让他的文章显得灵活而富有新意。

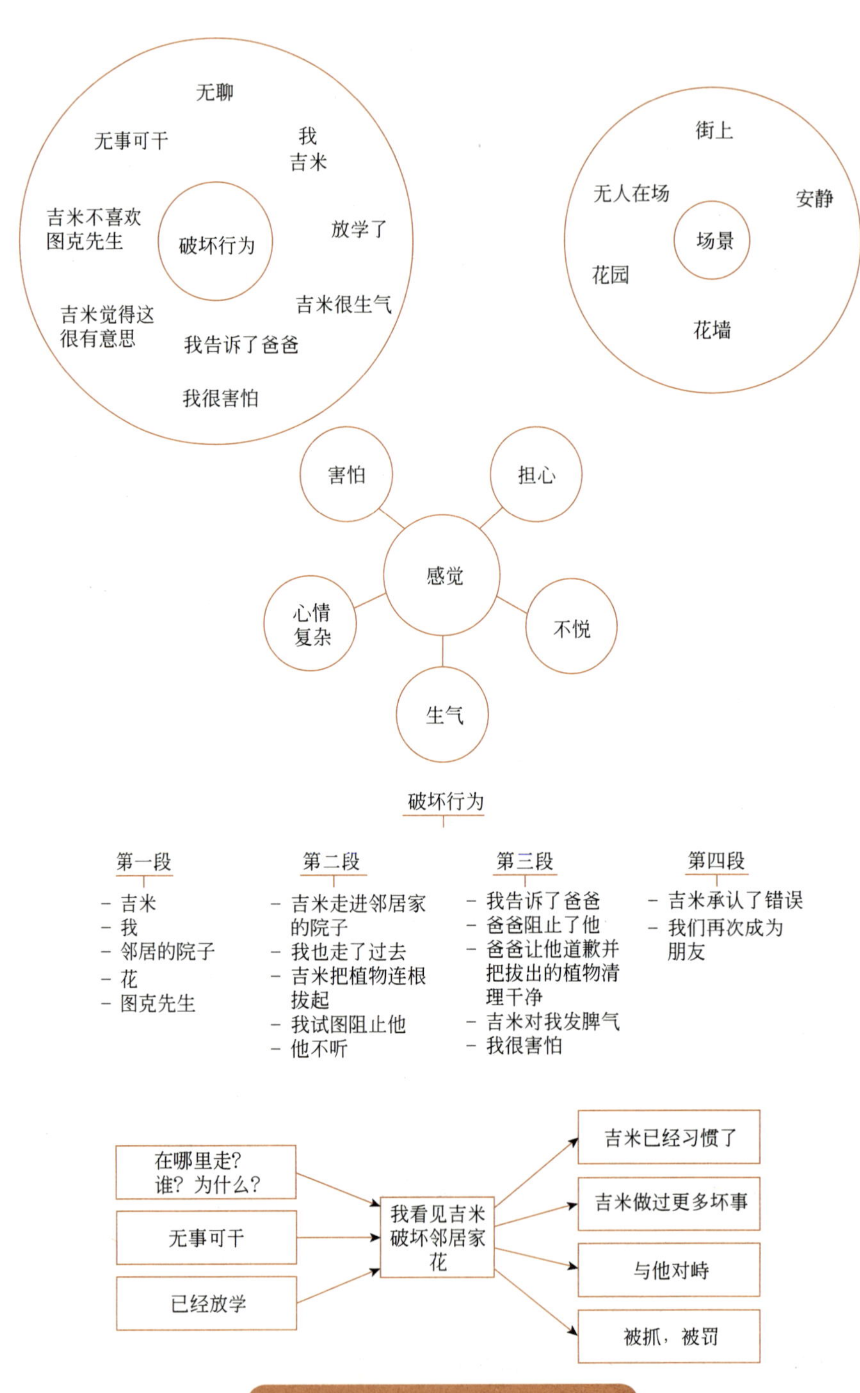


图 15.2a　学生创建的思维地图

**破坏行为**

放学了。我的哥哥吉米和我都感到很无聊。我们在街上晃悠，想找点事儿做。我们是一对好朋友，总是一块活动，有时也跟其他孩子一块活动。但今天只有我俩。

“嘿，看哪！那是老头图克的花园！看上去他没在家。我们去瞧瞧吧！”吉米指着街道的尽头说。图克先生年纪很大了，独自在家居住。他很喜欢在自家庭院忙活。他的院子里种了很多花朵和盆栽植物。吉米从敞开的大门跑了进去，我也跟着他匆匆跑了进去。我们的父母曾告诉我们，未经允许，不能进入别人家。吉米踩倒了一大片红色的花朵。他坏笑着拔起了一束花，把它扔过头顶，大笑不止。

“吉米！你不能那么做！你知道这么做是不对的！”

“所以呢？我们只不过是玩玩而已。反正这些花早晚都是要干枯、凋谢的。”

“但是你不该把它们拔起来。图克先生会很生气的。”

“是吗？反正他不会知道是谁干的。除非有人告诉他。除了你，谁也不知道。别出卖我。”

他说得没错。我从没出卖过他，因为我俩并没有一块做过什么坏事。也许我们做的有些事很招人烦，但我们从未偷过或毁坏过别人的财产。接下来，他拔了一些绿叶植物，把它们到处乱扔。我不能让他再这么继续胡闹下去了。

“吉米！住手！”我喊道。

“你能拿我怎么办？”他说。

我转身跑回了家。爸爸正在书房里读报纸。“爸爸，你得去看看吉米在干什么！”出卖吉米让我觉得心情很糟。我很担心他会对我发脾气，不再跟我做朋友。但我不能让他继续胡闹。图克老先生会打电话叫警察，如果他被抓了，这比让爸爸阻止他更糟糕。爸爸把吉米带回了家。他告诉吉米，一会图克先生回来后，他们得去向图克先生道歉。接下来的两周，他需要利用放学时间帮图克先生整理花园，以弥补他造成的损失。

吉米对我怒吼，我真想找个地缝钻进去。但第二天，他承认我做得对，他对自己的行为感到很内疚。我们再次成为朋友。

图 15.2b 结合思维地图写的作文

## 教师培训

当然，我们知道，为了使学生流畅思考的能力在教学中得到重视，我们的培训对象不仅要包括学生，同样要包括教师。虽然我们的重点是学生，但是我们并没有忽视老师的需求。如上所述，我校的很多教师都接受了 12 小时的思维地图专业培训。很多时候，教师需要在我们的学生工作坊中跟学生一块观摩学习。这有助于教师们通过使用前面呈现的意义深刻的范例和模型在实境中理解思维地图的作用，而无须一连几个小时地坐在那里看着学生接受训练。

教师们的培训一结束，便可以向学生传授思维地图了，因为他们的学生此时已经对思维地图入门了。这让教师们很开心。很多老师一开始认为，不需要额外花费时间向学生讲解思维地图。因此我们为他们提供了双重支持。我们会借用这些教师的某堂课向学生介绍思维地图，这样一来，教师也能够同时学习思维地图。

我们的思维地图顾问会对采用思维地图的学校进行回访，以根据思维地图在教学中的实施情况向这些学校提供相应的建议和支持。这类回访的频次和思维地图顾问提供的建议类型视各学校的具体情况而定，以保证学校在实施思维地图的过程中能得到持续的支持。在这些回访中，学生作业监测、各学科教学主任应获得的支持以及其他任何与思维地图教学相关的问题，都在探讨之列。以下是一些在教学中采用了思维地图的教师的评语：

"学生们的写作更有条理了。他们作文中使用的描述性词语比以前多了。"

"太棒了！他们更懂得利用时间了，已经能在规定的作文时间内完成任务。这得归功于他们的组织技巧。"

"学生更为自信了，在某些活动中已经能够借助思维地图生成自己的观点。在做阅读理解时，学生们能够找出或标出重要的观点，而又不遗漏段落中的句子。"

"思维地图能帮助学生更好地集中注意力。"

"学生们对文章观点的顺序更敏感了。"

"学生们的构思和词汇能力有了提升。他们开始尝试用新方法积累词汇。"

"他们使用思维地图工具时变得更自信了。组织观点的能力也更强了，因为他们有了标准的框架。"

## ○ 思维与语言

新加坡教育部提出了为培养学生的创意和分析思考能力提供系统性支持的倡议，作为对这一倡议的回应，很多教师生平第一次拥有了能够培养学生思考能力的灵活手段。在学生能熟练使用思维地图之后，前面我们引用过其发言的阿兹·特巴里这样描述他的部门评价学生的新策略：

> 我们要求学生们使用思维地图呈现自己所属学习小组的讨论进程，以及他们各自的思维过程。思维地图是动态的，因为它们可以逐渐加以扩充。因此学生的相当一部分思维过程都是具体可见的。学校也在学生的人文科目教科书中对思维地图的用法做了简要说明，并将其作为评价手段。思维地图学起来很简单，学生有大量机会将思维地图用于复杂情境当中。思维地图软件，对用户颇为友好，给学生提供了进一步的支持。学生可使用思维地图软件来改善自己的项目。从第一节培训课开始，学生们使用反馈表做出的反馈就十分积极。我们注意到，据学生汇报，他们在课堂上使用和独立使用思维地图的频次在逐年增加。这似乎表明，思维地图作为一种可视化语言正在获得日益广泛的应用。

思维地图简单易上手，可被学生灵活使用，它灵活的结构也为评价学生的思考和学习提供了一种新方式。所有这些特点对它在教学中的跨学科、跨年级应用都十分重要。如果教师们能系统记录学生对思维地图的使用情况，他们便能更好地了解学生的思维模式发展程度。

作为一种为学习而设计的通用可视化语言，思维地图拥有比其他思维模式与“最佳实践”更强大、更细致的东西。我们发现，思维地图工具不受语言和文化限制。一些校长最初担心，母语（中文、泰米尔语、马来语等）以及其他某些科目的教师不会采用思维地图。然而事实刚好相反。中文和其他语言能自然地嵌入思维地图的模式当中，这样的例子不胜枚举。一位学生借助流程图呈现了高空抛物可能造成的危害（图 15.3）。这是个十分重要的课题，因为很多新加坡家庭都居住在高层公寓里。这些第二语言教师 / 母语教师向我们提供了出乎我们意料之外的、将思维地图融入课堂教学的新奇方式。

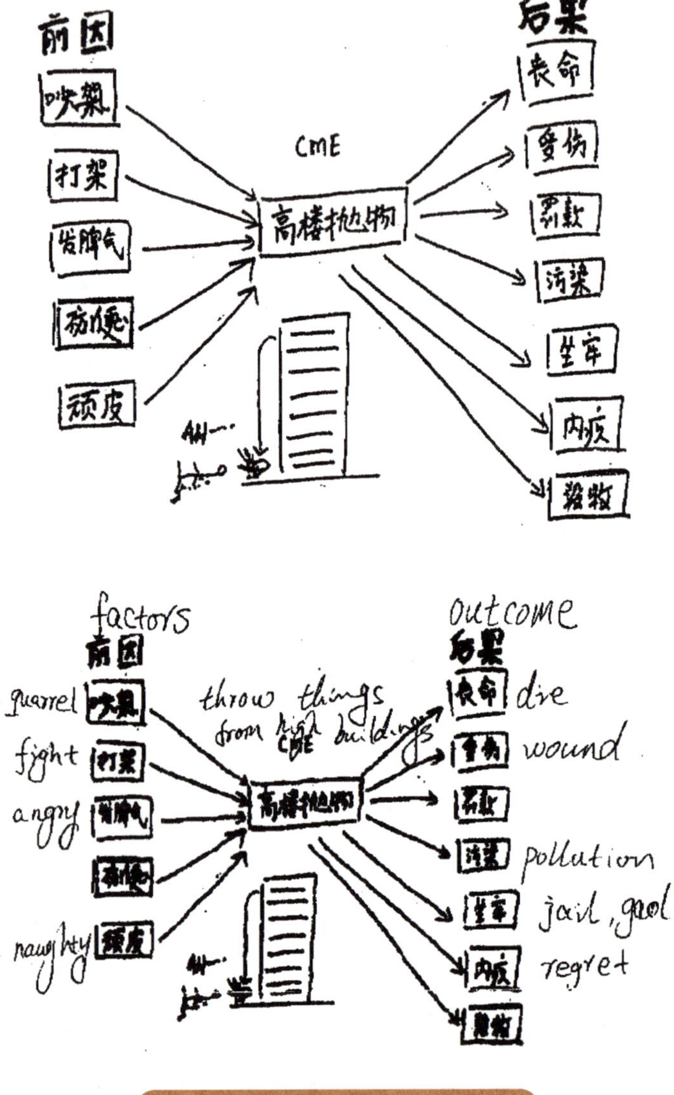


图 15.3　复流程图："高楼抛物"

我们相信，这是因为排序、分类和类比等认知模式是全人类共有的。思维地图能成为学生们交流、表达和集体思考的共同参照点。在像新加坡这样东西文化交汇的国家，理解这一岛屿文明的最佳方式或许是把它视为世代累积的语言与文化的化身。我们需要思维地图这样的工具来帮助自己克服语言与文化的藩篱。这种藩篱往往很难逾越，且有可能造成不同族群的隔膜。或许所有置身于 21 世纪的国家都能从中获得启示。当今世界全球化程度日益加深，各区域联系日益紧密，科技将我们联系在一起，为了理解不同区域的人们的思维方式，我们积极寻求各方的共同点。作为国际社会的公民，我们对通用交流方式的需求也日益迫切。正如大家说的那样，“我们的共同之处远比我们以为的更多。”

## 参考文献

- Hyerle, D., & Gray Matter Software. (2007). *Thinking Maps* (Version 2.0, Innovative Learning Group) [Computer software]. Raleigh, NC: Innovative Sciences.

# 第四部分

# 促进教师职业发展

# 第 16 章
# 思维地图在教学实践中的应用

萨拉·库缇斯　教育学硕士

为了顺应提升学生表现的迫切需求，学校为教师提供了大量教学方案和教学工作坊，但却没有给教师足够的机会和时间让他们深入学习、融合及反思这些策略。21 世纪早期的教育者们面临着巨大的挑战，他们需要满足语言、种族、能力和社会经济地位各不相同的学生的学习需求，同时又要符合新的教学标准。职责、支持水平的加深，反而让很多教师感到不堪重负、无所适从、准备不足。教育变革研究者迈克尔·弗兰（Michael Fullan）指出，“学区和学校面临的最大问题不是对创新的抗拒，而是对不同创新手段的照单全收，这会带来碎片化、超负荷和不成系统等恶果。”（Sparks，1997）

作为一名教师，过去我常感到不胜负荷、筋疲力尽。因为无论我到哪里，似乎总有没完没了的课，没完没了的考试，要么就是没完没了地研究州级教学标准。在学区项目、学校备忘录、新的数学教学计划和最新引进的课程之下挣扎的我，几乎不可能看清楚这一切的最终目标：学生成就。在花费了数周时间终于讲完一门以知识性内容为主的课程之后，在“环游”了世界一圈，穿越了数千年时光，把文艺复兴和中美洲古文明的历史及力学定律又教了自己一遍后，我不禁问自己，我该如何把这些零散的知识串联起来，我的学生又该如何把这些知识构筑成通往理解的大道？

直到我将思维地图用于指导自己和学生学习及思考，这些恼人的碎片化体验才发生变化。当我尝试用部分建构整体时，我清晰地意识到，为了能将这些方法落实到实践中，并在落实过程中以教师思维参与其中，教育者需要一定的工具和模式。基于我自己使用思维地图的经验，设法使教育者在使用思维地图语言的过程中保持反思能力，成了我职业探究和实践的重点。

## ○ 思维地图：反思型实践的一种模式

我的教学生涯进入 20 世纪 90 年代早期后，我位于新罕布什尔州黎巴嫩的学校开始在全校层面将思维地图用作学习、制作教案和授课的工具。我们校长对改善元认知能力所能带来的长期效果十分感兴趣——不仅是为学生，也为教师和教育管理者。

在第一年使用思维地图工具的过程中，我逐渐发现，思维地图固有的思维模式在学生们的交流和意义辨析中得到了体现。这些工具也让我能以全面、建立联系的方式反思教学内容，在设计教案时，我开始关注贯穿始终的主题概念，而不仅仅是散漫的内容本身。我对学生的学习方式和我自己的教学方式有了更深的理解。在新工具的帮助下，那些此前对新知识和学习难点掌握不了的学生如今也能将新知识、新模式和新的互动方式与原有知识联系起来了。他们本来就有对学习课题进行深度思考的能力，只是缺乏知识反思和表达自己思考过程的具体手段而已。我意识到，比起调整学习内容，我更需要调整的是学生学习的工具。

得到成长的不仅仅是学生。将思维地图用于撰写教案和教学实践之后，我自己的思维模式也得到了提升。铺天盖地的课程、评估项目和教学备忘录，在九月的时候，还压得我喘不过气来，现在它们似乎更容易应对了。我对概念的理解和解释比之前更连贯了，也懂得了如何融合零散的课程，对于如何帮助学生成为成功的学习者，我也更为自信了。使用思维地图的职业经验和个人体验让我不禁好奇：其他使用思维地图的课堂上是什么情形，或者更具体地，那些和学生一起使用思维地图的老师们，他们的脑中发生了什么？思维地图既能促进认知能力的持续发展，又能外显地以可视化形式呈现元认知过程，它是如何提升教师的反思能力的？

后来我离开了课堂，开始从事思维地图职业培训和后续支持工作。这时，我希望能更深入地研究这些课题。我唯一的教学经验是在新英格兰的乡村地区获得的，因此我对思维地图在城市贫民区学校能发挥的作用也很感兴趣。在这类学校，教师需要面对多样化的人群，社会经济水平较低的社区以及一直较为落后的教学质量。在2000～2001学年，我开展了一次实地研究。这是我硕士项目的一部分。与我合作的两组教师，一组来自纽约州锡拉丘兹城市学区，一组来自纽约皇后区第27社区学区。

这次研究的结果与我的经验是一致的：思维地图不仅能提升教师和学生的表现，思维地图工具本身还能强化教师对自己的教学方式进行反思的能力，使他们对学生的思考能力有更深的了解。有位来自锡拉丘兹的教师，她班上的学生格外棘手。但借助思维地图，她和她的学生都取得了成功："我在讲社会课时，尽管我提的问题已经不能再明晰了，但学生依然毫无反应。于是我在黑板上画了一幅复流程图，立刻就获得了我想要的效果！思维地图不仅能让我抓住教机，更能创造教机！"

我最终认识到，这些深层次的反思和学生的表现之所以能发生，是因为思维地图能将让思维和反思更清晰地表达出来，并带来更清晰的思考。这激发了学生的自信和胜任感。

## ○ 教师视角下的反思成果

在思维地图培训中，有些培训是为思维地图培训师设计的。我研究的重点对象就是接受过这类培训的教师。尽管我的主要关注点，在于教师们如何在与学生的日常互动之外借助思维地图反思教学，但我也发现，教师们同样会利用学生创建的思维地图和自己基于思维地图写成的教案，对学生学习、自己的授课方式及教案进行反思。思维地图对学生行为表现、教师的课程教学及教学方式都产生了积极的作用，这在教师们提交的数据中也有所体现。

图 16.1 列出了推广思维地图带来的各项成果，教师们常对此津津乐道。收集到的学生表现数据聚焦于这几个方面：学生思维能力的进步，尤其是与耐心和写作时的组织能力相关的进步；学生在行为方面的进步，包括注意力、动力和参与度；以及以学生为导向的学习活动的增加。教师们认为，他们的教学指导更精准了，教学目标更明确了，教学效果更好了。学生和教师们的这些防线，都证明了：当教室中的学习者共同使用同一套思维地图工具时，他们的理解力和效能都得到了提升。这些量化数据为我们认识课堂氛围的意义及创建积极的课堂环境提供了宝贵的价值。在积极的课堂中，教师能够为学生设计和呈现有意义的教学方式，哪怕置身于恶劣的城市环境，学生们也能够理解、关注及参与不同的学习环境。正是借助对思维地图实施经验的反思，这些城市中的教育者对学生学习、教师教学和课程规划才有了更深的理解。

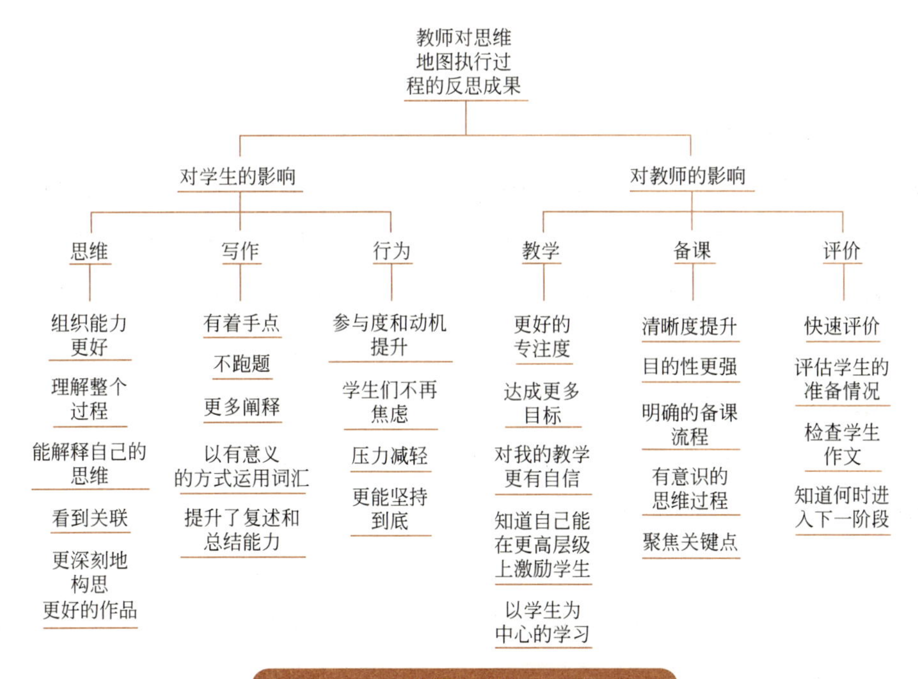


图 16.1 树状图：教师的反思成果

## ○ 对学生学习和行为的反思

对自我和他人思维模式的认知，能让师生们重新理解自己或他人的学习模式。可视化的知识呈现系统能赋予学习者信息和能力（参阅第5章），不论这里所说的学习者是学生还是教师。一位来自锡拉丘兹的三年级教师跟我们分享了一个故事。有个小孩在课堂上经常捣乱，他不做作业，也拒绝写任何作文。但他很喜欢周二，因为当天上写作课时，学校聘用的顾问会来拜访他。每个周二，那个孩子都会时不时地朝门口瞟上一眼。他满心盼着那位顾问能早点出现，这样他就不用写作文了。

但是，有一个周二，在上完思维地图培训课之后，这个孩子的老师，在向班上的同学说明当天的作文题目以及该如何组织自己的思路时，使用了圆圈图和流程图，这个孩子被吸引住了，他只顾着在思维地图中填写自己的构思，连那位顾问走进教室都没注意到。后来这位学生向那位顾问解释说，他正忙着，这次没办法跟他一块离开教室了。

这位学生如此专注，他的老师不禁想知道，究竟是什么让这堂课有这么好的效果，又是什么导致这位学生和班上的其他孩子在上别的课时无法专心。这个教师认为，这堂课之所以成功，是因为她采用的思维地图为学生理解写作过程提供了认知和可视化效果。这位老师借助流程图为故事主题设置条理和次序时，思维地图为她的语言阐释提供了视觉支持，因而学生们能清楚地了解她的思维过程。学生们不仅能理解她的思维步骤，还能理解她的想法是如何成形的。教学模式和抽象思维模式的外显呈现，调动了学生的参与度，激发了他们的理解力。

从学习者动机和参与度的提升中，我们能获得哪些与学习有关的启示呢？“培训师培训项目”的一组参与者指出，学生的负面行为往往是一种保护机制，更深的原因是迷惑和恐惧，或者是传统教学和作业方式引发的挫败感。这组参与者说，也许学生本来也想写，但他们不知该如何组织自己的想法，也不知该如何为自己的想法安排次序。学生行为的改善也许说明，他们有清晰呈现自己想法及将这些想法用写作表达出来的能力，只是缺少方法而已。在一次训练课上，大家讨论起了那些有行为问题、注意力无法集中但后来有所改善的学生。讨论过程中，有位参与者喊道：“思维地图可以替代利他林[1]！”（参阅第 3 章）。她的话引起了一片哄笑。但当笑声散去之后，这些教师开始认真思考这一可能性。有位教师说，思维地图将是一种可行的替代疗法：

> 思维地图之所以对这些孩子有用，是因为它具有连贯性，而在这些孩子的生命中，没有什么东西是连贯的。他们回到家里，面对的是一个没有规则、没有责任、没有后果的地方。他们的家庭一团糟，没有固定的规律，没有固定的时间。他们的妈妈有时在家，有时又不在，没有人照顾他们。他们想做什么就做什么，想要什么就要什么。他们也许会喜欢这种自由，但他们没有秩序意识，也没有自控意识。在学校中，他们渴望这种力量和控制力。思维地图的连贯性能带给他们一种掌控感。“我能做到，我也知道该怎么去做。”他们感到自己也有擅长的事。

在自己的反思中，这位教师从自身的文化体验和推论出发，探讨了学习社区中的学生受到的来自家庭和社会经济层面的影响，如连贯性、自控力和掌控感等。她对教学过程中学生的潜在情绪有敏锐的洞察力，也懂得思维地图对这些紧张情绪所起的缓解作用。她能够发现学生的主要需求，这些需求具有某种共通性。

也有的教师提到，思维地图能给孩子带来安全感，因而可以为他们提供情感和认知层面的支持。“他们（学生）不再被动受限于一系列的问题，因而感到很自在……在小组学习中，他们能够自主地提出问题。”另一位教师说：“略想一下，我觉得（思维地图）打开了孩子的眼界，因为它让孩子们有了驾驭学习的能力。他们更愿意冒险了，因为使用思维地图时，并不存在什么错误。你可以按照自己希望的方式呈现自己的思维。你的思维方式不一定要和别人的一样。”

这些讲述给了我们一个共同的印象，那就是，个体的知识和对知识的表达不一定是共存的。学生们能理解知识不代表他们懂得如何分享知识。在城市环境中，青春期前的孩子们面临的条件很复杂——学生们的文化背景与老师的文化背景可能并不一致——学生们对知识的表述也许是含糊不清的，因为他们的想法受到外部期待和检查

---

[1] 利他林，一种帮助多动儿童安静下来并集中注意力的药物。——译者注

的制约。思维地图是一种灵活，连贯而又通用的可视化语言，它不仅能为学生的思考过程提供支持，也能为他们的思考结果提供支持。老师们认为，它能为学生自由地呈现自己已掌握的知识提供一个安全的方式（参阅第6章）。

## ○ 授课与备课

在来自教师的报告中，尽管有相当数量的报告将思维地图对学生学习的促进作用当作讨论重点，但教师们也对思维地图对教师在授课和备课过程中能力和信心的提升进行了探讨。教师们对使用思维地图的反思表明，思维地图能让他们授课和备课的过程变得更灵活、更贴切、更外显、更有针对性。

### 随堂授课

在第三节培训课程上，一位幼儿园老师迫不及待地想把她的学习收获跟大家分享。有次，她的备课内容是比较两本乔治·华盛顿传记。她创建了一幅气泡图，主气泡一侧有四个小气泡，用以描述两本书的相似性；另一侧的三个小气泡描述的是两本书的差异。上课时，她将学生们的反应也记录在气泡图上。但很快，她的模板就不够用了。“你需要画更多的泡泡！”学生们喊道。学生们的观察力和对细节的注意让她很惊讶。她这才意识到，学生们有多么专注。她决定以学生们的类似反应为标准衡量自己未来的教学。对她而言，思维地图成了一种意想不到的评价工具。更重要的是，学生们的反应提醒她，不能对学生处理信息的能力抱有成见。“我的思维模式可能会限制学生的思维！”她总结道。由于这一经验，她开始反思自己对学生的期望，以及自己的观察和理解技巧。

上面例子中的这位老师借助气泡图改善了学生的阅读理解能力，而另一位二年级教师则将思维地图用在了提升学生的运算能力上。这位老师在一个教学水平较低的小学工作，当一组校外顾问表示要观摩她的课堂时，她陷入了焦虑。她所在的学校引入了一套非常具体的教学项目，以提升学生的运算技巧，并希望借此摆脱州教育部门评定的落后学校身份。为了取得成果，学校聘请的教学项目公司制定了一份针对学生参与度的量化考核表。这位教师马上要教学生减法运算。她很害怕顾问们的出现，因为她的学生两位数减法学得很差。“我一直在想学生们的问题到底出在哪儿，”她说。“他们运算到一半时，就忘了下一步该怎么办。”

她决定利用流程图向学生解释减法运算的顺序。第二天，学生们借助思维地图精准地完成了运算任务。观摩她授课的顾问认为这堂课非常成功，问她能否给自己一份上课时用到的流程图复印件。“思维地图让我理清了思路，我对减法有了更清晰的认识。”这位教师说。思维地图不仅让她理清了思路，也让她的学生们理清了思路。她在培训课程中分享了这一幕，相似的是，另一位教师在培训结束后的反馈环节，也表达了类似的感想。“它们（思维地图）能让我的教学更有条理，使用思维地图后，我达成教学目标的概率比以前大为增加。”

## 备课

一位小学六年级教师在向学生讲授童话故事时（见图 16.2），决定直奔目标，而不再重复自己去年糟糕的表现。与前面几位教师的做法不同，这位教师在最初的备课阶段，就使用了思维地图进行反思，帮助自己分析要教的内容，规划成功的授课。首先，她以头脑风暴法列出了学生要写出原版“灰姑娘”故事所需的一切任务、素材和认知。她一边注视着自己画出的圆圈图，一边思考去年讲课时自己遇到的问题。她列出了一些可能存在的障碍，并确定了主要步骤，例如确定童话故事的关键元素，这些元素必须能为学生们最终完成写作任务提供支持。她问自己：我希望学生学到什么？灰姑娘的故事有不同的版本，哪种类型的思维地图能帮他们注意到这些版本中的规律？最终她选择了有多种层次的桥型图（图 16.3）。因为桥型图能单独审视故事中的不同元素，帮助学生观察不同版本的故事中各个元素的共有特征。

之后她又用了一张流程图（图 16.4）为要教的任务排序，以确保学生能有效地处理学习材料。为了使学生能有条理地组织自己对阅读材料的理解，她决定让学生在阅读的不同阶段采用不同的思维地图。

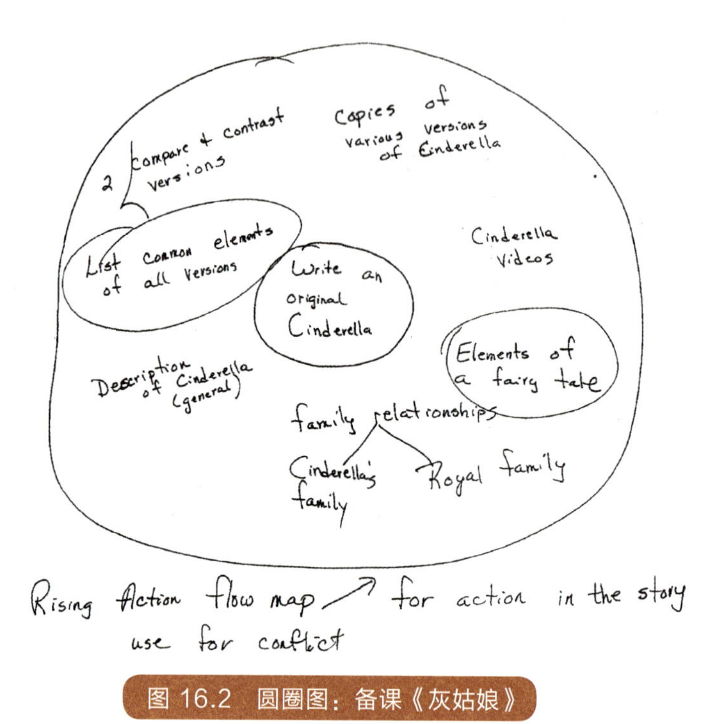


图 16.2 圆圈图：备课《灰姑娘》

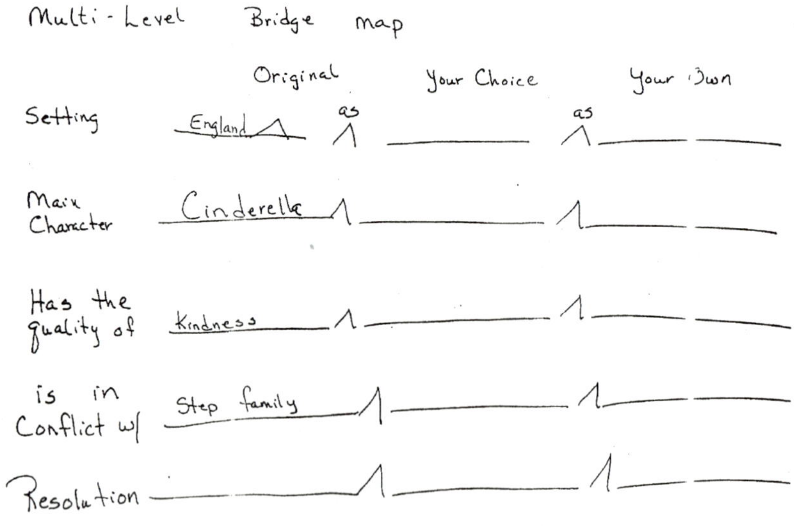

Multi-Level Bridge map

| | Original | | Your Choice | | Your Own |
|---|---|---|---|---|---|
| Setting | England | as | | as | |
| Main Character | Cinderella | | | | |
| Has the quality of | Kindness | | | | |
| is in Conflict w/ | Step family | | | | |
| Resolution | | | | | |

图 16.3 桥型图：童话故事中的元素

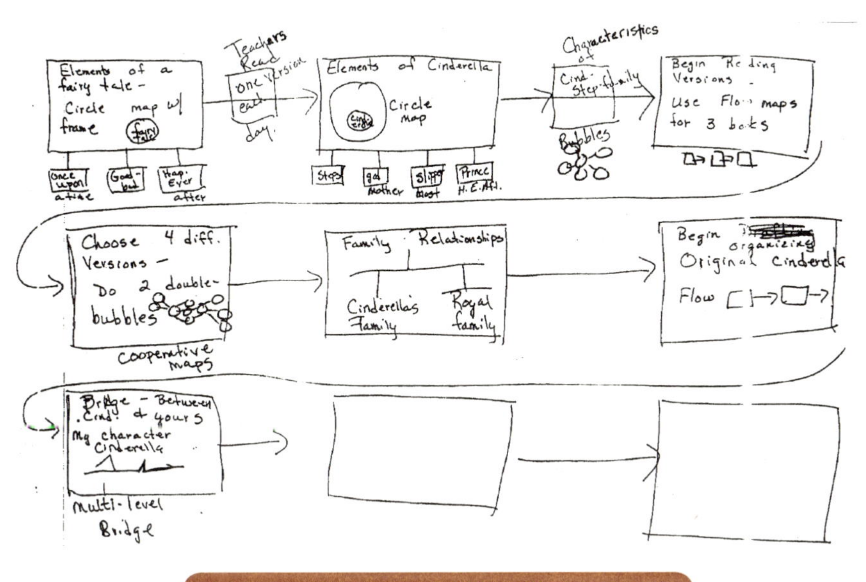


图 16.4 流程图：《灰姑娘》单元授课计划

这样的备课过程让她的思维活跃了起来。她想到了如何让学生组成学习社区并分享自己的学习体验的问题。她的教案显示她理解学生的学习过程以及他们的需求。因为学生们需要先通过阅读，对灰姑娘的故事进行解构；之后在重写灰姑娘故事的过程中，以自己的方式重构这一故事。借助思维地图，她可以对学生的阅读理解水平进行深层次的持续评价，并适时调整自己的教学方式。一旦自己的教学模式和教学性质确定下来之后，她还要从学生的角度审视教学过程，预测学生可能会遇到的困难。对这位教师来说，思维地图既是教案设计工具，也是进行教学的工具。她因此能够转换视角，以学生的思维从结果开始对过程进行逆向的、深层次的反思。当天的培训课程结束后，她对自己的能力充满自信，也相信她的学生能最终发现灰姑娘的故事中蕴含的深意。

这位教师将思维地图用于灰姑娘故事的例子说明，思维地图有助于教师理解自己要教的内容，也有助于他们通过可视化的图形加深对自己教学方式的反思。为了有效备课，教师们需要清晰地列出期望达成的教学成果，并制定有效的教学过程。举例来说，教师需要预测学生对童话故事中各要素的认知方式，并辨别这些要素因地理和文化背景差异而产生的变体。因此，思维地图能为寻求特定信息模式的教师，提供一种自我质疑的手段。

## 超越课堂

除了在课堂中的身份之外，这些“培训师培训项目”的参与者也在课堂之外将思维地图用于组织校内的各项活动。作为课程协调员和承担着专项任务的教师，过半的教育者都被赋予了评估、演示新的教学方案并将其融入教学实践中的义务。他们面临着时间、金钱、测验结果和学区要求的压力，又时常不得不面对教育管理者和同事们质疑的目光。为了清晰、精确、令人信服地呈现新式教学方案的主要特点，这些教师采用了他们在课堂教学中使用过的交流工具，即在教学中能提升理解力和参与度的工具——思维地图。一位教师说：在帮助创建符合纽约州核心课程标准的外显式教学大纲方面，思维地图特别有用。

有意思的是，刚开始培训时，参与者常常会问如何将思维地图与纽约州英文水平评价标准相融合。他们想知道怎样用思维地图提升学生在这些考试中的写作能力和理解技巧。如果他们不教写作，他们会问：“思维地图怎么帮学生解决数学问题呢？”或者“如何把思维地图融入我们的阅读大纲中去呢？”又或者是“在向学生讲授有关冲突或平权的课程时，该用哪种思维地图呢？”在初始阶段，他们压力颇大，双眉紧锁成V字。因为他们只会根据以往的经验，把思维地图当作另一项需要执行的教学新方案，而不是一个能与现有的方案兼容的新工具。他们手上的任务已经够多了。

随着培训的展开，他们会逐渐认识到，不论是在什么学科中，思维地图都能帮助学生辨认阅读和写作中的模式；同时也能让学生们发现现行教学方案中包含的模式。渐渐地，参与者的讨论和反馈变了。从最初与思维地图相关的知识性问题变成了对思维地图与现有教学方式良好兼容性的认可。“现在，处理不同的任务时，我对思维过程的认识更清晰了。”“我相信我的思维层次正在提升。”“思维是一种过程，思维地图是一种语言。”在培训结束时，教师们已经能有效地借助思维地图融合不同的教学方式了。

同样，这些参与培训的教师的学生们也会掌握思维地图，并熟练运用。对教师

（我向他们提供了持续的支持）来说，他们熟练运用思维地图的能力及反思能力更强了。尽管置身于复杂、充满挑战且时常变化的教育环境中，但是他们在提出和回答与学习有关的问题时表现出的能力与自信，与之前相比有了很大提升。

## ○ 培养外显式思维　创建革新型文化

每当我想到课堂中的教师所承担的重重压力——以及那些我在这项研究中观察和提问过的教师所做的改变——我不禁会想到自己在个人和职业层面所获得的荣誉都归功于我所在的学校，因为那里的教职人员都是反思型实践者。请想象这样的学校所能取得的成就：全校的学生、教师和管理者都能借助思维地图工具理解学习内容、语境、同事以及自己。正如本章所揭示的那样，思维地图和针对培训师的培训项目为教师们提供了一种语言和模式，使教师能更为深刻地思考和反思学生的学习方式、教师自己的教学和备课方式。“思维地图，”一位参与了培训的教师说，“能使思考成为教学的重心。”注重运用思维地图来培养外显式思维，激发了反思型实践——对教学的复杂本质展开的思考——并带来以回应、关联和革新为中心的独特校园文化。

## ○ 参考文献


- Curtis, S. (2001). *Inviting explicit thinking: Thinking Maps professional development: Tools to develop reflection and cognition*. Unpublished master's thesis, Antioch New England Graduate School, Keene, NH.
- Schön, D. (1983). *The reflective practitioner: How professionals think in action*. New York: Basic Books.
- Sparks, D. (1997). Reforming teaching and reforming staff development: An interview with Susan Loucks-Horsley. *Journal of Staff Development*, 18(4), 20–23.

# 第 17 章 思维地图在教学指导中的应用

凯西・恩斯特　教育学硕士

米罗・诺韦洛和我步履匆匆地在纽约市公共学校的走廊里穿行。我在班克街教育学院开展的数学教育管理项目中，米罗是受我指导的学生之一。我之所以会在十一月的某天，冒着狂风来拜访他，是因为我要对他身为数学辅导员的角色进行考察。他对这次来访很是期待。要成为一个高效而有能力的教育者，有些事是非做不可的，例如反思、质疑、分析和改善自己的教学实践。他过去在这些方面几乎没有得到过任何支持。而他从我的来访中却能获得自己需要的帮助。用米罗自己的话说："你花上一整天的时间扮演我的角色，这好比为我的工作提供了一面镜子，让我能退后几步，仔细审视它。你对我做的事进行评估，询问我做事的理由和内容，这对我其实是一种磨炼。"而我自己也很期待对他的拜访，因为这也为我提供了一个学习的机会。我可以借此机会更深刻地理解数学教学，并反思和改进自己身为培训师所需的技巧。

在当天的拜访中，米罗告诉我，我们要去四年级的某个班。该班的任课老师名叫安娜。她是一个对教学备感困惑的新手。受学校课程安排所限，他没能专门跟安娜约时间会面。乡村学校常常面临这样的问题。时间是制约这类学校改进教师素质的罪魁祸首之一，因为如果没有时间，就无法完整地对教师进行评估或培训。米罗当天早上才同安娜取得初步联系。他向她介绍了自己，并跟她说明我们要去观摩她的数学课。之前已经有几位课程“专家”观摩过她的课，并向她提了建议。这些专家理念各异，但对她管理学生和教学都没什么帮助。一开始她在教学上还有那么一点自信和乐趣，但她现在正在迅速失去它们。我们走进安娜的教室时，为了让安娜放松，米罗只是像往常一样对我做了介绍：“凯西是我的指导者，她从班克街过来的。她今天来这里是观摩我的数学课，并帮助我改进教学工作。”

在那天之前，我一直对自己原有的观摩方式不太满意。我原有的做法是，先把观摩情况记录下来，然后再跟教师们一起分析观摩数据。每次观摩活动结束后，照例就教师们的授课内容向他们发问，例如：“孩子们的作业和思考方式有什么让你印象深刻的地方？你对自己授课的哪些方面较为满意？”虽然，我一般都能成功地基于课程观摩和学生作业，与教师们进行更深入的讨论，但我的观摩、我所做的即时记录以及教师的课后回忆这三个因素之间却存在着令人不快的裂隙。经过进一步反思，我发现了工作模式中存在的问题。

在观摩课上，我往往用很多页详细而精准地记录课堂上发生的有意义的对话和活动。尽管如此，观摩结束后，无论是我，还是我要培训或指导的教师，都不大能认得这些记录。对教师们来说，这些内容不够透明也不够具体。这转而会削弱他们对我的信任。在培训和指导行业中，职业信任对教师的成长至关重要。我与教师们的对话经常会陷入停顿，因为我需要时不时地翻看我的记录，从一行行文字中寻找散落在某处的“珍珠”。这个时候，教师只能被动地坐在那里。毕竟，数据在我手上，而我的记录相当潦草，除了我谁还能看得懂呢？很多时候，这种令人尴尬的停顿会带来一种紧张气氛，使我们的谈话难以为继。我注意到，教师时不时地会瞟一眼我的笔记本，试图弄明白我写的究竟是什么。这样一来，我不得不安慰教师说，我做记录的目的并不是为了评价他们的工作表现，而是促进他们的反思能力、改进他们的工作。不用说，我的工作方式有改进的空间。我该如何更清晰、有效地把我观察到的授课情况记录下来呢？我该如何以更包容、更平等的方式与教师一起重温和探讨这些数据呢？我对这些数据的运用，如何才能给针对“学生（而非教师）的学习与授课”进行的探究和分析带来帮助呢？

## ○ 深度观摩和反思的工具

突破，发生在我和米罗踏进安娜教室的那一刻。我开始用一种简单的可视化工具以图像化形式记录安娜的授课流程。我在安娜教室的后排坐下，拿出了我的记录簿。我摆放记录簿的方式有点特别——不是竖着放，而是横着放。今天我将会用思维地图——具体来说，为排序而设计的流程图——记录安娜的授课以及米罗对安娜的指导。最近我学过了思维地图，但我还没把它当指导工具用过。

从一开始我就看出来了，安娜不仅不懂数学、不懂那堂课的目的，也缺乏威信和管控课堂的能力。她试图通过某项课堂活动向学生介绍乘法表上 8 的倍数，但却不怎么成功。我一边观察着她的举动，一边问自己："有什么比较重要的东西需要我记下来？哪些问题、评论、引导和活动本可以激发对话，改善她的教学质量？"我不由得放下了手中的笔，心想："我该怎么记录我看到和听到的东西？活动的接续点在何处？某项活动或对话是新的，还是原有活动的延续？"我相信记录教师的授课不止一种方式，因此我打消了自己的疑虑，决定着手去做。追随着自己的问题，我时时调整自己记录的内容和方式。我的笔端顺畅起来。奇怪的是，我发现，哪怕仅仅是在我记下的不同活动周围画上一个长方形的框这么简单的行为，也能让我的思路变得清晰。这反过来又能让我更好地把握教学中的关键点。观摩课结束后，米罗安排了当天晚些时候与安娜再次会面。我低头看了一下我做的流程图。尽管我的字迹依然很潦草，但我对授课情况的记录从视觉效果上看非常清晰，课堂对话和活动都跃然纸上。终于，我记录的数据能被人理解了！

当我在我们面前的桌子上展开我在课堂上画下的流程图时（见图 17.1），米罗睁大了眼睛。我开始重述我的故事，我们并肩坐在一起，我一边说，一边指着我记录的不同课堂活动。米罗时不时地会跟我一块回忆课堂情形，他能理解写的是什么。我们居然能在如此轻松的氛围中一起重温那堂课，这让我们两人都备感惊奇。在过去，我跟有些教师对话时那种典型的紧张和自我辩护消失不见了。相反，我们对话的重点落到了面前的思维地图上。它将课堂教学、指导和学生学习的状况清晰而详实地呈现在我们面前。

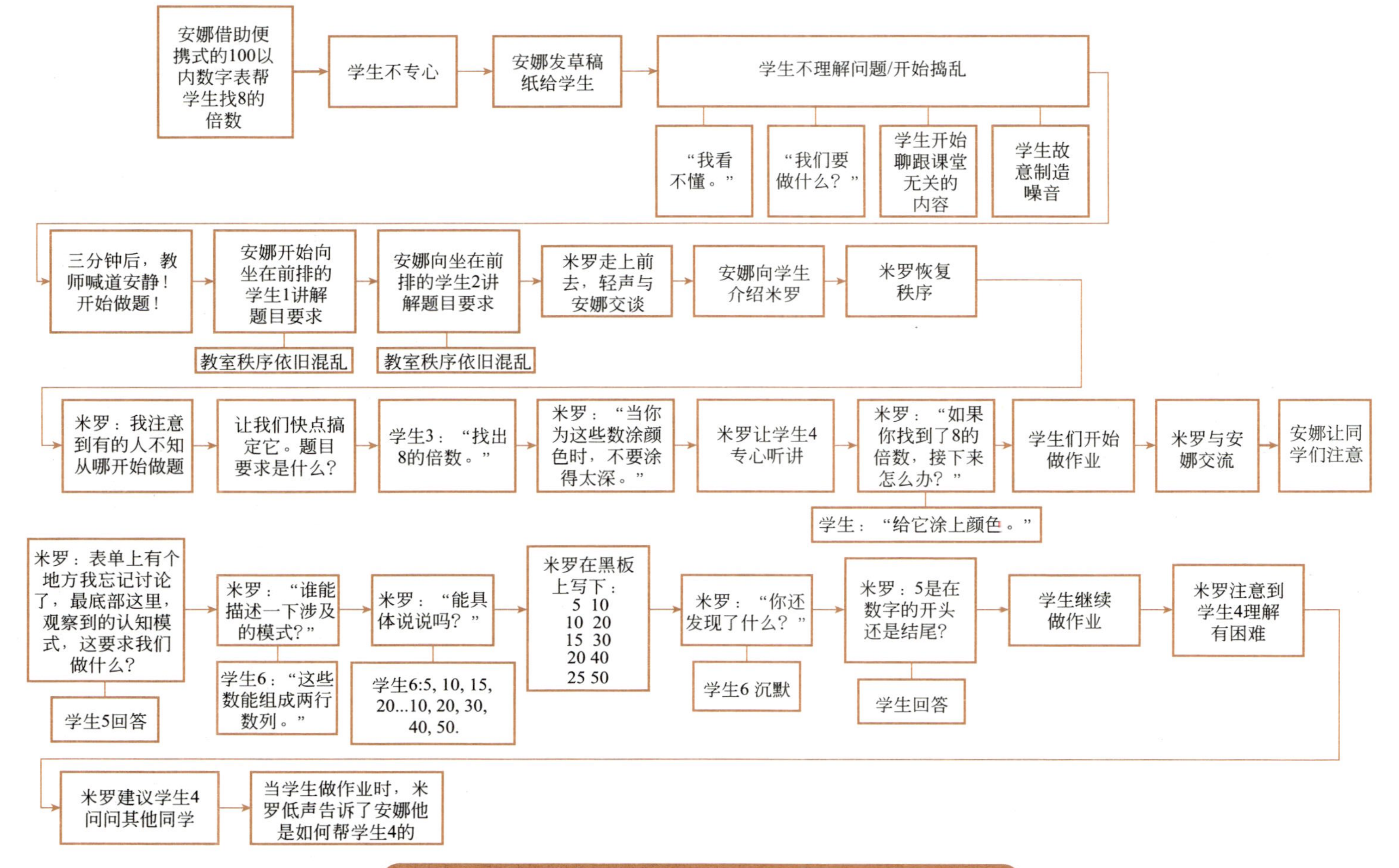

图 17.1　流程图：如何为课堂上观摩、记录的事件排序？

我们一起浏览了我的授课流程图。米罗在课堂上向学生提出了一些问题，为他们指出了一些具体的学习方向，并以这种方式为安娜建立了一种授课模式。浏览流程图时，我同米罗讨论了他这些做法中尚可改进的地方。接着，我们又从另一个角度分析了那幅流程图：我们探讨了他能为安娜的数学课提供的支持。安娜那堂课的开头不怎么顺利，她一开始就没能吸引学生的注意力，因此我们审视了教学事件 1：安娜用便携式乘法口诀表帮学生辨认 8 的倍数以及教学事件 2：学生们不专心。我问米罗："你觉得学生不专心的原因是什么？"米罗谈话的时候，我忽然意识到，我们正在做的其实就是因果分析。于是开始轻松地使用复流程图记录可能导致学生无法专心听课的初步原因（见 17.2）。

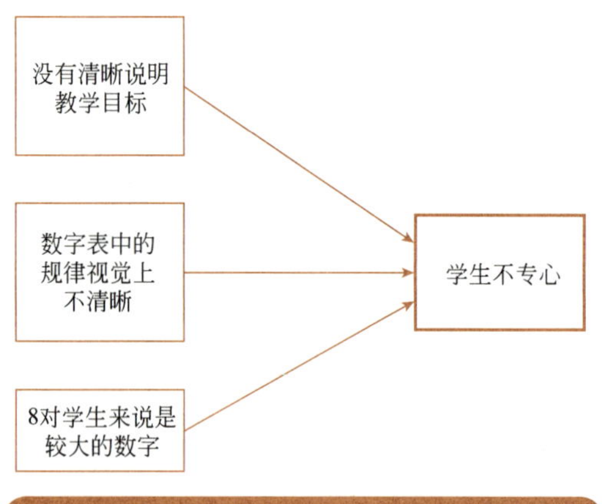

图 17.2 复流程图：导致学生分心的原因

米罗继续总结学生分心的可能原因：安娜没有明确告诉学生她的教学目标；安娜用一支黄色的马克笔标出了乘法口诀表中 8 的倍数。这样导致孩子们无法看清楚她标出的内容。很显然，很多学生之前对乘法口诀表中的乘法规律并不熟悉——也许更好的方式是从小于 8 的数字开始教他们乘法，例如 2 或 3。

那天晚些时候，米罗、我和安娜见了面，我们一块就安娜的授课进行了讨论。我们知道作为一个此前没有受过数学训练的新手教师，她对自己的表现有多么沮丧。因此，我们决定把重点放在她教学的最开始部分。米罗打开了话题。他首先问安娜："你觉得这堂课怎么样？"安娜回答说："我对这堂课有点糊涂……很难调动孩子们的积极性，当我把课堂活动表发给他们之后，他们很困惑。你站出来给他们指明了方向，这对我是一种帮助。”

米罗把椅子向安娜挪近了一点，以安慰的语气说：“我们也注意到了你说的问题。”这时，米罗把我和他早些时候创建的那份复流程图画出了一部分。他从教学事件 2 开始讲起：学生们不够专心。他再次指出了学生们不专心的原因，安娜自己也知道这一原因——她没有把讲课的目的跟学生们说清楚。然后米罗把这一点记到了思维地图上。米罗向安娜解释了该如何引导学生们发现乘法口诀表中的视觉和数字规律，这对学生们更深刻地理解乘法和除法十分关键。他向安娜提供了一个向学生介绍这些概念的活动。安娜似乎领会了那堂课的教学目标。于是米罗继续道：“我们还注意到，学生看不清你用黄色马克笔标出的 8 的倍数。所以他们很可能也找不到其他是 8 的倍数的数字。”米罗在思维地图上列出了另一条学生无法专心学习的原因：看不清乘法口诀表中的规律。当他讲到这些的时候，安娜点头以示同意，并表示自己以后会用透明塑胶块更有效地标示乘法口诀表的内容。

最后，米罗与安娜分享了他对安娜那堂课的评价：他认为学生们对乘法缺乏经验，这导致他们很难辨认像 8 这样大的数的乘法规律。米罗把这一原因（8 是个过大的数字）也列在了思维地图上。随后米罗引导安娜以 2 和 3 为基数对乘法口诀表进行了一番研究，并构思了一些稍后可向学生提出的问题。我们的讨论结束时，安娜注视着米罗和我画的那个并不完整的复流程图说：“很多人观摩过我的课之后，只会提出一些含糊不清的建议和评价。这反而让事情更糟糕。这还是头一次有人向我提出具体可行的建议。这真的很有帮助——谢谢你们。”摆在我们面前的思维地图简约而优雅。它不仅让我们反思、对话和探究的过程更为外显，也及时地记录了我们的对话，并为我们未来的行动架起了一块跳板。

那天我体验到了某种非常强烈的东西——我认识到，思维地图能让我如此轻松而高效地与我观摩过教学的教师就教法和学生学习状况进行交流。这真是一个质的飞跃。思维地图的可视化形式让我获得了一幅连贯的认知路径图，以此为基础，语言层面的探讨成为可能。教学流程图为米罗和我提供了一个具体且及时的课堂对话和课堂活动记录。我们都能理解这份记录的内容并对其进行探讨。那份复流程图让我们——首先是我和米罗，随后是米罗、我和安娜——得以分析学生们无法专心听课的原因。我们由此对数学、学生的数学思维以及安娜为学生的学习提供支持的方式展开了更为深入的思考。更为重要的是，思维地图起到了客观参照点的作用——它将思维模式以可视化形式呈现给了我们——让我们能以教学而非教师为关注点。这种转变在观摩结束后进行的沟通中很难获得。但使用思维地图，教学流程得以以可视化方式呈现；将复流程图用于教学分析，使集体探讨成为可能。这样一来，这种转变便成了一件水到渠成的事。思维地图最大限度地激发了米罗和我的思考力，我们那次的交流也空前有效。我们同样也拥有了一份具体而可视化的观摩记录。将来我们可以随时对这份记录进行评析和反思。那天，当我离开米罗的学校时，我领悟到一件事：思维地图可以被用来显著改善我另一个层面的工作——融合了课程研究的教学职业发展培训。

## ○ 课程研究中的外显式学习工具

已有大量文章、研究和文献揭示了日本的课程研究对美国以实践为主导的数学教育职业培训的影响。正如斯蒂格勒（Stigler）和希伯特（1999）所认为的那样："课程研究背后的逻辑再清楚不过，如果你想提升教学质量，课堂是最有利于达成目标的地方。"日本的课程研究的确提升了教学质量[1]，美国的教师和研究者们，通过采用日式课程研究的各种变体，也取得了类似的成果[2]。我自己在尝试使用思维地图改进课程研究质量后，发现思维地图有助于教师们最大限度地深化对数学、数学教育和学习方式的理解。在备课、教学以及改进教学方式以便更有效地解决学生的学习需求等方面，思维地图能赋予教师们更多思考与激情，超过我之前使用过的所有教学技术。思维地图能为案例研究带来具象化的呈现方式，快捷且高效。这正是那天我指导米罗时获得的感受。最近，我使用思维地图为纽约市一所公立小学由 5 名教师组成的团队提供了帮助。现在我们不妨考察一下从备课、观摩到课后讨论的完整过程。第一天，在两个小

---

❶ Fernandez & Yoshida, 2004；Lewis, Perry & Hurd, 2004；Stigler & Hiebert, 1999.

❷ Jalongo, Rieg & Helterbran, 2007；Lewis et al，2004；Watanabe，2002；West, Hanlon, Tam & Novelo, 2005；Willis, 2002.

时的培训时间里，我们描述并探讨了教学目标、教学活动以及这些活动的次序。第二天，我在有教师观摩的情况下进行了授课；之后我们聚在一起，花了90分钟时间对这堂课进行讨论和反思。我们取得了如下成果：

## 第一部分　提出问题：用教师的问题作为课程研究的框架

我与一年级的教师们已经合作了整整三个月了。寒暄之后，我问他们："各位对数学教学有什么问题吗？"这些老师当时要给学生们讲的内容是减法的操作和步骤。他们打算采取的教法各不相同。因此他们提出的问题也与此有关。我使用了一张圆圈图（见图17.3）来记录他们的问题。这样一来，对各位教师采用的模式、材料和策略，我便能做到心中有数，同时也能对教师们希望从我这里获得的帮助做相应的评价。在我们对问题进行讨论时，根据他们观察到的学生的学习和思考方式，我们对数学和如何进行减法教学进行了分析。让学生们普遍感到沮丧的一个问题是：年幼的学生往往解题

图17.3　圆圈图：我们对数学教学有哪些疑问？

用一种方法，但演示解题过程时却采用另一种方法。这些对他们来说习以为常，但并不能演示他们采用的解题策略。我们对学生演示解题策略的过程进行了深入分析之后发现，很显然，我们对不同的方法、策略和演示方式缺乏共同的理解。为了理清思路，我画了一幅树状图。我问这些教师："孩子们在做减法运算时都会采用哪些方法？"他们会使用什么策略？他们会如何演示运算过程？ 我将教师们的观点以合适的分类记录了下来（见图 17.4）。这些思维地图简单而优雅，却能让他们清晰地看到和理解不同手段、策略和演示方法之间的差异。他们很满意。这一理解转而又加深了他们对备课、教学和学生学习过程评价的认识。

图 17.4 树状图：减法计算中采用的不同工具、策略和方法

## 第二部分 备课：确定教学目标、安排教学活动次序

为了定义学生的学习目标，我们创建了一个圆圈图（参见图 17.5）。我们借助元认知参照框架对以下问题进行了探讨：学生们对减法的理解和认知程度如何？学生们采用哪些方法来解决减法问题？他们认识和运用的减法策略有哪些？他们在认知上存在哪些误区？他们在演示解题过程方面有哪些先验知识和经验？这节课在本单元的位置安排得是否合适？这节课怎么讲才能吸引学生？学生们学习时可能会遇到哪些困难？学生们可能会需要对内容做哪些扩展和修改？为学生确立的学习目标与纽约州的教育

标准匹配程度如何（纽约州教育标准在图中以斜体显示）？这些问题使我们对学生需要在本节课学习的内容有了更精准的定位，也让我们对如何满足学生的多样化学习需求更为关注。

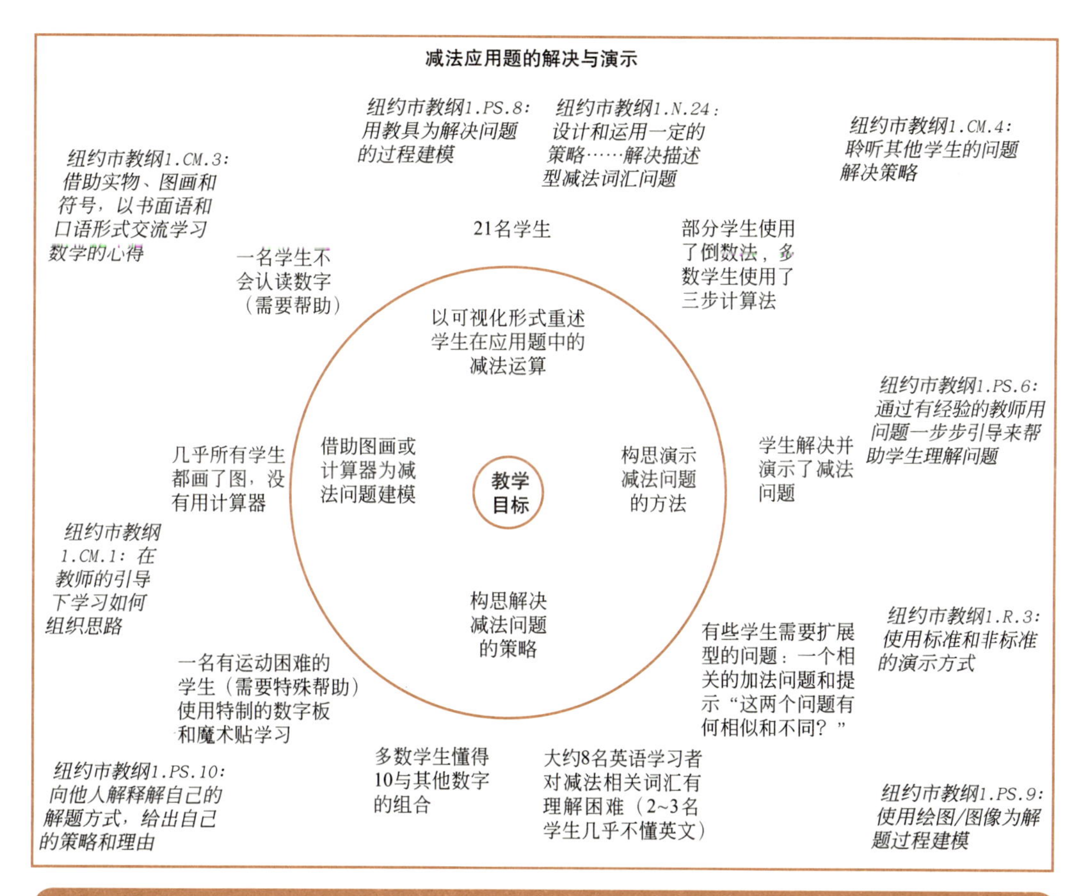


图 17.5　圆圈图：学生在这堂数学课中会学到哪些内容？哪些知识和信息或影响我们的备课？

然后我们讨论了能调动学生学习热情的问题解决情境，并设计了一个供学生在数学工作坊（即学生作业时间）解决和演示的数学问题。我们借助一份流程图安排好了向学生提问的次序。这些问题我在课堂上向学生导入相关内容时会用到（即介绍部分；见图 17.6）。同样，我们也就这一授课环节中哪些事项值得教师特别注意进行了讨论。为了让教师能记得记录自己观察到的课堂情况，我们在次级标签中增加了一些提示。当学生们独立解题时，教师们有哪些需要特别注意的事项？教师们应如何为学习有困难

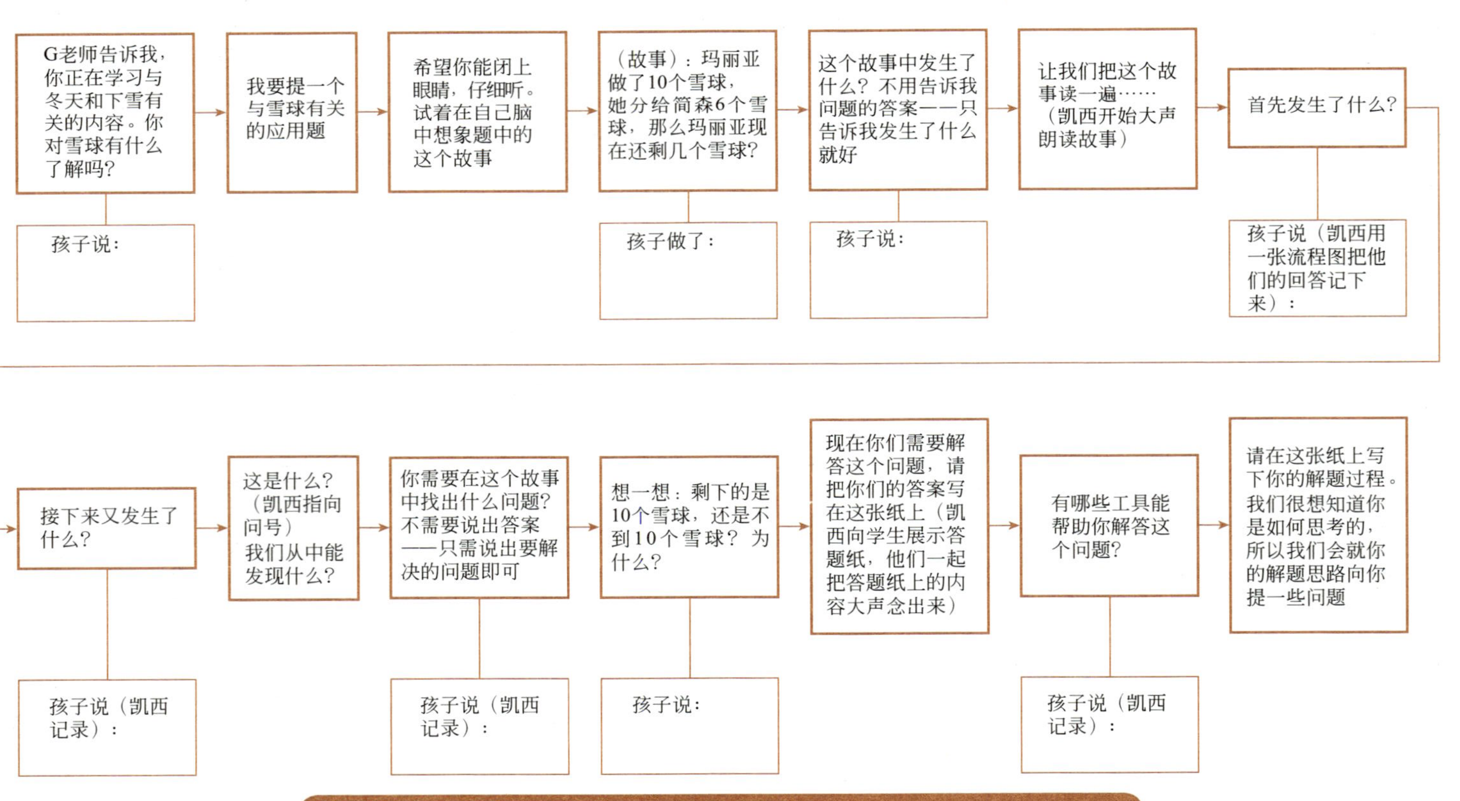


图 17.6　课程导入流程图：教师说什么、做什么能吸引学生的注意力？

或学有余力的学生提供支持？我们再次浏览了我们创建的树状图（图 17.4）以推断学生可能会用到的工具、策略和演示方式；之后我们又通过浏览圆圈图中的学习目标（参见图 17.5）确定了学生可能需要的帮助。有了这些具体而易懂的信息，我们很快便创建了一幅树状图（图 17.7）。以这幅图为工具，我们对课堂上的注意事项进行了分类和重点划分。

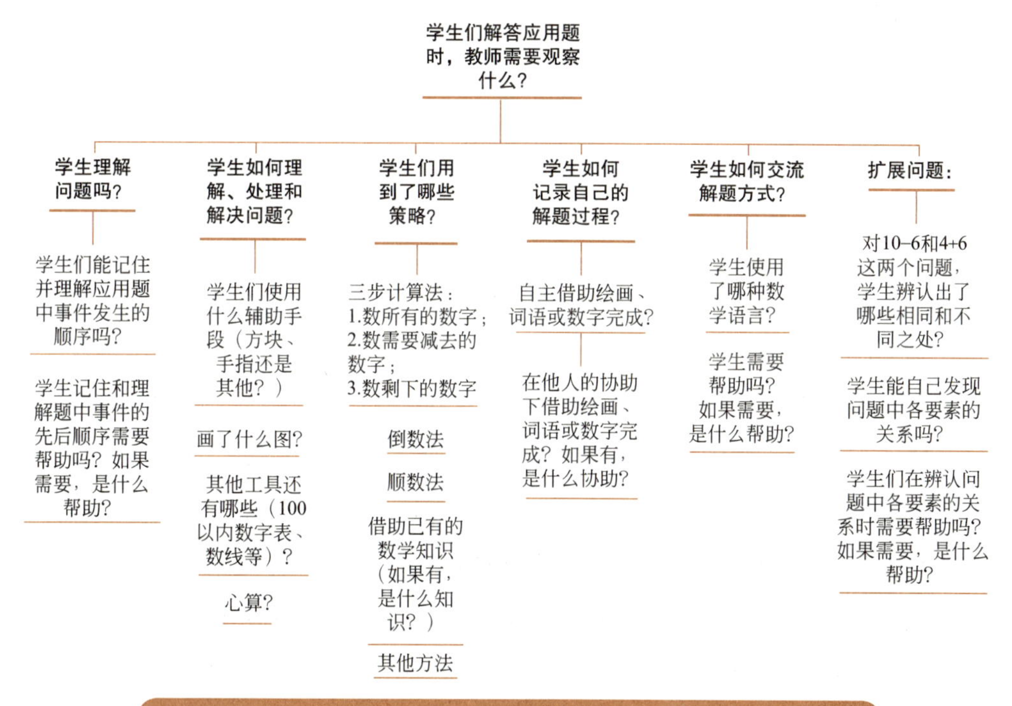


图 17.7　树状图：学生解答减法应用题时，教师需要观察什么？

## 第三部分　课堂体验 / 观察

第二天，在上课之前，我花了大概 15 分钟与教师们再次浏览了头一天我们在思维地图中写下的内容。我们重温了一遍内容引入、学生工作坊和课堂总结（讨论 / 结课）等各个环节中需要特别注意的地方。教师们在课程导入部分用了流程图。在作业环节，他们用树状图来关注和记录学生做作业的情况。课程结束后，我们把所有与课堂有关的材料汇总到一起——作业、上课过程中学生制作的表单，教师用来描述授课情况的流程图和树状图——以便进行讨论。

## 第四部分 课堂回顾

按照我自己的设想，我围绕着以下问题建构了反思型对话的框架：

1. 我们在这节课的导入、作业和总结部分都观察到了什么？
2. 这节课的有哪些可以改进的地方？
3. 下一个教学步骤是什么？
4. 这堂课对我们的教学有什么启发？

我们对教学的讨论是从对这堂课的集体复述开始的。根据自己记在流程图上的内容，教师们能很迅速地找到并说出学生们对我预先制定的问题提示的反映，以及学生们彼此之间的交流情况。我把我们观察和讨论的内容制成了教学探讨树状图（见图 17.8），好让每个人都能看到这些内容。教师们注意到，就连班上英语水平不佳的学生也理解了我们提出的数学问题，因为他们从语境和故事事件的顺序中看到了意义。以可视化形式呈现的流程图让他们能清晰地理解问题。教师们就那节课的课程导入部分进行讨论时，我也把他们讨论的内容记录在了集体创建的树状图里。

之后我们又讨论了对学生作业情况的观察，并根据学生采用的策略对作业样本进行了分类。这样一来，我们便能有效地在稍后的讨论中确认下一次要怎么教才能改善学生的学习。同样，我们也把这些观察记录在了教学讨论树状图里（图 17.8）。

一般而言，如果教师认为自己注意到了教学总结中存在的某些问题，他们对如何改进教学也就有了大概的方向。我们接触的那些一年级教师正是如此。他们很快就意识到，需要为学生提供不同类型的问题，以满足学有余力的学生的需求。尽管他们还没有确定哪些问题对学生而言才是最合适的，但他们已经总结出了妨碍学生进步的问题，在将来的教学中，他们会避免使用这些问题。

- **与一年级教师进行教学讨论**
  - **我们在这堂课中观察到了什么？**
    - **课程导入阶段**
      - “你对雪球知道多少？”这样的提问方式有助于启发孩子关注和理解问题
      - 母语不是英语的孩子能立刻理解问题
      - 孩子们闭上眼睛聆听题中的故事
      - 1/4 的孩子一边听故事一边用手指做算术
      - 孩子们在不借助具体提示的情况下也能复述故事中事件的先后顺序
      - 有些孩子说不准故事中的数字，但却能准确复述故事中的事件
      - 对于故事中的最后一个事件，孩子们做了补充：现在还剩下几个雪球？
      - 凯西把孩子们的注意力吸引到题上
      - 凯西借助思维地图展示了故事事件的先后顺序，之后带领孩子一块朗读了思维地图中的内容，以强化故事的流程
    - **练习阶段**
      - 11个孩子采用了三步计算法，6个孩子采用了倒数法，1个孩子采用了顺数法；1个孩子刚认识数字
      - 多数孩子用图画来演示
      - 有些孩子使用了数线
      - 多数孩子靠扳手指算出了答案
      - 在演示自己的思考过程时，孩子们使用的辅助手段包括绘画、词语、数字和数线
      - 差不多所有的孩子都使用了算式
      - 孩子们演示自己用的策略和方法有困难
    - **教学总结阶段**
      - 孩子们似乎把写算式与流程图中相应的事件关联了起来
      - 孩子们熟悉了减法符号
      - 孩子们通过头脑风暴想出了很多辅助工具（如手指、方块、数字线、百位数表、日历等）
  - **这堂课还有哪些可以改进的地方？**
    - 再提一个具有挑战性的不同问题（待讨论）
  - **下一教学步骤是什么？**
    - 借助作业总结并命名孩子用到的解题策略
    - 提出一个减法应用题，借助方块演示解决问题的过程。问：我刚才采用了什么解题策略？
    - 将不同的简便解题方式和策略演示给孩子看
  - **这堂课对教学有什么启发？**
    - 我很喜欢在应用题中使用流程图
    - 我注意到工具、策略和演示的不同
    - 我懂得了如何利用上面的分类推动孩子学习

图 17.8　树状图：在教学讨论中有哪些重要的反思点？

讨论进行到最后，我请教师们思考从这次课程讨论中能获得哪些启示。他们一致认为，采用树状图可以清晰地呈现工具、策略和演示这三者的区别，这有助于他们更深刻地理解如何改进自己的教法，以提高学生对减法问题的认识和清晰、准确地演示解题过程的能力。事实上，树状图已经为教学提供了清晰的大方向。教师们仿照它为自己的学生们设计了一些类似的树状图，将原先的分类替换成了更易被学生理解的语言，如“我用了……”“我做了……”“我展示了……”这些树状图相当于为学生提供了一种可视化的元认知工具，借助这一工具，他们在解题时能思考并采用恰当的方法、策略和演示形式。

## ○ 结论

思维地图是一套不可或缺的工具，让我的教学指导更加具体、快捷、高效，对我的课程研究也大有助益。在与米罗共事的过程中，我也发现，借助思维地图，我们能将教学——而不是教师——置于课后研讨的中心位置。思维地图为我们提供了一种第三方视角，让我们将视线、问题和分析落到教学数据上，同时也将力量从作为督学的“我”身上切换给作为合作团队的“我们”。这一非对抗性的方式，在探究和学习中不可或缺，也体现在我和一年级教学组一起进行课程研究的整个过程中。尽管那节课的授课者是我，但我们都尽心尽责地备课、写课堂观摩、分析授课并从中学习。思维地图不仅有效促进了我们在备课、教学观摩和讨论过程中进行外显式思维和学习的能力，也是心智习惯的可视化体现。琳达·兰姆波特（1998）认为，在日常教学工作中，优秀教师的心智习惯表现在四个方面：反思、对话、探究和行动。只要扫一眼我和一年级教师们创建的思维地图，就能看懂整个课程研究过程中我们的思维和工作。这些清晰易懂的内容有助于教师们反思未来的教学。

我后续还与这个一年级教师团队一起进行课程研究，但讲课者不再是我——而是他们。他们掌握的工具和程序，能帮助他们建立合作探究和学习所需的心理安全感。我希望通过这一培训，教师们能发展并提升在他们的课程研究过程中聚焦于教学的能力，进而找到那些能满足学生学习需求的教学法并付诸实施。

## 参考文献


- Fernandez, C., & Yoshida, M. (2004). *Lesson study: A Japanese approach to improving mathematics teaching and learning*. Mahwah, NJ: Lawrence Erlbaum Associates.
- Jalongo, M. R., Rieg, S., & Helterbran, V. (2007). *Planning for learning: Collaborative approaches to lesson design and review*. New York: Teachers College Press.
- Lambert, L. (1998). *Building leadership capacity in schools*. Alexandria, VA: Association for Supervision and Curriculum Development.
- Lewis, C., Perry, R., & Hurd, J. (2004). A deeper look at lesson study. *Association for Supervision and Curriculum Development*, 61(5), 18–22.
- National Council of Teachers of Mathematics. (2000). *Principles and standards for school mathematics*. Reston, VA: Author.
- Stigler, J., & Hiebert, J. (1999). *The teaching gap: Best ideas from the world's teachers for improving education in the classroom*. New York: Free Press.
- Watanabe, T. (2002). Learning from Japanese lesson study. *Association for Supervision and Curriculum Development*, 59(6), 36–39.
- West, L., Hanlon, G., Tam, P., & Novelo, M. (2005). *Building coaching capacity through lesson study*. NCSM monographs.
- Willis, S. (2002). Creating a knowledge base for teaching: A conversation with James Stigler. *Association for Supervision and Curriculum Development*, 59(6), 6–11.

# 第 18 章
# 思维地图助力学校管理

拉里·阿尔帕　教育学硕士

## ○ 探索我们的道路

“我发现最迫切的问题在于：现在我们能理解学校的现状了，而且对可持续发展的学校该是什么样的也有了更好的理解。但我们怎样才能从此处到达彼岸呢？我们怎样才能找到一条我们渴望的可持续发展之路？”

——琳达·兰姆波特（Linda Lambert, 2007）

在新英格兰，当你向别人问路时，得到的回答往往是这样的：“从这儿到不了那儿。”没错，两处地点之间很少有直线路径。在教育中也是一样。达成目标的过程可能是艰难曲折的，中间还会遇到意想不到的弯路。事实上，由于我们的视角和面临的挑战是如此多样，我们为达成目标而采取的路径和实践方式也有很多。因此，对学校的领导层来说，工作的重心就是让本校的教育者能够在集体和个人层面上借助这些挑战和机遇，找到提升学生学习能力的可持续方案。

那么，作为对兰姆波特（2007）关于我们怎样“找到一条我们……发展之路?”的回应在复杂的教育情境中，我们要做的不仅仅是“抵达彼岸”，更要怀着对各种结果的预见去拥抱沿途的不确定性。那么，我们究竟该如何在达成目标的同时，也增进教育组织的可持续性呢？正如东锡拉丘兹・塞诺亚的学监多娜・德赛亚托所说，教育组织的可持续性并非关乎权力或地位，而是关乎理解与被理解。大卫・海勒（2009）曾写道：“如果校园中的每个人都能像理解车载全球定位系统（GPS）一样轻松地理解信息和交流方式，并能以同样灵活的眼光审视不同的解决方案，那么这将为学校或教育体制带来多么巨大的影响！”为了帮助学习者在充满变动的教育环境中探索出一条可行之路，我们又能为他们提供何种内部或集体“导航”策略呢？如果真的存在这么一种工具，我们又该如何借助它为学校的全体成员设计用于探究、学习和决策的可行机制呢？在将思维地图从班级层面迁移到全校层面的过程中，这些都是我们要面对的关键问题。

过去八年来，我们一直在向学校领导层——学监、校长和教导主任——介绍思维地图在学校管理层面的作用。思维地图已经在教师职业培训（参阅第 17 章）、推进全校层面的教学改革（参阅第 16 章）、分析和应用教学数据、吸引不同利益方参与学校和社区对话等方面得到应用。教师和教务管理者借助思维地图鼓励学校的全体成员发挥自身所长，积极参与专业型学习社区的建设工作，从而使校园中专业学习型集体的潜力得到了开发。我们一直在进行相关的数据采集工作。我们的数据来自上述经验和借助思维地图在各自的工作中取得了不同成果的实践者。我们进行研究的主要形式是调查、实地拜访和访谈。我们借助这些手段对作为管理手段的思维地图给全校层面的学习和决策——特别是学生成就——带来的影响进行了考察和测量。我们的结论十分惊人。（Alper & Hyerle）

我们的研究包括几个不同主题。在集体讨论中，思维地图能让参与者更清晰地审视他们要处理的复杂问题。管理层人士对思维地图的这一作用赞不绝口。很多人都描述说，他们感到事情变得“更加清楚”了。找到问题的重点之后，领导者们也认为他们对问题理解得更加深刻，同时也能更为有效地与他人合作解决问题了。值得注意的是，这里的关键词是“清晰”，意味着有利于深刻地洞见及准确地表达自身想法。这些领导者并没有说思维地图让他们获得了正确的路径或答案。相反，他们关心的重点是，借助思维地图，他们理清了自己的思路。他们说，这样一来，他们便能与同事们以有意义的、充满建设性的方式交流。而借助这种交流，他们才能最终做出决策。

曾在纽约州担任学监的维罗妮卡·麦克蒙特（Veronica McDermott）在自己的文章中对这一点说得十分透彻："对我而言，当我履行领导者角色的时候，思维地图是帮我做出选择的神奇工具。它们打开了空白空间，我认为这正是一个组织要进行真正的对话所需要的。思维地图逐渐将我从'那个提供答案的家伙'变成了'让我们一起探索的发起人'。相比直接为大家提供整理打包好的答案，我发现自己对提出深层次的问题、激发大家的讨论热情更有兴趣。"

为了有效应对教育工作中错综复杂的问题，我们需要马克斯·格林尼（Maxine Greene, 1995）所说的"在某个更深层面上进行的对话"。我们需要充满观点、不确定性以及能对新学习方式、新机遇做出预测的对话。

如果人际交往中的开放式空间——即麦克德蒙特所称的空白空间——能获得足够的时间和关注度，再加上某种能超越不同视角的通用语言，人们就能在这种类型的对话中充分表达自己的想法和想象。另一位学监在将思维地图广泛用于管理团队和校董会之后说："不论我面对的话题多么复杂或敏感，借助思维地图，我总是能引导我的团队展开建设性对话，并最终达成共识。我知道，凭借思维地图，我们一定能获得有意义的解决方案。"对一个集体来说，无论是个人还是全体成员都需要有胆魄的领导者。只有真正有力量的工具才能带来充满勇气的领导力。

在一篇未刊发的题为"领导之路"的文章中，得克萨斯州蓝帽小学的前任校长肯·麦克桂尔（2009）提到了思维地图对自己的教学计划和教学管理产生的影响。他在此文中描述了他和同事们利用思维地图就"大班上课"进行探讨的情形。教师们采用不同的思维地图说明自己对大班上课这一教学方式的观点。一些教师用圆圈图进行头脑风暴，以列出所有适合大班上课的教学情境；另一些教师用树状图根据内容和教学情境的不同对大班教学策略进行分类。组员们彼此交换思维地图并进行了讨论。麦克桂尔针对这次讨论说："我之前从未见过教师们如此深刻而热烈地探讨什么是有效的教学法。"麦克桂尔通过提出问题和采用可视化的思维地图，成功地促使教员们全身心地投入对教学的探讨和对话中。说到这次以及其他类似的教研活动所产生的更大影响，麦克桂尔与同事们分享了自己在职业学习和决策过程中使用思维地图的心得。他写道：

> 审视今天我们的学校，我必须说，蓝帽小学和我本人都被改变了。只要我还在领导职位上，我就会继续创建有效的交流与合作，推动共同的任务和愿景，实施有意义、目的明确的职业成长计划，指导问题解决策略，收集并分析教学信息，并管理校内其他事务。思维地图让我在以上所有这些方面都比以前更为高效。如今，我已掌握了一整套工具。通过这套工具建立的通用语言，我将能够帮助教师认识我们所用的思维模式。思维地图为我的团队和社区带来了有效的工作模式，能帮助我们精准地定义目标。作为一个学校社区，我们正在学习如何思考！

麦克桂尔（2009）及其同事通过熟练运用思维地图在参与度、意义建构和关联性等方面取得的成效以及由此带来的思维模式的转变并非孤立的个例。我们从我们采访和调查过的其他领导者那里也获得了同样的反馈。不止如此，他们还向我们分享了在集体讨论重大问题时，采用通用语言所带来的连贯性和其他重要益处。集体会议往往沦为观点的交锋，导致交流的大门被关上，无法创造更多机会。与会者有时很快便开始为自己认同的某种观点辩护。他们争吵、辩论，最终战胜持不同意见的另一组人，或被他们打败。最理想的状况也只是通过谈判达成妥协。开到最后，所有人都会对结果失去热情。开完会不过是完成了一项任务而已。

很显然，各执己见的讨论无助于提升与会者的思维深度。而要解决教师和管理者所面临的复杂的教学、道德和伦理难题，这种思维深度是必需的。与此不同，包容性对话能让与会者自由地提出自己的观点，敞开头脑，互相考察借鉴。在这种对话中，不同的观念只是探究的起点，而不是引发争执的终点。能开展这类对话的学校才算是“百花齐放的思维乐园”（Costa，1991）。

我们的研究结果表明还存在着另一条道路。在不同的学校环境中，思维地图已经促成了成果丰富的建构式对话。将思维地图熟练地用于集体讨论中使得与会者超越个人偏见、超越自我中心、超越对自我思维和自我动机的固执。不同的认知方式得到了鼓励，机会取代了偏执。

“对话，”唐纳德·舒恩写道（1987），“意味着集体提升。”犹如在乐队中与其他乐手的演奏和情感和谐交融的音乐家一样，在建构式对话中，参与者也能带来丰富、深刻和全面的观点。集体提升或兰姆波特（2007）所说的“策略性参与”，是可持续校园的标志之一。思维地图所带来的赋能效应是我们研究的另一个核心主题。正如麦克桂尔所总结的那样：“在这一过程中，我发现了与我共事的个体所具备的潜能，也发现了集体蕴含的力量。”简单说来，她发现了一条通往彼岸之路。

## ○ 思维地图：管理的语言，学习的语言

我们学校决定采用一套能覆盖所有课程、所有年级、适用于不同教学情境的通用教学语言。学会共同学习成为我校的核心价值之一。但这并不是我们追寻的具体教学手段，而是一种提升基本思维模式的方法。这些思维模式是学习的本质，对学习者建构知识和加深对所学知识的理解至关重要。很显然，一种能让我们讨论、生成并演示自己的思维模式的通用语言是我们达成集体目标的基础。

我们明白，要想调动学校全员投入实现这一目标的行动中来，单靠传统的文字语言不够有效。我们的学生很多都存在语言方面的障碍，提升学生的语言能力似乎是个有价值的教学目标，但却无法成为学校集体目标的基础。为了使每个孩子都能全面而真切地亲身参与学习过程，我们需要一种全新的语言，一种将学生从被动学习者转变为主动学习者的新方式。尽管我们并没有把这些要求明明白白地写出来，但当我们遇上时，立刻便明白了这就是我们想要的方法。我们没有预料到的是，校集体中成年人之间的交流也因这一方法而获益。

作为实现集体学习目标所采取的策略的一部分，我校最终决定引入思维地图。这带来了立竿见影的效果。因为思维地图不仅能借助可视化形式提升学生的语言能力，

更能有针对性地提升个人和学习社区建构、理解知识的能力。更重要的是，思维地图不受特定内容或任务的限制，适用于所有可能性和校园生活的方方面面。我们将思维地图的引入视作一个帮助学生全面发挥自己思维潜力的机会。我们的学生在校外生活中，对很多事情都无能为力；在校园里，他们的语言能力和混乱的思维又让他们倍感沮丧。很多学生迫切需要有效的工具来帮助自己成为积极而自信的学习者。对他们中的很多人来说，学习是件令人不安的苦差事。但我们相信思维地图能让他们对自己的学习能力重拾信心，以更为积极的心态去探索学习中的未知机会。在对《建构知识的可视化工具》（Hyerle，1996）这本书的部分章节进行讨论之后，普通教师和特级教师们对思维地图都充满期待。我校的所有学生都将从这些工具中受益，因为他们将有机会在学习中改进、扩展和运用一系列基本思维模式。

我们首先花了一整天时间对学校全体教员进行了思维地图培训。思维地图不仅要对学生产生效果，也要影响教员，这一点从一开始就很明确。与学生不同，教师们通过对信息进行归类并建构网络进行学习。面对不确定的问题，我们有时也缺乏自信。在表达自己的想法或分析他人的想法时，有时我们也会感到困难。但随着第一天对思维地图使用方式的熟悉，再加上后来的培训机会，我们逐渐能完全明白彼此的想法和探究成果了。思维地图的可视化形式让我们能更轻松地理解彼此的观点、认知模式和探究成果。与此同时，思维地图也让我们能够将自己的思维条理化。如果不是思维地图，我们是做不到这一点的。

我们尝试以学生的角色去体验思维地图。我们在集体中借助思维地图交流自己的想法。那种感觉太美妙了，连时间都似乎停止了。戴安·齐默曼（Diane Zimmerman，1995）这样描述这种集体力量的汇聚：“当集体成员因交流中显现的关联性而欣喜不已时，这一集体便能以新概念为基础形成自主秩序。”很显然，通过安全的、非对抗性的意义建构方式，思维地图能促成这种内容丰富的交流形式。我们的集体思维、集体认知和对最初观念的集体超越都使得我们之间的联系变得更加紧密。很自然地，我们意识到了思维地图对集体协作的重要性，并尝试着以更为恰当的方式在我们的互动中使用思维地图。

## ○ 我们的实践案例

说到提升思维和决断能力，我们借助思维地图完成的第一个重要任务就是写作能力培养计划。我们组建了一个由教师、家长和教育管理者组成的“实践规划团队”。在研究了州级和当地教育部门的数据以及教师的授课情况之后，团队认为学生们的写作潜力远远没有得到发挥。我们也承认，我们对学生的写作能力没有给予足够的重视，我们在各个年级和学科中的写作指导策略缺乏连贯性和整体性。新引入学校的思维地图工具让我们更加相信，共同的经验将有助于学生们建构新知识，获得自信心，成为自主学习者。问题在于，我们该如何将思维地图用于培养学生的写作能力呢？我们决定以思维地图为指引去探求这一问题的答案，并凭借它为我们的“学生写作能力提升项目”筑好基础。在后续的教师会议上，针对“一个优秀的写作培养计划应该是什么样的”这一问题，我们借助一幅圆圈图（图 18.1）展开了讨论。我们要求每个与会教师用五张纸写下自己对这一问题的五点看法，之后把他们写下的内容贴在写字板上。正中心就是我们提出的问题。在对这些问题进行讨论之前，我们先请教师们浏览了张贴的内容。请教师们先写下自己的想法有助于他们酝酿观点，而不出声的浏览则能让教师们在正式展开讨论之前了解话题的广度。作为集体浏览对象的圆圈图则为我们提供了注意力焦点。以此为基础，教师们可以提出不同的问题，更详尽地阐述自己的观念，进行知识交流。他们不仅以普通教师或特级教师的身份参与讨论，部分教师自己就是写作者。这为讨论带来了新的维度。思维地图能够容纳不同的参照框架，这一特点使我们能对它继续加以扩展，去超越表象，更全面、更深刻地探索事物的意义。

接下来我们会考察之前我们生成的信息之间有何联系。我们使用树状图为这些信息分门别类，之后在互不交流的情况下再次重复这一过程。我们会请教师们在白板上把内容相近的纸张聚拢在一块。聚拢到一起后，教师依然可以对它们做出改动或增添新的连接。这样一来，一些内容分组就会自动显现出来。紧接着进行的讨论为我们带来了另一个思考这些信息的机会。这一次我们会在分好类的信息中确认相关内容的联系，查找是否有遗漏的联系。所有与内容和教法、教师期望的学生行为、写作者应具备的素质相关的项目都体现在了树状图中。通过这一过程，我们得到了一系列大家都认可的标准，之后我们会采用这些标准来评价教师们如何教学生写作。

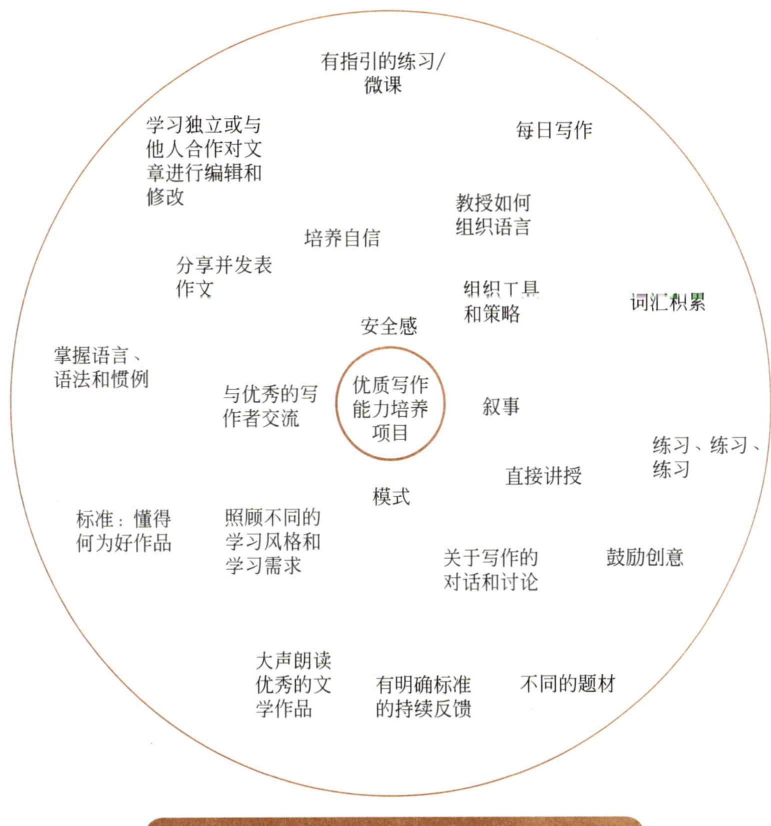


图 18.1　圆圈图：优质写作能力培养项目

以思维地图为工具审视这一任务为我们提供了一个途径。我们能看到和理解彼此的想法并对其进行评价。从一开始，“我们希望如何思考这一课题”就与“我们实际是怎么思考这一课题的”有同等重要的意义。这种对话的形成性特质不会给对话者造成压力，因为大家的目标是达成共识，并且在为学生们设计写作能力培养方案时，都使用同一套指导原则。

渐渐地，我们也开始在其他集体任务中使用思维地图，而且不再限于主要教学任务。在年级会议上、在校委会事务中，换句话说，在任何只要改进一下思维方式，校集体成员就能以更具意义、更有建设性的方式进行互动的场合，思维地图都显得特别有用。“我们打算怎么看待这一问题？”成了我们举行的很多次讨论会的开篇语。之后我们会根据对话内容选择一种或几种最合适的思维地图工具。我校的文献媒体专家安杰拉·霍顿（Andra Horton）说，思维地图能帮我们掌握自己的想法，并将它们有效地加以组合。这样一来，即便对话开始时我们并不知道会得出什么结论，但我们都清楚，总有办法抵达终点。正如霍顿所说：“现在的方法跟以前的方法相比，犹如‘看到了一座金字塔’跟‘懂得如何建造金字塔’之间的差别一样。”

借助思维地图，在面临较为棘手的课题时，我们总能有效应对。这增强了我们克服严峻挑战的能力。没有哪个组织不存在任何问题或矛盾，我们学校当然也不例外。一个组织的素质和成功与否不能以这些问题或矛盾本身来衡量，而在于这一组织中的个人或集体如何应对这些挑战。作为一个集体，我们的教师团队勇于面对问题。我们努力将这些挑战视作增强学校实力，更好地为学生服务的机会。我们也希望自己的学生在个人和集体层面能拥有这样的素质。“自由，”格林尼这样写道（Greene, 1978），“蕴含着以这样一种方式审视处境的能力：找出不足，发现缺陷，但同时也看到机会。”工欲善其事，必先利其器。我们逐渐认识到，思维地图是我们应对典型教育问题（不仅复杂，有时还相当严峻）的有力工具。而现在，我们不仅有直面困难的勇气，更有了能助我们一臂之力的工具——思维地图。

## ○ 看到不足和机遇

学校集体作为一个有机组织，其成员的情绪状态是各种各样的。压力不仅限于单个成员身上，也可能体现在集体活动的方方面面。我校校务委员会的成员每周都会碰面，商讨与校务有关的总体方针，他们认为，我校教师们的压力正在增加。在听取了教师们的意见之后，该委员会决定设法解决这一问题。在教师们看来，这个问题很微妙。如果出错，反而会使情况更为糟糕。与压力有关的讨论可能会引发焦虑情绪，使原本存在的裂隙更为明显，甚至导致互相指责。委员会的成员们很清楚，要想使大家准确地描述自己的感受，需要制定缜密的计划。这一计划应具备疗愈性和激励性。我们需要的并不仅仅是让大家彼此拥抱，而且不用说，我们不想再给大家增添更多压力。

又一次，我们发现，思维地图正是解决这一难题的理想工具。思维地图为大家表达自己的整体感受提供了一个途径，因而能精准地定位每个个体较为脆弱的一面。它能让人们辨认自己处于思维过程中的哪个节点，并为人们提供了继续前行的指引。一位教师说："思维地图能把我们从所处的地点传送到未知的地点。"在我们处理高风险问题时，思维地图催人奋进的特质就显得格外重要。

和进行其他讨论或探究活动时一样，在活动开始前，我们首先提出了一个问题："你觉得教师职业中存在哪些雷区？"这一问题的目的是激发教师们的强烈共鸣，并让他们意识到压力问题的严重性。教师们先是各自画了一个圆圈图，并将自己的个人感受写在上面。之后，他们以小组形式进行了交流，并将大家的想法填在了一个共同创建的圆圈图中（见图 18.2）。随着交流的深入，教师们变得更为放松。他们互相鼓励，并告诉对方自己也有类似的感受。这样一来，一个共有现实便形成了。这是一个由私人化的感受、想法和实践交织成的集体叙事。我们有信心修复教师们心灵上的创伤，借用格林尼的话："超越缺憾，追寻真正的机会。"思维地图能有效地为人际交流创造空间，我们可以由此审视这一空间中存在什么，并设想其他的可能性。

在一间墙壁上满是各种圆圈图的屋子里，我们谈到了我们注意到的一些信息以及某些与我们的推测并不相符的方式。随着讨论的深入，我们对问题的看法发生了变化，我们对彼此也有了更深的理解。接着，校务协调委员会把圆圈图拿开了，转而用一幅树状图（见图 18.3）为收集到的信息分门别类。委员会成员根据信息的内容为不同的类别命名，并鼓励教师们思考这样的问题：为了增强校集体的凝聚力，我们可以在个人和集体层面采取哪些措施？出于为下一次会议做准备的目的，委员会在会议结束后给每个参会教师发了一份带附件的备忘录。附件就是这次会议上用到的树状图。这份备忘录的结尾写道：

针对将于本周二举行的第二次教师综合会议，我们请您思考以下两个问题：我能为增强校集体的凝聚力做什么——特别是在个人和人际交流层面上？为了修补教育中的缺憾，我们能采取哪些切实措施，特别是在我们能掌控的领域——个人层面、人际交流以及系统层面？这两个问题都值得您认真思考，但我们在下次会议上只会讨论第二个问题。我们希望您始终关注第一个问题，并由此意识到我们每个人都具有的将校园愿景转化为现实的能力。

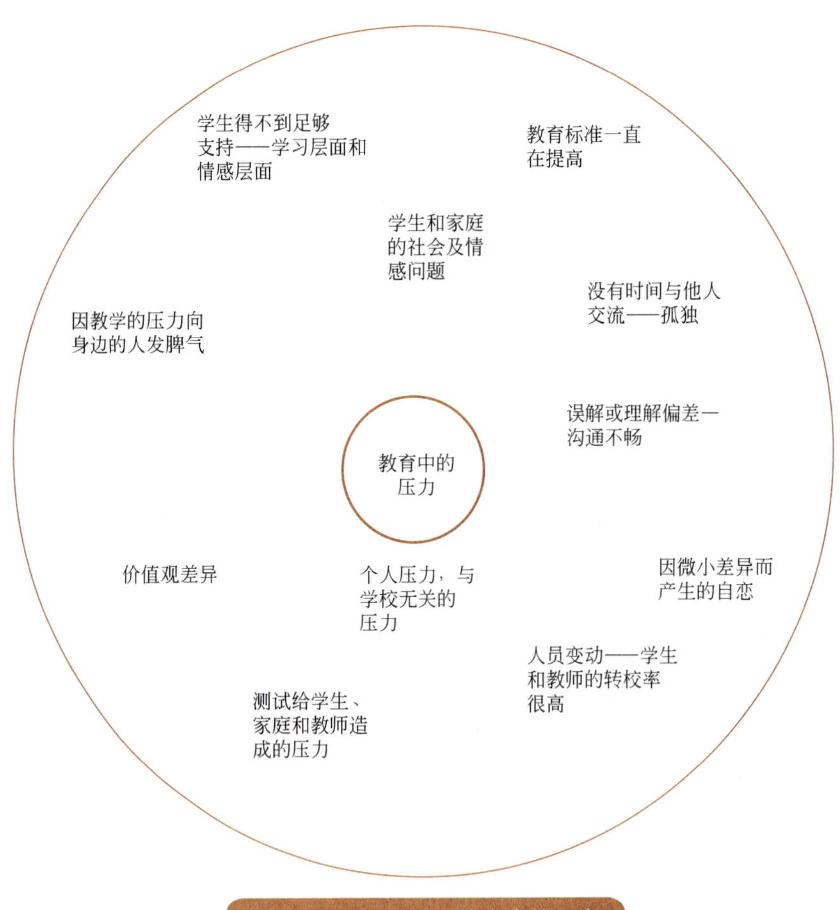


图 18.2 圆圈图：教育中的压力

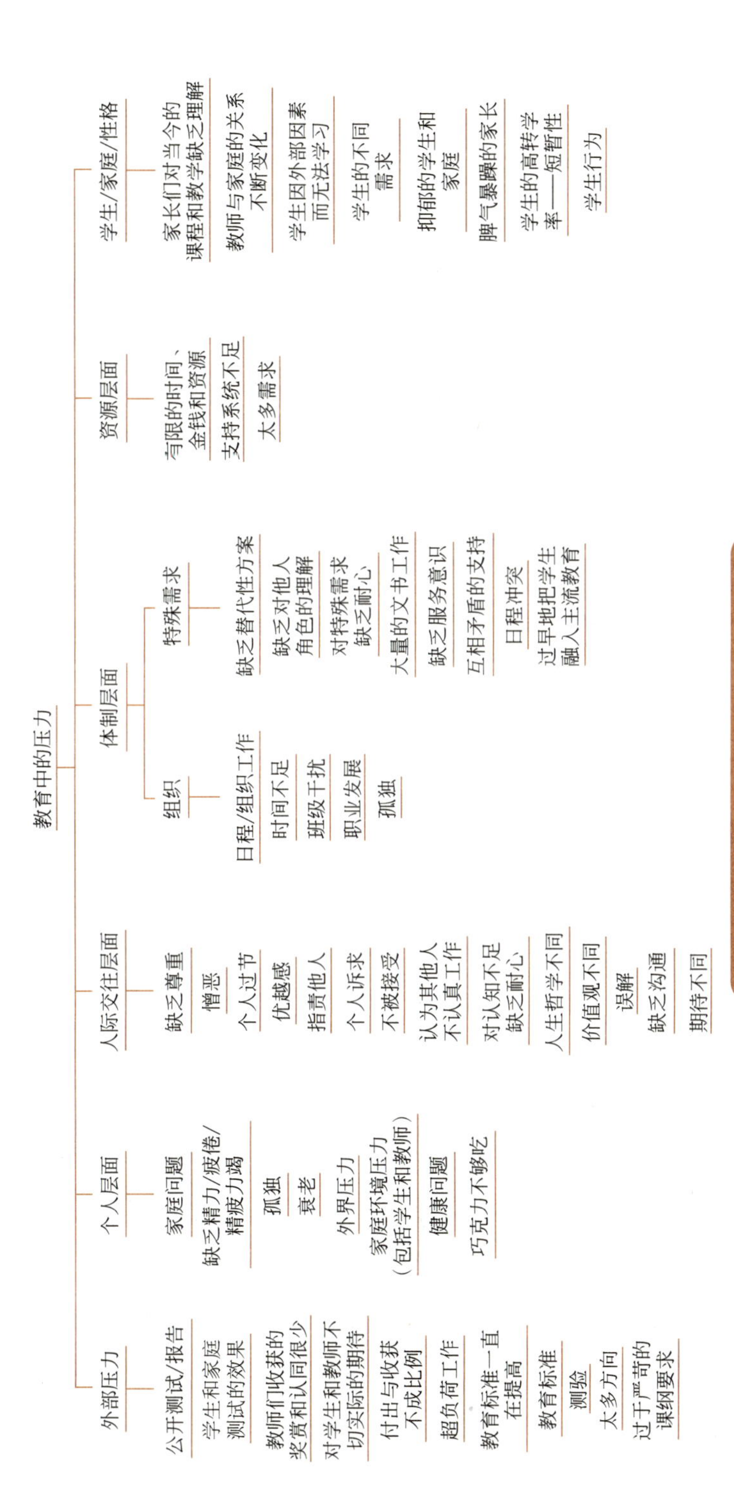

图 18.3 树状图：教育中的职业压力

在第二次会议上，我们征询了教师们对树状图的意见，并询问他们这幅树状图是否真实地反映了上次会议的交流情况。之后我们设计了一些措施，并建议校务协调委员会拿出一个综合性的方案供教师们讨论后实施。就这样，我们似乎成功地克服了一个困难，并开始朝着共同的目标迈进。我们对学校的关心也在这两次会议中得到了体现。

借助思维地图展开这些原本艰难的对话既令人欣慰又让人振奋。迪勃·艾伯特是我校一名三年级教师。他说："如果你能看到自己的思维模式，你就能对它展开分析。你能做的还不止这些。"思维地图令人欣慰的原因部分在于，思维地图能帮助我们建构和记录自己的想法，并将我们的思维提升到新的层次。"借助思维地图，你不会忘掉'自己的想法'"，艾伯特说，"你能随时回顾它，并对它加以拓展。"应用于集体中时，思维地图能起到增强凝聚力的作用，即便这一集体正面临着足以使其支离破碎的严峻挑战。

## ○ 建构式对话

对任何组织来说，成员共同建构意义、共同预见未知因素、共同采取有效措施的能力都至关重要。在当今的教育环境中，变化已经算不上事件，而是一种时刻存在的现实。个人和集体培养处理信息、将信息转化为新知并借此塑造自己未来的能力因此显得格外迫切。建构式对话能让人们意识到存在的各种可能性，并帮助他们将尚不完整的想法构筑成形。这种对话的协作特质有助于组织围绕着一个共同的目标形成自我认同。建构式对话为组织中的成员提供了一个分享个人知识，培养对自我和他人的信任及信心的机会。建构知识和意义不仅仅是一种个人行为，也是一种强有力的社交行为。通过这一方式，组织成员将能够理解、反思和考察彼此的观念和经验。如果人们能在集体情境中共同体验不确定性，这种不确定反而会被视为机遇。在集体参与的观念交流和意义建构过程中，信任、尊重和同事情谊将得到发展。

按照兰姆波特（1995）的说法，"思维地图工具能带来双赢的局面，让学校集体中的参与者围绕着共同的教学目标建构意义。"这样一来，成员就容易获得集体荣誉感，对自己的工作将更为忠诚，更愿意去超越自己原有的思维界限。通过这一方式，组织将转变为一个创新型集体，在这里，创意思维方式和新奇的点子将受到鼓励。

过去几年来，大约 200 名教育界领袖参与了我们举办的为期两天的思维地图培训营。训练营的采用的资料是《凭借新语言驾驭管理》一书（Alper & Hyerle）。训练营将思维地图当作一种属于 21 世纪的语言，引导参与者去拓展并传达自己思维的深度和广度，以融合意义及探寻可持续的问题解决之道。一位教师在发给我的电子邮件里谈到了这种培训对她的管理工作和整个学校的影响，尤其是对学生们的影响。我认为她的故事准确地反映了思维地图激励变革的作用。她在邮件中写道：

是的，我做到了！今天对我来说是个考验，因为我打算按照自己的计划去改善我校存在的某些职业风气！坦率地说，头天晚上和今天早上，我都无比忐忑。但最后我还是决定按原计划去做。这次的经验太美妙了，简直无法用言语形容！我的同事抱着诚恳和开放的态度同我一起分析了面临的问题。借助思维地图，我们以得体的方式将所有问题都一一呈现出来。有些教师面对自己的问题感到很难过，但我依然坚持继续。到今天早上的时候，我们已经形成了方案和规划。大家分享自己的想法、提出建议，有的人甚至哭了！余下的一整天，因我出色的工作表现，我不断收到积极的反馈、赞美和感谢。有位教师一开始很不情愿加入我们，在讨论时也不融入集体。但是最后她也开始跟我们共进晚餐，并跟大家一起参与解决了一个日程安排方面的问题。她甚至对我表达了谢意……我们正朝气蓬勃、满怀信心地迈向新的学年。我们的学生定会从这种改变中受益。

这位教师的经验也表明，要想鼓动人们积极参与建构式对话，领导者必须拥有合适的工具。“好的管理者”，霍顿说，“能在吸引人们参与活动的同时，又让他们以建设性的方式对活动议题保持关注。”

大卫·霍金斯（David Hawkins,1973）这样描述“客观第三方”的重要意义：“客观第三方……使人们能建构共同的外在心像投射”，从而激发人们超越自我意识和惯有的思维模式。这种“客观第三方”应能带来更多的可能性且能被集体建构。思维地图就是霍金斯所建构的“我 - 你 - 他”关系中的第三方，并为我们提供一个共同的讨论基础。思维地图的运用能激发好奇心、思维能力和共事能力。它能赋予我们拥抱复杂问题的信心，加深我们对彼此想法和经验的理解。

最为重要的是，思维地图能为我们带来这样的交流：它能促使我们的思维方式和掌控自己想法的方式发生根本转变。今天的教育者面临的挑战十分复杂，思维地图对教育者追求共同的理想和愿景具有十分重要的意义。格林尼（1995）写道：“我们所能做的，就是在一个不断变化的世界里形成多样的视角，展开多样的对话。”

## ○ 参考文献


- Alper, L., & Hyerle, D. (in press). *Thinking Maps: Leading with a new language*. Raleigh, NC: Innovative Sciences.
- Costa, A. L. (1991). *The school as a home for the mind*. Palatine, IL: IRI/SkyLight.
- Greene, M. (1978). *Landscapes of learning*. New York: Teachers College Press.
- Greene, M. (1995). *Releasing the imagination: Essays on education, the arts, and social change*. San Francisco: Jossey-Bass.
- Hawkins, D. (1973). *The triangular relationship of teacher, student, and materials*. In C. E. Silberman (Ed.), The open classroom reader. New York: Vintage.
- Hyerle, D. (1996). *Visual tools for constructing knowledge*. Alexandria, VA: Association for Supervision and Curriculum Development.
- Hyerle, D. (2009). *Visual tools for transforming information into knowledge*. Thousand Oaks, CA: Corwin.
- Lambert, L. (1995). *Toward a theory of constructivist leadership: Constructing school change: Leading the conversations*. In L. Lambert, D. Walker, D. P. Zimmerman, J. E. Cooper, M. D. Lambert, M. E.Gardner, et al. (Eds.), *The constructivist leader* (pp. 28–103). New York: Teachers College Press.
- Lambert, L. (2007). Lasting leadership: Toward sustainable school improvement. *Journal of Educational Change*, 8, 311–322.
- McGuire, K. (2009). *Leadership journey*. Unpublished manuscript.
- Schön, D. A. (1987). *Educating the reflective practitioner*. San Francisco: Jossey-Bass.
- Senge, P. M. (1990). *The fifth discipline*. New York: Currency Doubleday.
- Zimmerman, D. (1995). *The linguistics of leadership*. In L. Lambert, D. Walker, D. P. Zimmerman, J. E. Cooper, M. D. Lambert, M. E. Gardner, et al. (Eds.), *The constructivist leader* (pp. 104–120). New York: Teachers College Press.

# 第 19 章
# 认知时代的双焦评价
## 用思维地图评价内容学习和认知过程

大卫・海勒　教育学博士
金伯利・威廉姆斯　哲学博士

## ○ 双焦透镜

本杰明・富兰克林一生有过很多变革性的发明，其中之一便是双焦透镜。它能让我们借助同一种工具更清晰地观察事物——不论是近在眼前的事物，还是照常理来说需要我们走得更近些才能看清的事物。作为一种革命性的实用工具，它既简洁又优雅，且支持更为复杂的应用。而被本书反复提及的思维地图，作为一种通用的认知工具，很有可能成为一种新的信息获取模式，并在授课、学习和评价等方面引发变革。说到评价，思维地图工具同样能让教师借助“双焦透镜”去考察学生的知识学习情况和思维方式——既能看到表面的内容，又能清晰地洞察到原本不可见的认知模式——具体来说，就是分析学生自主认知模式的图表形式。思维地图能将思维的“形式”以视觉手段加以呈现，因此另辟蹊径，成功地打破了“内容”与“思维模式”的二元对立，并在两者之间建立起了联系。

21 世纪教育的特点是培养学生的思维能力以及在不同情境中迁移已有思维模式的能力。当今的“认知时代”对我们提出了新的要求，我们的评价手段必须紧跟大脑的学习机制（即大脑接收、储存、删除及调用信息的机制）和信息处理机制研究领域的最新成果（参阅第 2 章）。正如俗语所言，我们只能教自己能够评价的东西。也就是说，如何评价与特定知识紧密相关的思维模式是个重要而复杂的问题，除非这一问题得到了解决，否则我们只能满足于仅仅向学生讲授学科知识和所谓的“学术语言”，以及对这些内容进行测试。

在本章中，我们将从布鲁姆（1965）提出的教学分类目标“大框架”出发，简要地介绍可视化教学评价工具的历史，并对那些从零开始直至熟练掌握思维地图的学生在学习和思维方式方面的进步，做一番详细的探讨。从终极层面上说，思维地图为师生们带来的是一种语言，借助它，师生们不仅能决定自己要学什么，还能决定自己采用哪种学习方式去学习。这样一来，每位学生都将成为富有创意、善于分析、能元认知且自我评估的终身学习者。

## ○ 更高层次的思维：学习、授课和评价的新方法

在 20 世纪 80 年代，以布鲁姆（1956）的教学目标分类法启迪学生回答“更高层次”的思维问题还是件令教育者感到困惑的事。教育中的分析性、综合性以及评价性问题，本意在于使教学和评价跳出知识性内容的框架，获得更深刻的意义。然而讽刺的是，在我们所处的这个高风险测试盛行的年代，教育者的主要精力都投入以联邦各州定下的最低教育标准为依据的年度进步项目（AYP）当中。这些最低教育标准又是美国政府推行的“不让一个孩子掉队”教育项目的一部分。最新修订版的布鲁姆教学目标分类法（Anderson & Krathwohl，2001）依然不受重视。新版的布鲁姆教学目

标对教学目标类型进一步做了深化和调整。这些目标类型所依据的是科学家们50年前对人类大脑、思维和认知的理解。为了适应当今的教育环境，布鲁姆所提出的六大教学目标（或“层次”），也就是我们所熟知的“认知维度”，也在表述上做了相应调整。

按照布鲁姆（1956）最初提出的教学目标分类法，思维的层次由低到高依次是：认识、理解、应用、分析、综合和评价。新版的分类法保留了原有版本的一些元素，但将思维层次由低到高重新定义为：记忆、理解、应用、分析、评价和创新（见图19.1）。值得注意的是，这些教学目标在名称和定义上的改变不止与教师对学生状况的评价方式有关，也与教师鼓励学生创造新知识的能力有关。然而，布鲁姆的教学目标分类法更深层次的转变在于对不同类型的知识的重视。在新版的分类法中（Anderson & Krathwohl，2001），作者将“知识维度”分为事实性的、概念性的、程序性的和元认知层级的。这种纵横交织的分类体系极大地深化了初版分类法的意义。依照布鲁姆的教学目标分类法，无论在哪一个层次上，概念化和元认知对教学和评价都十分重要。然而遗憾的是，新版的分类法几乎没有产生任何实际影响，尤其是在对学生学习、创新性思维和元认知水平进行评价方面。主要的原因在于——这个问题依然未得到解决——教师们几乎无法在日常教学中对学生的高层次思维模式进行形成性评价或总结性评价。

| 知识维度 | 认知维度 | | | | | |
|---|---|---|---|---|---|---|
| | 1.记忆 | 2.理解 | 3.应用 | 4.分析 | 5.评价 | 6.创新 |
| A.事实性知识 | | | | | | |
| B.概念性知识 | | | | | | |
| C.程序性知识 | | | | | | |
| D.元认知知识 | | | | | | |

图19.1 新版布鲁姆表格

原因何在？因为在当今高风险标准测试的限制下，教师们只能把学生对知识的掌握程度——而不是学生的思维过程——当作形成性评价和总结性评价的重点。更复杂的是，不论孩子的认知优势是什么，要向每个孩子提供优质教育，差异化教学和评价至关重要。对于孤立的知识，我们可以借助口头提问、小测验、简短问答和草稿纸等手段，进行快速而有效的评价。而更高层次的概念化能力（从事实性知识到元认知知识再到特定学科内的知识创造），具有复杂、多维度、非线性的特点，需要学生有能力进行独立的创造性思考。对此，我们难以中介和评价每一位学生不断变化的认知能力，这是我们教育中的空白，学习和评价中的盲点。那么，我们又该如何创建策略，既能对孩子在课堂上所学知识进行评价，又能对他们以这些知识为基础展开的思考进行评价呢？这可是不是一件容易的事。

如果我们想在形成性评价和总结性评价方面获得重大进展，我们就必须找到有效而便捷的评价手段，这些手段应该能让学生们将自己在获取知识时采用的复杂而抽象的思维模式展示出来。

从这个意义上讲，在我们已经迈入21世纪后，我们需要采用与以往不同的方式进行形成性评价和总结性评价，同时，我们也需要让学生尝试不同的思考方式。最主要的原因在于，大多数知识、思维活动和问题解决活动都是非线性，因此其中涉及的思维模式很难通过线性的写作、演讲或数学序列加以呈现。第二个原因是，动态化的知识建构：如今我们的孩子（数字一代）只需要动动指尖，就能够获得全世界花样繁多的各种数字化信息，但这些信息必须被转化为有意义的、可用的知识，老一套已经行不通了。单单是21世纪知识“内容”的规模和媒体的普及程度，就足以说明20世纪教育评价模式的局限性了。如此一来，我们的问题就成了是继续采用以“内容”为重点的评价方式，还是用结合学生处理信息及将其转化为知识的能力进行评价的方式。鉴于当今脑神经学研究的进展、大脑的视觉网络结构和以可视化、协作化为特点的新技术的兴起，我们需要重新定义目前仍受限于“内容”和“模式”二元对立论的评价观。我们需要找到能融合二者的理论和实践。

## ○ 非语言表征、可视化工具及评价

教师们——以及有自主学习和自主评价能力的学生——究竟该如何采用双焦策略，在审视自己已经掌握的事实性知识和概念的同时，也在更深的层次上对驱动高层次学习的思维模式进行反思？我们在下面将要探讨这一话题。我们也许能借助第三种维度，将内容与模式连接起来：即采用思维地图来表征（呈现）知识的“形式”。在《基于概念的课程与教学》（*Concept-Based Curriculum and Instruction*）一书中，琳恩·埃里克森（Lynn Erickson, 2002）使用了一种层次分明的树形结构来整理大量概念。树形结构的顶端是指导性理论，支撑着它的是概论、概念、论题和数据，这些内容如枝干一般向下延伸，在最底部形成互不关联的具体知识。这与学生们创建树状图（八种思维地图中的一种）的情形颇为类似。在创建树状图时，学生们已掌握的学科知识、他们以归纳法或演绎法进行的分类及概念化过程，都会同时呈现于树状图中，同时知识的融合以将以可视化形式表征出来。

在本书第 2 章我们已经讨论过，层级是大脑处理信息的重要形式。借助这类树状结构，学生们能将知识性内容和概念归入特定的类别，并主动建构以复杂的可视化思维模式为基础的复杂可视化模型。一旦学生完成了这些模型的建构，教师和其他学生就能迅速而深刻地理解这一模型。这样一来，优秀的教师便获得了自己梦寐以求的东西——一种能同时对内容和模式进行评价的实用工具。

正如我们在本书第 1 章所说的那样，过去三十年来，不同的可视化工具——从旨在激发创意的头脑风暴网络图到为分析性思维而设计的可视化组织图，再到从针对概念性思维的思维过程图——已经被广泛地用于教学当中。《思维地图：化信息为知识的可视化工具》（Hyerle，2009）一书对这些工具有详尽的描述。近年开展的一些综合研究表明，非语言表征（Marzano & Pickering，2005）能有效地提升教学水平，直接影响学生在各科目中的理解和写作能力。如今，众多认知科学家、大脑专家和学习理论家都在同一个领域展开研究：大脑如何建构信息网络和信息地图；潜意识如何建构图式或如何在不同的观念、概念之间建构联系，以及能让所有学习者将静态信息转化为有用的活性知识的基础认知过程。

已有丰富的“将理论应用于实践”的经验，告诉我们如何将可视化工具用于学习。相比之下，能将这些种类繁多的工具用于教育评价的实例却很少。有人曾尝试将形式简单的可视化组织图用于标准化测试，意在帮助写命题作文的学生整理思路。还有些教师会把通用组织图模板和某些分级阅读读物及教科书中包含的组织图当学习资料发给学生。但学生们并不需要更多的学习资料，他们需要的是一种“老师不在身边时也能用”的学习工具。尽管存在成千上万种组织图，尽管这些组织图对特定的教学和评价任务也许有用，但很多预先设置好的、充斥着方框和椭圆的组织图，只是对作业簿的模仿而已。学生只能被动地填充它们，而无法凭借自己的双手和大脑建构自己的学习路径图。多数组织图都有“玻璃天花板”，会妨碍学习者自主地越过既定的结构框架。而且这层玻璃天花板还模糊了教师们的视线，令他们无法清晰地了解学生真实的高层次思维能力。

最重要，应用最为广泛的一种可视化图是“概念图”，它的设计初衷是融合教学、学习和评价。《学会学习》（*Learning How to Learn*，Novak & Gowin, 1984）这本开创性的著作对概念图进行了详尽描述。学生和教师们先是在白板 / 白纸上学习怎样画层级图。学生们练习使用椭圆形和曲线为图中不同层级的内容建立连接，所有学生都要采用这种训练模式，直至他们能够熟练地运用可视化形式，演示自己对某一概念的看法以及形成这一看法的过程。这正是形成性评价的精髓：教师们在教室中四处走动，时不时地低头看一眼学生创建的概念图，并向学生提出问题。这些问题基于三个标准：学生是如何扩展、整理并将新信息和新概念转化为能被自己理解的知识的。学生们自主创建的这些概念图，会被教师当作形成性评价的依据。教师会查看其中有没有事实或概念性的错误。早期研究表明，一个学期结束后，教师和学生会以前面提到的三个标准为依据，分别为学生们创建的概念图打分。得到的分数就是形成性评价。概念图的重要意义在于，每个学生都能创建自己独有的概念图——不存在针对任何概念的“标准图”——而且这种方法的侧重点在于培养学生获取知识的能力、在于思维模式的建构，最重要的是，在于让学生拥有不同形式的独特概念。概念图的理论基础是“一切知识都是有层次的”。所以一切知识——不管是事实性的也好、认知性的也好、元认知的也好——都能纳入一张极为复杂的表格中。这里有必要再次重提一下金伯利 · 威廉姆斯在本书第 2 章中的论断，他认为大脑不仅仅是一个遵循层次和顺序法则的处理器。大脑的驱动力来自一系列各不相同的模式结构，也就是我们所说的“认知模式”。

## ○ 基于认知过程、用于评价的综合性可视化工具语言

与八种思维地图类型相对应的八种基本思维模式，始终是人类认知的基础，从早期心理学到如今的脑神经学研究一直都是如此。比较一下皮亚杰早年进行的那些认知测试（甚至是早期的智商测试）与现在的思维技能模式，我们很容易发现这些思维模式并无差别。

认知学家、神经科学家和教育者如今已经理解了这些认知模式，并将以它们为基础设计了各种测试、中介策略、跟踪策略和纠正策略。遗憾的是，这些认知模式只是被隐晦地用在教学中，在授课、学习和教育评价等方面则很少被外显式地使用。思维地图包含八种独特的起始图形或认知基础图形，每种都有自己的语言和可视化内涵，以及对认知过程的大量研究这一外延。这些赋予思维地图内在有效性，它既是一种强大的思维理论模型，同时也是一种能提升思维、学习、教学和评价能力的实用语言。

说得更具体一点，这意味着学生们可以不必再以线性方式去讨论或记录信息的分类或排序。他们在空白页上创建一张树状图，他们就能清晰地将信息在大脑中的排列方式呈现出来。如果能组合运用这八种思维地图，那么我们将获得更为复杂的高层次思维模式：伴有评价的问题解决，系统思维、类比思维以及创建新的知识和理解。这样一来，面对知识概念，每个学习者都将能够探测、建构和运用不同的思维模式，并能够亲眼看到自己所用思维模式的具体形式。“心智习惯”概念的提出者亚瑟·科斯塔将这一过程称为“看得见的元认知”。每个教师都能看见这些思维模式，并对自己的思维模式进行评价。

## ○ 从新手到能手

随着学生们在教师的指导下逐渐从新手成长为思维地图能手，他们也获得了布鲁

姆（1956）所说的“自主能力”。对他们来说，思维地图已经成为一种可以迁移到任何学习任务中的认知语言，而不是在处理特定学习任务时由老师分配的，孤立、静态的可视化组织图。学生接触、学习思维地图并实践数年后，他们对每种类型的思维地图会非常熟悉，他们能组合运用不同思维地图（其实就是在以自己的方式组合运用不同的认知模式）。他们也将能根据不同的学习内容选用不同的思维地图，阅读理解也好，其他任何题材的写作任务也好，不论要学习的是哪种类型的信息和概念，他们都能本能般地选择并运用恰当的思维地图。这一切是如何发生的？首先，由接受了基础思维地图培训的教师将这些思维地图介绍给学生，这一过程是借助一些非常简单的活动，通过集体和个人层面的互动来完成——教师把不同的思维地图用于一些日常物件的理解上，例如“苹果”，又例如教师可以引导学生使用不同的思维地图撰写自我介绍。其次，教师评价学生对基本认知技能的掌握程度以及他们在不同科目中运用思维地图的能力。

在学生掌握了思维地图的基本用法之后（大约需 8 周时间），师生们便开始将思维地图用于各科目的学习。一般会先用于这些科目中需要阅读的内容。图 19.2a–c 展示的是一次以思维地图为基础的阅读理解活动。在这个活动上，学生们会领到八段并不关联的文字。这些文字都与一个叫马库斯的男孩有关。每段文字都经过了精心设计，分别与思维地图代表的八种被研究所证实的思维模式相对应。说到阅读理解，研究者们对文本结构的结论是一致的：文本内嵌的结构只是有限的几种而已，如比较和对比、主题和细节、问题和答案、描述等。所以，这些文本结构自然各有其对应的基础认知模式：对比、分类、因果、描述特征等。

下面的三幅思维地图是由一名能熟练使用思维地图的五年级学生创建的。从这三幅图中，我们能看到，他能准确地指出与每一段文字对应的思维模式和思维地图：例如双泡图对应的是比较（图 19.2a），复流程图对应是因果逻辑（图 19.2b），桥型图对应的是类比（19.2c）。别忘了，这一阅读活动的目的只是让学生和教师评价自己从文本中发现认知模式的能力、辨认思维过程的能力以及绘制基本思维地图的能力。我们曾在不同的学区和学校试用过这一评价方式。它让不同年级和学科的教师们对阅读理解与认知模式之间的联系有了更为深刻的认识。

**第二段　交朋友**

你得付出努力才能交到朋友。我之所以跟马库斯交了朋友，主要是因为我们俩都喜欢骑自行车。我们在一块时常常会讨论，如果自行车能像飞机一样飞的话我们最想去哪里。我们都是很害羞的人。我们只喜欢我们两个待着，不喜欢跟很多人一块儿。有的人对我们能成为朋友感到很奇怪，因为我们在很多方面都不一样。我俩凑在一起的确显得很好玩。我很高而马库斯很矮。我更喜欢说而不是写。我还很喜欢运动。相比运动，马库斯对写东西的兴趣要大得多。我猜这是因为他有点笨拙。但他的手可不笨！他总是在搞一些小发明。我虽然什么都不会做，但我会交朋友！

哪种思维地图？ 双泡图

哪种思维模式？ 比较和对比

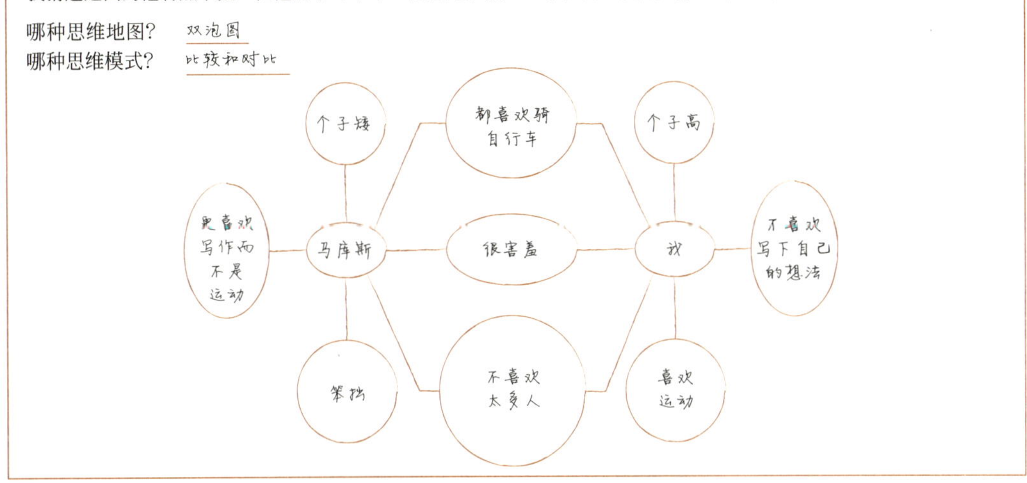


图 19.2a　马库斯的思维地图：交朋友

**第八段　改变主意**

我帮了马库斯一个大忙，于是我们成了一对好朋友。他体育不太好。在家里喜欢看体育频道的是马库斯的爸爸，而不是马库斯。一天，我们的老师告诉我们，校体育队要选拔队员了。休息的时候，两个男孩开始取笑马库斯说：“嘿，马库斯，你怎么不去试试啊？你根本没机会，因为你太水了！” 马库斯气疯了！放学后，他对球队教练说：“我也要参加选拔，请把我的名字加上去。” 第二天我见到马库斯时，他看起来很沮丧。他对我说他一直在思考自己决定加入足球队的原因和进行选拔赛时可能会遇到的状况。我问他：“你真的那么想进足球队吗？” 又过了几天，他找到教练。他对教练说：“请把我的名字划掉吧。我只是因为别人才想加入足球队的，例如我爸，而不是为了我自己。”

哪种思维地图？ 复流程图

哪种思维模式？ 因果推理

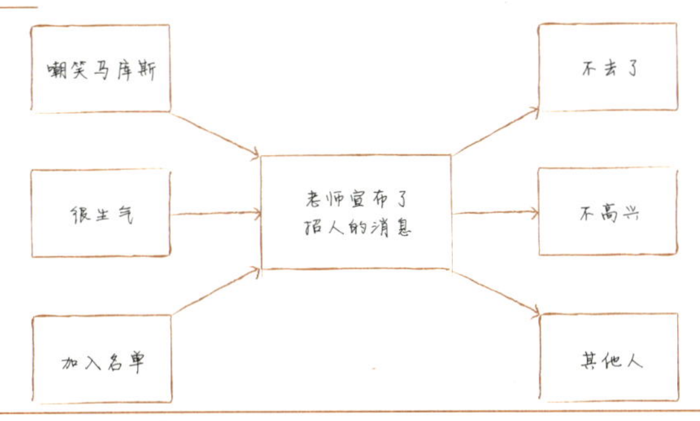


图 19.2b　马库斯的思维地图：改变主意

**第六段　马库斯的念头**

我觉得马库斯很有创意。他上周去了动物园，非常喜欢狮子。他一直在说狮子让他想起他在自家房子周围漫步的情境。他告诉我说，狮子有自己的巢穴，正如人类有自己的房子。后来他说："蚂蚁住在蚁穴里，猴子住在树上，蜜蜂住在蜂巢里，而我的念头住在我的脑袋里！" 但是念头在脑袋里怎么住呢？

哪种类型的思维地图？桥型图

哪种思维模式？类比

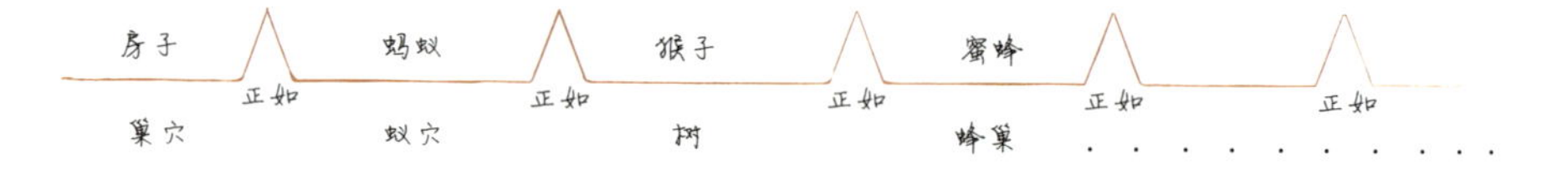


图 19.2c　马库斯的思维地图：马库斯的念头

## ○ 培养学生思维迁移的能力

上述活动聚焦于评价学习者对思维地图的基本运用能力，接下来则是将思维地图应用于学习和形成性评价中。这与教育者定义的迁移方式——从"学习阅读"过渡到"通过阅读学习"，是一致的。一旦学生掌握了思维地图的运用方法，他们便能借助这些工具进行自主思考和学习，进而自主评价自己的思维模式。他们还能在小组学习中彼此交换或合作创建思维地图。这样一来，教师们也能有效地对学生学习学科知识和概念的情况进行评价。教师们可以让学生在一堂课的任何节点或在进行单元学习时使用思维地图。

比如，当教师问一个学生对联合国了解多少时，该学生使用了一幅圆圈图来回答这一问题（图 19.3）。这位学生在纸上画出两个同心圆，并把她能想到的联合国的重要理念标注在了外面的同心圆里（如为各国提供帮助，维持和谐、团结一致等。）

圆圈外面的方框就是所谓的"参照框架"，作用是引导学习者进行批判性反思，可用于框住任何思维地图。参照框架也是思维地图的核心语言。当学生运用描述、比较、因果推理、排序等认知模式进行认知活动时，每种思维地图及其可视化模式都会为学生提供相应的支持。除此之外，还有一种关键的思维角度——如新版布鲁姆教学目标分类法（Anderson & Krathwohl，2001）所示——它超越了这些具体的认知模式，以元认知的视角审视我们收集、组织、处理和反思自己所学内容的整个过程。

THINKING ABOUT:

联合国

名字：
教师：
日期：

请在下面借助思维地图说明你对所学主题的掌握程度

请在另一张纸上回答下面的问题：
Demo
1. 通过浏览自己创建的思维地图，你认为所学主题中，什么对你来说最为重要？
Democract, help in harmony.
2.还有哪些是你不了解的？你对这一主题又哪些新问题？
I want to know the content Where is the U.N. POINT OF VIEW P13.

child
family
voting
future student 'of' this country
—Help nations
—Being fare
—to help other nations
—help people in needs
citicen
United Nations
—to keep peace
—united states
taxpaper
—Bring harmony between the nations
American
—staying in contact
elections
—stick together
members
—democracy
freedom
believer

图 19.3 圆圈图：联合国

这是亚瑟·科斯塔“呈现元认知”这一概念的另一个层面。当学生们低头浏览自己的思维地图时，他们看到的是自己思维的镜像，再加上思维地图外侧的参照框架，学生们就是在亲身参与元认知过程。在这个例子中，该学生在参照框架之外标注了一些可能对她的知识储备有影响的因素，例如她是个孩子，国家的未来，美国人的身份等。她认为这些因素可能会影响她的思考方式；她也认为这些因素对她如何看待联合国有直接影响。

从这一例子中我们能看到单张思维地图是如何被运用的。在实际中，为了呈现学习材料或教师所教内容中的规律，学生往往会创建很多幅思维地图。示例中的这一幅只是可能只是个起点。**没有一张单独的认知图能容得下概念所代表的所有丰富内涵，无论是什么概念。**在图 19.4 中，在讲完了与“物质”有关的一个小单元后，一位科学课教师请学生们用一页纸说出他们对物质的理解。而学生们用了四张思维地图：一张括号图分析了原子结构的各个部分，一张气泡图描述了金元素的特性，一张双泡图对水分子和氧分子进行了比较，一张圆圈图列举了物质的例子。

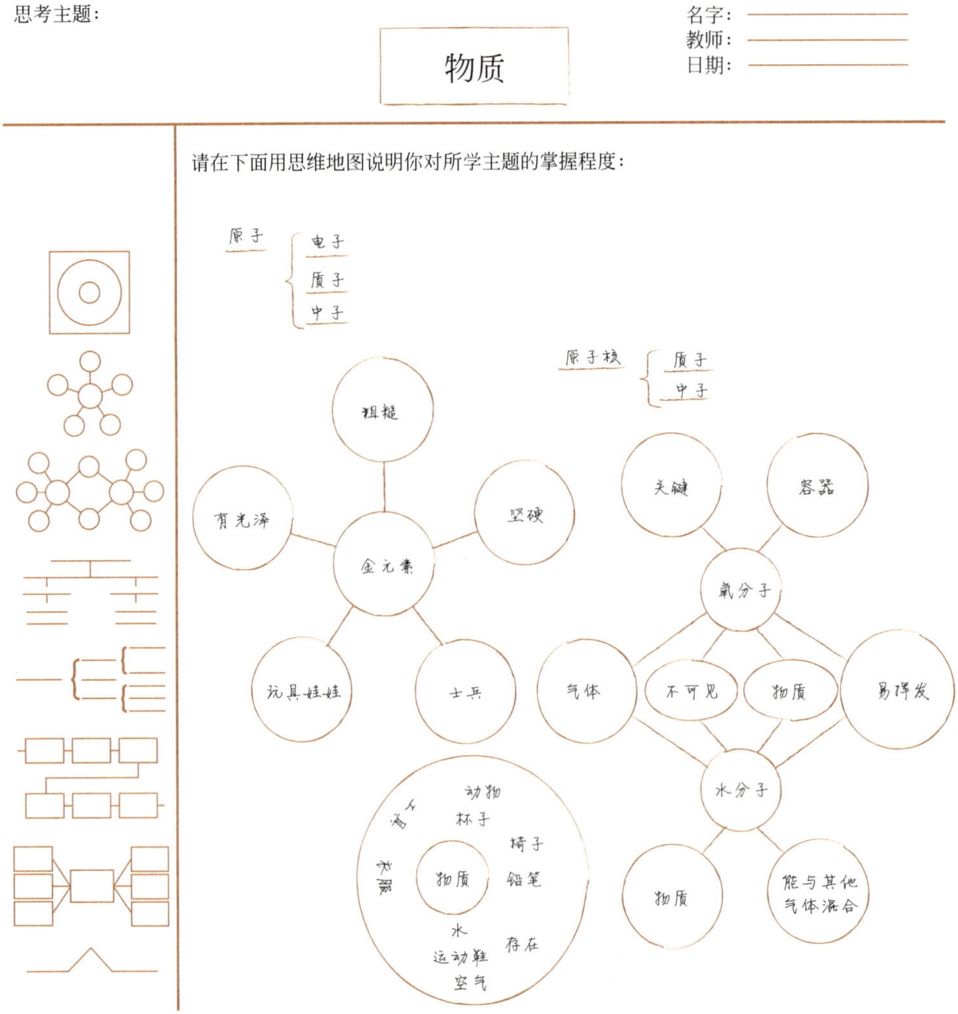

图 19.4　多张思维地图：关于“物质”

这个例子说明，该学生已经从基本掌握思维地图用法的阶段，过渡到了一个新的层次。她已经能够独立地运用和迁移不同的思维地图，去呈现某一概念下的知识网络。更为重要的是，班上其他的学生同样懂得根据文本内容和文本中隐含的模式灵活选用合适的思维地图，如同木匠们会因手边活计的不同从工具箱中选用不同的工具一般。

我们不妨再把这个比喻扩展一下：工地上的工头会告诉木匠师傅们要盖什么样的房子，但却不会告诉每个木匠得用什么工具去把房子盖起来。当学生们掌握了思维地图的基本用法之后，教师便能够观察学生如何选择思维模式、选用什么工具、建构了什么概念。这时的老师就如同比喻中的工头一样，对学生的作业和他们选用的思维工具看得清清楚楚，进而根据学生的思维演进过程对他们的最终成果给予评价。

## ○ 培养对内容和认知的反思性评价能力

前面我们介绍的，主要是学生从基本掌握思维地图过渡到能熟练应用思维地图的例子。这种过渡需要时间，通常达数年之久。同时还需要考虑学生们从入学到毕业这段时间内认知发展程度的差异。如果你走进一个已经推行思维地图很多年的学校，在走廊上、在教室中、在老师的教案本上、在学生的笔记本上，你处处都能看到思维地图灵活多变的身影。这说明，学习风格各异的学生们，已经习惯综合运用不同的思维和学习策略了。在前面的例子中，我们也重点探讨了这样一种可能性：教师们或许可以借助思维地图在日常教学中对学生进行形成性评价。一旦学生基本掌握了思维地图的用法，且能在学科内部和学科之间对思维地图进行自由迁移（这种情况在八年级学生身上最常见），教师们便能采取有别于传统的形成性评价策略。比如学完一个单元后，教师们可以要求学生借助思维地图全面梳理一下本单元学过的内容。

通常情况下，对内容性概念的考察是通过多选题、简答题、作文和报告等形式进行的，学生们需要把答案写下来。这种传统的评价方式意味着学生必须以线性形式（或文字）去呈现多为非线性内容的概念，因此形式上会不一致。如果某位学生思考能力很强，偏偏写作能力很弱，该怎么办呢？正如史蒂芬妮·霍兹曼指出的那样（参阅第 11

章），借助思维地图，教师能有效地对那些思维能力很强但尚未完全掌握第二语言的学生进行评价。我们如何了解学生对知识的掌握程度？传统的评价方法只会让所有人抓狂：教师们了解，学生能完成以知识概念为主导的作业，但给他们一份有多选题、完形填空的试卷，或要求他们以非线性的写作形式对某个非线性概念进行阐释，就不行了。学生们对此深感沮丧。

## ○ 用于评价有效性的“绘图者评价表”

如果我们用思维地图对学生进行形成性评价和总结性评价，那么我们又该如何为学生们创建的思维地图制定量化标准呢？让我们再次回顾一下诺瓦克和格温（Novak & Gowin, 1984）对概念和概念图的研究。针对如何评价学生创建的图表及为其打分的问题，他们提出了三个标准：扩展、阐释和融合。如图 19.5 所示的五分制绘图者评价表（Hyerle，1996）为评价学生们创建的思维地图提供一套完整的框架。这个表格顶端的五个维度测量的是学生们在学习学科知识时的参与度以及他们的学习效果和元认知水平。表格左侧的维度反映的是一系列动态标准，这些标准旨在衡量学生将信息转化为可用知识的能力。这些标准的提出者是诺瓦克和格温。请注意，位于表格左上角的维度反映的只是最低水平：学生只懂得运用一种图，很难为相关知识建立联系。当阅读表格中的各项维度时，请别忘了，在学生们借助思维地图拓展自己的知识时，他们也必须设法融合自己创建的思维地图，同时还需要学习如何利用相关细节来支持主概念（请参考表格中关于“阐释”和“参与度”交汇的那一格）。

关于评分，我们来看图 19.4 中关于“物质”一例。我们可以说，该学生只使用了一张思维地图——圆圈图。这说明她对物质有初步了解。按照简单的五分制总体评价标准，她或许会得 1 分。如果这位学生完成了图 19.4 所示的四张思维地图，她的分数或许会增加到 2 分或 3 分。因为能做到这一步，说明她基本理解了所学的知识，并尝试融合概念。教师和学生都可以用这份表格反思和探讨他们的学科知识水平，以及他们作为自主思考者进行学科和跨学科思维的水平。

| | 最低限度 | 关注度 | 参与度 | 有效性 | 反思性 |
|---|---|---|---|---|---|
| 扩展 | • 几乎没有联系<br>• 仅使用一种思维地图 | • 多重联系<br>• 支撑性细节较少 | • 呈现了不同的概念及相关细节<br>• 使用了不同类型的思维地图 | • 呈现了主题和内容的关联 | • 记录了个人、人际和社会性的可能影响。 |
| 阐释 | • 信息点之间孤立存在，没有条理<br>• 包含无关信息 | • 提供了各种信息<br>• 有总概念相关的细节 | • 能对思维地图包含的模式加以扩充<br>• 对细节进行了分类<br>• 总概念有充分的细节支持 | • 呈现了不同思维地图之间的联系<br>• 突出总概念以便运用 | • 运用参照框架建构观点和图的意义。<br>• 生成了假设。 |
| 融合 | • 只有一种视角或方案<br>• 展示了死记硬背的知识 | • 以不同方式呈现信息<br>• 标出了困惑之处 | • 能融合原有知识和新知识<br>• 解决了根本误解 | • 在最终作品中综合运用了几种不同的思维地图<br>• 创造了新颖的运用方式思维地图 | • 呈现了多重视角<br>• 指出了思维地图的局限性。<br>• 进行了自我评价。 |
| 说明 | 学生展示了简单层次的内容理解和/或有限的努力。 | 学生关注到任务，展示出对内容和信息的基本理解。 | 学生积极参与到对内容的思考中，并开始尝试融合和加入新观点 | 学生通过合理安排中心观点和细节有策略地融合信息，实现了有意义的运用 | 通过辨析各种解释、提示和作品的局限性，学生寻求更深刻地理解知识。 |
| 1 | 2 | 3 | 4 | 5 | 6 |

图 19.5　绘图者评价表

## ○ 用“双焦透镜”评价学生

如果教师团队（形成学习社区）将思维地图引入整个学校，或者，学校系统在附属学校（从幼儿园到高中）全面推广思维地图，那么就是在推行一种通用可视化语言，聚焦于培养高级思维、创造性思维和分析性思维，支持学生成为自主、有反思能力的学习者。在这一过程中，教师对教学内容的信念系统和期待都发生了变化（Dweck，2005），因为他们拥有了评价学生思维能力的动态工具。这一工具与学生所学内容紧密相关，又独立于内容之外以另一种视角审视这些内容。

学生们则得到了一套能持续培养其认知发展、问题解决能力和重要心智习惯（Costa & Kallick，2008）的语言。和其他任何一种语言一样，学生们以给定的图形为起点，创造性地分析学科内容，编制出新的思维模式。这一语言工具不仅能呈现他们已掌握的知识，还能呈现他们掌握这些知识的方式，这样，教师们就能够透过“双焦透镜”对学生进行评价，了解学生对知识的掌握程度以及他们处理知识时运用的思维。所有人都能看到思维演进的过程在眼前徐徐展开。借助这一全新的“透镜”，教师可以心怀喜悦而又意味深长地对学生说：“我懂你的意思了。”并给予学生富有意义的反思性评价。

## ○ 参考文献


- Anderson, L. W., & Krathwohl, D. R. (Eds.). (2001). *A taxonomy for teaching, learning, and assessing*. New York: Addison Wesley Longman.
- Bloom, B. S. (Ed.) (with Engelhart, M. D., Furst, E. J., Hill, W. H., & Krathwohl, D. R.). (1956). *Taxonomy of educational objectives: Handbook: Cognitive domain*. New York: David McKay.
- Costa, A., & Kallick, B. (2008). *Learning and leading with Habits of Mind: 16 essential characteristics for success*. Alexandria, VA: Association for Supervision and Curriculum Development.
- Dweck, C. S. (2005). *Competence and motivation: Competence as the core of achievement motivation*. New York: Guilford Press.

- Erickson, L. H. (2002). *Concept-based curriculum and instruction*. Thousand Oaks, CA: Corwin.
- Hyerle, D. (1996). *Visual tools for constructing knowledge*. Alexandria, VA: Association for Supervision and Curriculum Development.
- Hyerle, D. (2009). *Visual tools for transforming information into knowledge*. Thousand Oaks, CA: Corwin.
- Marzano, R. J., & Pickering, D. (2005). *Building academic vocabulary: Teacher's manual*. Alexandria, VA: Association for Supervision and Curriculum Development.
- Novak, J. D., & Gowin, D. B. (1984). *Learning how to learn*. New York: Cambridge University Press.